Schermuly | Erfolgreiches Business-Coaching

Für Rosa Lilly

Carsten C. Schermuly

Erfolgreiches Business-Coaching

Positive Wirkungen, unerwünschte Nebenwirkungen und vermeidbare Abbrüche

Über den Autor:
Prof. Dr. rer. nat. *Carsten C. Schermuly*, Diplom-Psychologe, Leiter des Studiengangs Internationale Betriebswirtschaftslehre mit Schwerpunkt Wirtschaftspsychologie an der SRH Hochschule Berlin. Zu seinen Forschungsschwerpunkten gehören die Konsequenzen von Diversität in Arbeitsteams, die psychologische Perspektive auf das Thema »New Work« und die Wirksamkeit von Coachings. An der Helmut-Schmidt-Universität hat er sich im Fach Psychologie zu einem Thema aus dem Bereich New Work und Empowerment habilitiert. Für seine Coachingforschung wurde er mit dem Erdinger Coachingpreis, dem Best-Poster-Award der Harvard Medical School und dem Deutschen Coaching-Preis des DBVC ausgezeichnet. Seit zehn Jahren ist er zusätzlich als Trainer und Organisationsberater tätig. Seine praktischen Tätigkeiten orientieren sich an seinen wissenschaftlichen Schwerpunkten. Er ist ehemaliger Stipendiat der Studienstiftung des deutschen Volkes und wissenschaftlicher Beirat z. B. beim Dachverband der deutschen Führungskräfteverbände (ULA) und der Zeitschrift »Organisationsberatung, Supervision, Coaching« (OSC).

Dieses Buch ist auch erhältlich als:
978-3-407-36632-0 Print
978-3-407-29592-7 E-Book (PDF)
978-3-407-29593-4 E-Book (E-PUB)

1. Auflage 2019

Lektorat: Dr. Erik Zyber
Umschlaggestaltung: Michael Matl
Umschlagillustration: getty images © Rowan Moore
Herstellung: Michael Matl
Satz: publish4you, Engelskirchen
Druck und Bindung: Beltz Grafische Betriebe, Bad Langensalza
Printed in Germany

Weitere Informationen zu unseren Autoren und Titeln finden Sie unter: www.beltz.de

Inhaltsverzeichnis

Die Icons bedeuten:

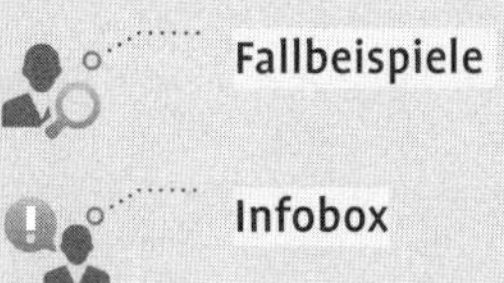

Fallbeispiele

Infobox

Vorwort: Dr. Alexander Brungs (Vorstand DCV)

In der Pionierzeit des Coachings im deutschsprachigen Raum entwickelte sich die Profession vor allem durch die Weitergabe von Erfahrungswissen, das aus der Praxis bedeutender Gründergestalten sowie deren Schülerinnen und Schüler gewonnen war, in diversen Variationen angewandt und stetig verbessert wurde. Die Etablierung des Geschäftsfeldes »Coaching« brachte dann ein ausdifferenziertes Marktgeschehen hervor, das verschiedensten Ansprüchen zu genügen sucht und mit einer entsprechenden Vielfalt methodischer Ansätze und Verfahren aufwartet. Immer neue Coaching-Verfahren wurden propagiert und schließlich auch unter Berufung auf Theorien und Methoden beworben, die nicht in jedem Falle den allgemeinen Anforderungen an eine Methode oder gar Theorie genügen, geschweige denn nachvollziehbar überprüft sind.

»Wer heilt, hat Recht«, heißt es mitunter, und Ähnliches ist von manchen Coaching-Anbietern zu hören, wenn sie nach den Grundlagen ihres Handelns und der Validität ihrer Methoden gefragt werden. Doch dies geht an der Frage völlig vorbei: Ebenso wenig, wie der Zug eines Vogelschwarms am Himmel kurz vor einem Platzregen belegt, dass die Vögel den Regen verursacht haben (nämlich gar nicht), belegt die bloße Tatsache des Wirkens einer Heilperson (bzw. eines Coachs), dass die Heilung (bzw. der Coachingerfolg) durch dieses Wirken verursacht wurde.

Klarheit kann hier allein eine methodisch saubere und auf hinreichend breiter Datenbasis fußende, wissenschaftlich-empirische Wirkungsforschung schaffen. Carsten Schermuly ist hierzulande einer der Vorreiter solcher Forschung, die er uns in diesem Buch vorstellt. Dabei ist ihm nicht nur für die praxistaugliche Aufbereitung und Darstellung der Ergebnisse, sondern auch für den transparenten Umgang mit möglichen Schwachpunkten und Mängeln zu danken. In diesem Zusammenhang wird es eine besondere Verantwortung von uns Coaches sein, an der Verbesserung mitzuwirken, indem wir die Datenerhebungen wissenschaftlicher Institutionen nach Kräften unterstützen, denn wir tun gut daran, die Qualität unseres beruflichen Handelns schon an den Wurzeln abzusichern.

Angesichts des unerschöpflichen Basars der Möglichkeiten im Angebot der Coachingszene haben sich nämlich inzwischen einige Überhitzungs- und Ermüdungserscheinungen eingestellt, die bei weiterhin großer Angebotskonkurrenz langsam zu einer Marktbereinigung führen. Die Klientel für Coaching wird – ganz zu Recht – kritischer, und Coaching-Anbieter müssen darauf reagieren.

Diesem steigenden Qualitätsbewusstsein gerecht zu werden, es sowohl auf Angebots- wie auf Nachfrageseite zu unterstützen und zu fördern, ist zu einer der

Kernaufgaben von Coaching-Berufsverbänden geworden. Als Vorstand eines seit langem etablierten Coachingverbandes freue ich mich daher sehr, dass Professor Schermuly, der dem Deutschen Coachingverband e.V. (DCV) in wissenschaftlichen Belangen als Beirat zur Seite steht, mit diesem Buch einen festen Anker für die Qualitätssicherung im professionellen Coaching setzt und sowohl uns Coaches wie auch unseren Klientinnen und Klienten einen äußerst hilfreichen Orientierungsrahmen zur Beurteilung von Coachingprozessen zur Verfügung stellt.

Schermulys Ausführungen geben praktizierenden Coaches generell Anlass, auch unter weithin als unsicher empfundenen Rahmenbedingungen (»Vuca-Welt«) zuversichtlich in ihre berufliche Zukunft zu blicken. Coaching wirkt vor allem auf Leistung und Zufriedenheit von Coachees, und beides (vor allem in Kombination) wird auch und gerade unter schwierigen, instabilen sozioökonomischen Ausgangsbedingungen Bedeutung behalten. Erfreulich für Coaches ist dabei nicht zuletzt, dass die Wichtigkeit einer tragfähigen Beziehung zwischen Coach und Coachee für den Erfolg eines Coachingprozesses abermals bestätigt wird. Um mit Coaching Erfolge zu erzielen, kommt es also nicht nur darauf an, nachvollziehbar validierte Verfahren sinnvoll einzusetzen, sondern auch darauf, sie innerhalb einer adäquaten und vertrauensvollen persönlichen Beziehung zu entfalten. Was dem Trainer als Anbieter von bloßem methodisch dargebotenen Wissen den Angstschweiß auf die Stirn treiben mag, nämlich seine prinzipielle Ersetzbarkeit durch Algorithmen, muss ein Coach also vorerst nicht fürchten. In diesem Sinne wünsche ich Herrn Schermulys Buch viele Leserinnen und Leser – und diesen wiederum maximalen Gewinn aus der Lektüre.

Vorwort: Dr. Christopher Rauen (Vorsitzender des DBVC)

Seriöses Business-Coaching kann es nur geben, wenn wir besser bzw. überhaupt verstehen, ob und wie Coaching wirkt und von welchen Faktoren dies nachweisbar abhängig ist. Leider gibt es immer noch Coaches, die es als ausreichend erachten, von ihren Klienten eine gute Zufriedenheit im Abschlussgespräch zugesprochen zu bekommen. Eine systematische Weiterentwicklung und Professionalisierung ist so kaum zu erwarten. Aber nicht nur bedingt durch manche Coaches ist es oft ein schwieriges Unterfangen, Coaching zu erforschen. Auch Klienten sind aus Sorge um Diskretion, Zeitmangel oder schlichtweg Desinteresse nicht immer für die Forschung zu begeistern.

Carsten C. Schermuly hat mit seinen preisgekrönten Forschungsarbeiten bewiesen, dass man Coaching trotz dieser Widerstände erforschen kann – und dass Forschung weder langweilig noch unverständlich sein muss. Sein hier vorliegendes Buch versteht es, die relevante Wirkungsforschung seines Teams und anderer Forschungsgruppen in lockerem, leicht verständlichem Stil vorzustellen und zu erklären, ohne zu trivialisieren. Dieses Buch ist daher von mehrfacher Bedeutung: Es hilft Coaches, die eigene Arbeit besser zu verstehen, es legt damit die Grundlagen für ein reflektiertes, qualitativ hochwertiges Coaching und gibt auch Klienten und Coaching-Einkäufern wertvolle Hinweise, was erfolgreiches Business-Coaching ausmacht. Dabei werden nicht nur Wirkungen, sondern auch unerwünschte Effekte – vulgo Nebenwirkungen – betrachtet. Es geht also nicht nur darum, Coaching als »großartig« zu rechtfertigen, sondern auch den Finger auf die Wunde zu legen.

Coaches mit einem ernsthaften professionellen Anspruch können davon nur profitieren, ebenso letztlich die Coaching-Branche. Möchte Coaching eine echte Profession werden, kann man sich nur wünschen, dass noch viel mehr geforscht wird. Denn auch wenn wir heute wissen, dass Coaching Wirkung entfaltet, gibt es noch sehr viele Methoden, Faktoren und Zusammenhänge zu ergründen. Und da sich das Coaching und die Coaching-Branche stets weiterentwickeln, ist und bleibt es wichtig, Forschung als festen Teil der Profession Coaching anzusehen und nicht nur als Lieferanten für einen selbstzufrieden machenden Wirkungsnachweis.

Vorwort: Susanne Rieger (Vorsitzende der EASC)

Auf der diesjährigen EASC-Konferenz durften wir live erfahren, dass Carsten C. Schermuly nicht nur ein guter Wissenschaftler und Forscher ist, der für die Coachingbranche und ihre zukünftige Entwicklung hin zu einer anerkannten Profession sehr wichtig ist, sondern dass er auch humorvoll, anregend und überaus interessant seine Forschungsergebnisse vorzutragen weiß. Daher freut es mich nun sehr, im Namen der EASC ein Vorwort zu seinem neuen Buch »Erfolgreiches Business-Coaching« zu schreiben. Das Buch liest sich mit Leichtigkeit, ist gut verständlich, wissenschaftlich fundiert und dennoch nicht borniert.

Schermuly beschreibt nicht nur die positiven Ergebnisse und gewünschten Konsequenzen eines Coachingsprozesses, sondern hat auch keine Scheu, sich dem eher unangenehmen Feld der unbeabsichtigten Nebenwirkungen zu nähern. Ein durchaus schwieriges und doch attraktives Unterfangen, denn nur zu oft blenden wir Coaches diesen Part und die eher unliebsamen Ergebnisse eines Coachingprozesses aus. Doch gerade diese Art der Analysen brauchen wir, um unserem Ziel der Professionalisierung und Anerkennung von Coaching als eines neuen Berufszweiges näherzukommen.

Schermuly macht den schwierigen Weg eines Forschers deutlich, zu klaren Ergebnissen in der Beurteilung der Wirksamkeit von Coachingprozessen zu kommen. Die Frage der qualitativen Messbarkeit und der Wissenschaftlichkeit bzw. der wissenschaftlichen Absicherung der Forschungsarbeiten steht für ihn immer wieder im Mittelpunkt. Mit seinem Buch macht er sehr deutlich: Wir brauchen Forscher, die wie er engagiert in einem Forschungsfeld aktiv sind, in dem Forschung nicht einfach, aber dringend notwendig ist für die weitere Entwicklung und Etablierung dieses relativ jungen Berufszweigs.

Manch ein Coach muss sich daher fragen, welchen Beitrag er oder sie bereit ist zu leisten, um die Forschung im Coachingbereich weiter voranzubringen. Besonders für die EASC als europäischem Supervisions- und Coachingverband ist diese Frage interessant, gibt es doch in vielen Ländern nicht einmal Ansätze von Forschungsvorhaben, die zu einer wissenschaftlichen Einordnung von Coaching und Supervision führen. Es freut uns ebenfalls, dass er an so manchen Stellen im Buch auf die Bedeutung von Supervision für ein erfolgreiches Business-Coaching eingeht.

Wenn wir in naher Zukunft Coaching und auch Supervision europaweit als eine Profession mit Hand und Fuß, mit klaren Curricula, positiven Möglichkeiten, aber auch klaren Grenzen etablieren wollen, dann braucht es mehr Studien wie die von Carsten Schermuly und seinem Team.

1. Einleitung

Coachingforscher (gut gelaunt): Guten Tag, mein Name ist Schermuly, Sie hatten mir erlaubt, mit Ihnen Kontakt wegen einer Coachingstudie aufzunehmen.
Führungskraft: »Ja, ja, das stimmt. Mein Coach hat mir Ihre Anfrage weitergeleitet. Netter Kerl, dem kann man wirklich keine Bitte abschlagen. Aber was bringt mir das eigentlich, wenn ich meine Arbeit wegen Ihnen mehrmals unterbreche und Ihre Fragen beantworte?«
Coachingforscher (noch mit Selbstbewusstsein): »Tja, das hilft der Coachingforschung sehr. Wir wissen dann viel exakter, wie und warum Coachings wirken, und können, wenn alles klappt, sogar Kausalaussagen machen.«
Führungskraft: »Hhm, Kausalaussagen, das ist ja gut und schön, aber ich will eigentlich nur gecoacht werden. Mit der Coachingforschung habe ich nicht viel am Hut, auch wenn ich es toll finde, dass so etwas auch als Forschung gilt.«
Coachingforscher (leise seufzend und darüber reflektierend, ob er letzteres als Provokation werten soll): »Aber wir können dadurch auch die Coachings in Ihrem Unternehmen langfristig verbessern.«
Führungskraft: »Auch das ist schön, aber mir reicht es erst einmal, wenn mein Coaching gut läuft. Verbessert sich mein Coaching, wenn ich an Ihrer Studie teilnehme?«
Coachingforscher (lauter seufzend): »Na ja, Ihr Coaching nicht direkt. Wir erforschen generelle Wirkungen. Die Psychologie ist schon eher eine Mittelwertswissenschaft. Auch können wir erst nach Abschluss der Studie…«
Führungskraft: »Oh, ein Anruf auf meinem Handy. Ich muss jetzt leider los. Setzen sich doch noch mal mit meiner Sekretärin in Verbindung. Vielleicht fülle ich Ihnen mal einen Fragebogen aus, wenn er kurz ist. Tschööö und viel Erfolg mit Ihrer Studie.«
Coachingforscher (verzweifelt): »Aber wir brauchen leider verschiedene Messzeitpunkte und…«

Guten Tag, lieber Leser[1], meinen Namen kennen Sie vom Buchcover und ich habe eine Leidenschaft. Diese nennt sich Coachingforschung, und wie Sie in dem Dialog erkennen können, gehört eine Portion Leidensfähigkeit dazu, dieser Leidenschaft nachzugehen. Doch mit dieser Leidenschaft bin ich nicht allein. Überall auf der Welt gibt es Wissenschaftler, die sich von den Schwierigkeiten der Coachingforschung nicht abhalten lassen und Coachings erforschen (ich könnte mittlerweile eine große Selbsthilfegruppe starten). Und dass ich nicht alleine bin, bringt einen

1 Für eine bessere Lesbarkeit wird in diesem Buch vorwiegend die männliche Form verwendet. Die weibliche Form ist selbstverständlich und ausdrücklich immer mit eingeschlossen.

großen Vorteil. Wir haben zusammen in den letzten Jahren viel Wissen über Coaching und seine Wirksamkeit gesammelt. Doch von dieser Forschung weiß man in der Praxis häufig wenig. Das liegt auch daran, in welchem Stil viele Artikel geschrieben sind und wo sie veröffentlicht wurden. Deshalb wird, meiner Meinung nach, ein Buch notwendig, das die Wirkungsforschung praxisnah zusammenfasst und für die Praxis nutzbar macht. Denn alle anwendungsbezogene Forschung ist umsonst, wenn die Anwender von der Forschung nichts wissen. Dieses Buch beschäftigt sich deshalb aus einer wissenschaftlichen Perspektive mit den Wirkungen von Coachings im Arbeitskontext und widmet sich unter anderen folgenden Fragen:

Was bewirkt Business-Coaching?
Was bewirkt die Wirkungen von Business-Coaching?
Wer bewirkt das, was in Business-Coachings die Wirkungen bewirkt?

Wenn Sie dieses Buch gelesen haben, werden Sie wissen, welche positiven Wirkungen Coaching hat und wie man diese Wirkungen herstellen kann. Doch ich werde Ihnen in diesem Buch nicht nur positive Wirkungen von Coaching vorstellen. Seit 2011 beschäftigen meine Arbeitsgruppe und ich uns mit negativen Nebenwirkungen von Coaching. Darunter verstehen wir unerwünschte Effekte, die schädlich und unerwünscht und auf das Coaching zurückführbar sind. Nebenwirkungen sind nicht dasselbe wie Misserfolg, was Sie in Kapitel 8.3 ausführlich vorgestellt bekommen. Andere Arbeitsgebiete wie die Psychotherapie oder das Mentoring beschäftigen sich schon länger damit, welche unerwünschten Effekte durch ihre Profession entstehen können. Richard Kilburg von der Harvard University schlussfolgerte im Jahr 2002 (S. 288) mit Blick auf das Thema »Negative Effekte im Coaching«: »Despite the importance of knowing how to manage these issues, there is virtually nothing available in the literature to help executive coaches face these problems.«

Mittlerweile haben wir in unserer Arbeitsgruppe zehn qualitative und quantitative Studien durchgeführt (siehe z. B. Tabelle 9). Aus dem von Kilburg beschriebenen »nothing« ist etwas geworden. Die Erkenntnisse dieser Studien möchte ich Ihnen im zweiten Teil des Buchs vorstellen. Immer wieder werde ich dabei auch Coaches und Klienten zu Wort kommen lassen, die mit uns über diese Themen gesprochen und ihre Erfahrungen mit uns geteilt haben. An dieser Stelle möchte ich mich bei den vielen hundert Studienteilnehmern bedanken, die uns so engagiert bei unserer Forschung unterstützt haben.

Mein Ziel ist, dass sich das Buch in drei Bereichen auszeichnet: die Wissenschaftsnähe, die Praxisnähe und die Lesernähe.

Kommen wir zunächst zur Wissenschaftsnähe. In der letzten Zeit sind viele neue Coachingbücher veröffentlicht worden. In verschiedenen Ratgebern für Coaches liest man, dass es wichtig sei, als Coach eine Marke zu entwickeln und für die Markenkommunikation zu veröffentlichen. Diesen guten Tipp nehmen sich viele Coaches zu Herzen und schreiben ein eigenes Buch. Manche Bücher sind echt gut und manche sind wirklich schlecht. In der Regel schreibt aber ein Coach über seine persönlichen Coachingerfahrungen und gibt diese an die zukünftige Generation von Coaches weiter. Die Stichprobe (in der Wissenschaft mit N abgekürzt), auf der die Erkenntnisse beruhen, liegt bei diesen Büchern bei N = 1. Und dadurch ist die Objektivität, die Zuverlässigkeit, aber auch die Gültigkeit vieler Bücher eingeschränkt. Das vorliegende Buch ist anders ausgerichtet. Ich schreibe Ihnen nicht auf, was ich persönlich glaube, welche Faktoren ein Coaching wirksam machen. Ich fasse Ihnen die Wirkfaktoren zusammen, von denen ich aus wissenschaftlichen Studien weiß, dass sie wirken. Ich habe durch meine eigenen Studien Daten und Einsichten von Hunderten von Coaches und Klienten einholen können. Die Erkenntnisse daraus fließen in dieses Buch ein sowie die Stichproben von vielen anderen Kollegen. Dadurch beruht das Buch auf den Erkenntnissen von Tausenden von Coachingprozessen und Sie bekommen mehr Sicherheit bei der Interpretation der Ergebnisse. Diese Wissenschaftsnähe ist ein ständiger Begleiter dieses Buchs. Deswegen stelle ich Ihnen in Kapitel 2 auch erst einmal vor, wie Coachingforscher arbeiten und denken.

Mein zweites Ziel für dieses Buch ist die Praxisnähe. Für manche meiner akademisch geprägten Kollegen mag das erste Ziel das zweite ausschließen. Ich bin aber kein Grundlagenforscher. An meiner Hochschule ist die Tätigkeit als Wissenschaftler praktisch orientiert. Wir haben den Auftrag, für die Praxis wissenschaftliche Erkenntnisse zu erarbeiten. Und deswegen kenne ich mich mit dem Spannungsfeld Wissenschaft und Praxis gut aus. Mir ist aber auch klar, dass es alleine schwierig ist, beiden Zielen gerecht zu werden. Deswegen habe ich mir für einige Themen Unterstützung geholt. Ich habe mit erfahrenen und bekannten Praktikern Interviews geführt, z. B. Beate Fietze, Christian Geissler, Elke Berninger-Schäfer, Rainer Arlt und Uwe Böning. Sie sind in den jeweiligen Anwendungsbereichen Pioniere und können sehr viel besser als ich selbst die praktischen Facetten eines Themas ergründen und vorstellen. Weiterhin versuche ich vor allem beim Thema Nebenwirkungen direkt Coaches und Klienten zu Wort kommen zu lassen. In unserer Arbeitsgruppe haben wir in den letzten Jahren viele hundert Seiten Interviewmaterial gesammelt und die Stimmen dieser Praktiker lasse ich an verschiedenen Stellen in das Buch einfließen.

Kommen wir zum letzten Ziel: die Lesernähe. Wenn ich mit der Arbeit an einem Buch beginne, versuche ich zunächst herauszufinden, für wen ich dieses Buch schreiben will. Wenn ich das nicht früh genug getan habe, fragt mich meine Frau danach: »Sag mal, für wen setzt du dich da abends eigentlich an den Schreibtisch?« Diese Personengruppe habe ich dann vor Augen, wenn ich das Buch schreibe. Ich

denen Entwicklungsstufen und Schwierigkeiten die Coachingforschung zu bewältigen hat.

Im dritten Kapitel lernen Sie verschiedene Evaluationsmodelle kennen, bevor ich im vierten Kapitel erläutere, welche verschiedenen Wirkungsklassen im Coaching beobachtbar sind. Mit Wirkungsklassen meine ich die verschiedenen Kategorien, auf die sich Coachings auswirken können.

Dann haben Sie es in den Hauptteil des Buchs geschafft. Ich stelle Ihnen die positiven Effekte von Coaching und den Return on Investment von Coaching vor (Kapitel 6). Ich orientiere mich bei den positiven Wirkungen an den vier Metaanalysen, die in den letzten Jahren veröffentlicht wurden. Metaanalysen fassen die Studienlage in einem Bereich zusammen und sind besonders zuverlässige Quellen, um die Wirkungen von Coaching zu beurteilen.

Nach den positiven Wirkungen geht es im nächsten Kapitel um die Wirkfaktoren und damit um die Faktoren, die dafür verantwortlich sind, dass in Coachings positive Wirkungen erreicht werden. Das siebte Kapitel ist in solche Variablen unterteilt, die auf der Seite der Coaches, der Klienten, der Organisationen und der Prozesse liegen.

Im achten Kapitel erweitere ich das Wirkungsspektrum und stelle Ihnen vor, was Nebenwirkungen von Coaching sind und warum es sich lohnt, sich mit diesen zu beschäftigen. Ich werde Ihnen vorstellen, welche Nebenwirkungen wie häufig in Coachings auftreten. Dann folgt eine Analyse der Ursachen für Nebenwirkungen. Auch hier folge ich der Aufteilung Coach, Klient und Organisation.

Das neunte Kapitel widmet sich dem Thema »Abbrüche von Coaching«. Ich beantworte die Frage, was Coachingabbrüche sind, wie häufig sie auftreten und welche Ursachen dafür verantwortlich sind, dass ein Klient ein Coaching vorzeitig beendet.

Der letzte große Teil meines Buchs ist den Nebenwirkungen gewidmet, die der Coach erlebt. Auch hier stelle ich Häufigkeiten, Kategorien und Fälle vor, bevor ich die Konsequenzen und Ursachen von unerwünschten Wirkungen aufseiten der Coaches beleuchte. Mein Buch endet mit einer Kritik an meiner Arbeit und einem Fazit. Es ist in der Wissenschaft gute Praxis, dass man die Grenzen der eigenen Arbeit ausführlich beschreibt, aber auch die wichtigsten Punkte zusammenfasst.

2. Eine kurze Einführung in die Coachingforschung

Ich habe für das Buch den Anspruch formuliert, Ihnen einen wissenschaftlich orientierten Blick auf die Wirkungen von Coaching zu liefern. Damit Sie die wissenschaftlichen Erkenntnisse gut interpretieren und vor allem auch die Grenzen der Ergebnisse einschätzen können, halte ich es für wichtig, Ihnen einen kurzen Einblick in die Coachingforschung zu ermöglichen. Wie Coaches in der Praxis arbeiten, wissen Sie wahrscheinlich recht gut. Wahrscheinlich sind Sie selbst ein Coach oder kennen zumindest Personen, die diesem Broterwerb nachgehen. Aber Coachingforscher – was sind das für Leute? Was tun die so? Und warum? Sezieren sie die Arbeit der Coaches im Labor oder arbeiten sie selbst als Coaches und erforschen ihre eigene Arbeit? Welche Methoden setzen Coachingforscher ein? Welchen Anspruch haben Coachingforscher und wie sieht die Wirklichkeit aus? Auf diese Fragen möchte ich Ihnen auf den nächsten Seiten Antworten geben. Ich beginne mit den Entwicklungen in der Coachingforschung.

2.1 Praxis oder Forschung – Wer war eigentlich zuerst da?

Coachingforschung ist eine anwendungsbezogene Wissenschaftsdisziplin. Da stellt sich die Frage, wer eigentlich zuerst da war: die Coachingforschung oder die Coachingpraxis? In der Verhaltenstherapie haben z. B. die Forscher den ersten Ball auf das Spielfeld gekickt. Herr Pawlow war nicht auf der Suche nach einer Therapieform für psychische Störungen. Er untersuchte das Verdauungssystem von Hunden, als er mit der Erforschung des klassischen Konditionierens die Grundlagen für die Verhaltenstherapie legte. Auch Burrhus Frederic Skinner hatte beim operanten Konditionieren zuerst allgemeine Lerngesetze im Kopf und weniger die Behandlung von Patienten.

Bei der Coachingforschung ist der Sachverhalt genau umgekehrt: »Die professionellen Coachingmethoden, wie sie heute im Businessbereich oder im Life-Coaching verbreitet sind, wurden nicht von Wissenschaftler/innen erdacht, sondern von Praktiker/innen entwickelt, die sich dabei auf damals aktuelle wissenschaftlichen Konzepte und Interventionsmethoden als Grundlage gestützt haben«, schreibt Siegfried Greif (2014, S. 296) in einem lesenswerten Artikel über die schwierige Beziehung zwischen Coachingpraxis und Wissenschaft. Pioniere wie John Whitmore oder in Deutschland Uwe Böning, Wolfgang Looss, Astrid Schreyögg oder Walter Schwertl haben nicht von Lehrstühlen aus ihre Coachingkonzepte entwickelt, sondern während und durch ihr praktisches Handeln. Die Erforschung von Coaching hat mit etwas Verzögerung eingesetzt. Forscher haben sich erst für Coaching interessiert, als es sich in vielen Unternehmen bereits etabliert hatte. Manch Vorteil resultierte aus dieser Entwicklungsgeschichte, aber auch einige Nachteile. Das Coachingpflänzchen konnte sich ohne den strengen Blick der Wissenschaft entwickeln, musste aber auch auf den Dünger und die langfristigen Vergünstigungen verzichten, die eine wissenschaftliche Begleitung für die Professionalisierung einer jungen Disziplin bringen kann. Coachingpraxis und Coachingforschung mussten erst zueinander finden, und dieser Prozess ist noch nicht abgeschlossen. Ich denke, man weiß mittlerweile, dass man einander braucht. Doch ein enges Verhältnis wie z. B. in der Psychotherapie ist noch nicht die Regel und dafür braucht es mehr Kontakt. Vielleicht kann ich durch dieses Buch ein wenig Kontaktarbeit leisten.

Coaching hat sich zunächst praktisch etabliert, bevor es wissenschaftlich erforscht wurde. Diese Trennung prägt noch heute die Zusammenarbeit zwischen Forschung und Praxis im Coachingbereich.

2.2 Welche Entwicklungsstufen gibt es in der Coachingforschung?

Wie ich Ihnen gerade erläutert habe, ist Coaching ohne Coachingforschung geboren worden. Das ist ein Gegensatz zur Psychotherapie. Die frühen Psychotherapeuten wollten den Medizinern nicht nachstehen und nicht nur beweisen, dass Psychotherapie wirkt, sondern auch Wissen darüber erarbeiten, warum sie wirkt. Diese Interessenlage ist laut Siegfried Greif bei den Coachingpionieren nicht zu erkennen. Er schreibt diesbezüglich (2014, S. 174): »Es gibt nur wenige in der Piongeneration, die ihre Konzepte auf wissenschaftliche Fachliteratur aus der Psychologie oder anderen relevanten Disziplinen abstützen. Die erfolgreichen Praktiker/innen haben sich nicht für eine wissenschaftliche Fundierung und für Evaluationen interessiert, weil die Nachfrage nach Coaching stark zunahm und ihre Kund/innen zufrieden waren. Auf der Grundlage ihrer erfahrungsbasierten Konzepte haben sie Schulen und Coaching-Ausbildungen gegründet, die ebenfalls stark nachgefragt wurden. Wozu braucht man Wissenschaft und Forschung, wenn es auch ohne sehr gut läuft und die Kund/innen und Kursteilnehmer/innen die eigenen Konzepte ohne Evaluationsforschung fast wie wissenschaftliche Theorien ansehen?« Ja, da hat Siegfried Greif wohl recht. Wozu braucht man Forschung, wenn das Geschäft läuft? Für ziemlich viel, denke ich, wenn man sie langfristig als Instrument in der Personalentwicklung durchsetzen möchte.

Die Phasen, die ich Ihnen nun exemplarisch vorstelle, sind zeitlich nicht klar voneinander zu trennen. Sie überlappen sich, geben aber eine Orientierung, wie sich die Coachingforschung entwickelt hat.

2.2.1 Stufe 1: Wirkt Coaching überhaupt?

Wie Sie erfahren haben, war Coaching zunächst ein Praxisprojekt. Dem einen oder anderen Praktiker wurde dabei mulmig zumute und er fragte sich, ob die Gespräche mit den Klienten zu irgendwelchen nachweisbaren Wirkungen führen. Aus einer ethischen Perspektive sollte ein Instrument, das Einfluss auf das Denken, Fühlen und Verhalten von Menschen hat, einer wissenschaftlichen Prüfung unterzogen werden. Zu diesem Zeitpunkt und zu diesen Fragen kam dann zum ersten Mal die Forschung ins Spiel. Und so lag der Schwerpunkt der ersten Phase auf der Erforschung der Wirksamkeit von Coaching. Die Wissenschaftler wollten zunächst einmal wissen, ob das, was da in der Praxis entstanden war, überhaupt hält, was es verspricht. Es fand eine ergebnisorientierte Coachingforschung statt; die Glaubwürdigkeit von Coaching wurde wissenschaftlich hinterfragt und getestet (Wegener et al., 2018). Zunächst hat man Interviewstudien durchgeführt und getestet, welche Wirkungen Coaching entfaltet. Klienten wurden ausführlich befragt, ob sie von ihren Coachings profitiert hätten. Dann war auch die Neugierde der quantitativen Forscher geweckt. Es wurde datengestützt geprüft, ob Menschen, die an einem Coaching teilgenommen hatten, sich von solchen unterscheiden, die nicht an einem Coaching teilgenommen haben. Sind die Klienten leistungsfähiger, zufriedener, motivierter oder stärker an das Unternehmen gebunden als die Menschen in der Kontrollgruppe? Nach und nach wurden immer mehr Wirkungen geprüft. Es wurden weiterhin Vergleiche zu anderen Personalentwicklungsinstrumenten gezogen. Wirken Coachings stärker oder schwächer als z.B. Trainings?

Wie ich Ihnen in Kapitel 6 darstelle, hat Coaching trotz vieler Forschungsschwierigkeiten diesen wissenschaftlichen Test bestanden (zu den Forschungshindernissen siehe Kapitel 2.4). Heute werden immer noch Studien durchgeführt, die belegen können, in welch unterschiedlichen Kontexten und Einsatzgebieten Coachings wirksam sind. Auch fördern neue Studien immer neue Coachingwirkungen zutage. Ich bin selbst immer wieder überrascht, wie vielfältig die Wirkungen von Coachings sein können.

2.2.2 *Stufe 2: Welche Faktoren wirken?*

Nachdem Coaching in den ersten Studien seine Wirksamkeit unter Beweis gestellt hatte, klopfte ziemlich schnell die Frage an der Tür, was denn dazu führt, dass ein Coaching wirksam ist. Auch stellten Wissenschaftler die Frage, warum manche Klienten weniger oder mehr von einem Coaching profitieren. Damit war die Wirkfaktorenforschung geboren, deren Ergebnisse ich Ihnen weiter unten vorstelle. Greif (2008) unterscheidet zwischen Faktoren, die auf der Seite der Klienten oder Coaches liegen, und solchen, die auf der Seite der Organisationen zu suchen sind. Weiterhin gibt es Faktoren, die eher die Rahmenbedingungen des Coachings betreffen. In dieser Phase wurde demnach analysiert, wie z. B. Persönlichkeitsmerkmale der Klienten, Coachkompetenzen sowie die Freiwilligkeit oder Dauer eines Coachings die verschiedenen Wirkungen von Coaching beeinflussen können. Dieses Wissen ist vor allem wichtig, um in der Praxis optimale Voraussetzungen für ein wirksames Coaching herzustellen. Ich stelle Ihnen die Ergebnisse dieser Forschung in Kapitel 7 vor.

2.2.3 *Stufe 3: Welche Prozesse treten in Coachings auf und wirken?*

Danach widmeten sich die Wissenschaftler der prozessorientierten Forschung (siehe für einen Überblick Tonhäuser, 2018). Es wurde untersucht, was eigentlich in einem Coaching passiert und wie das die Wirkungen von Coachings beeinflusst. Welche Verhaltensweisen zeigen Coaches und Klienten, wenn sie zusammenarbeiten? Welche Prozessvariablen produzieren positive Wirkungen von Coaching? In dem Wirkungsmodell von Greif (2014, siehe Kapitel 3.3) finden Sie einige Prozessvariablen integriert. Prozessvariablen sind Faktoren, die zum Tragen kommen, wenn sich Coach und Klient entschlossen haben, zusammenzuarbeiten. Besondere Aufmerksamkeit hat in dieser Phase die Beziehungsqualität zwischen Coach und Klient erhalten (siehe zu den Ergebnissen Kapitel 7.5.1). Weiterhin wurde untersucht, was Coaches und Klienten in einem Coaching tun und wie sie sich verbal und nonverbal wechselseitig beeinflussen. In einer eigenen Studie (Ianiro, Schermuly & Kauffeld, 2013) nutzten wir zum Beispiel das Instrument zur Kodierung von Diskussionen (Schermuly & Scholl, 2011) und kodierten jeden Sprechakt, der von Klient und Coach geäußert wurde. Wir konzentrierten uns vor allem auf das nonverbale Verhalten auf den Dimensionen Dominanz und Freundlichkeit und analysierten, wie diese beiden Dimensionen sich auf die Entwicklung der Beziehungsqualität und den Erfolg von Coachings auswirken. Die Ergebnisse dieser Studie stelle ich Ihnen in Kapitel 7.5.1 vor.

2.2.4 *Stufe 4: Zusammenfassung von Ergebnissen und kritische Reflexion*

Die prozessorientierte Forschung ist noch lange nicht abgeschlossen und nur wenige Wirkfaktoren von Coaching sind kausal abgesichert. Das Puzzle, wie und warum Coaching wirkt, ist noch nicht abschließend gelöst, und aufgrund der Komplexität des Forschungssubjekts wird das noch lange dauern. Dennoch ist die Coachingforschung in den letzten Jahren vorangeschritten. Eine Phase der Zusammenfassung und der kritischen Reflexion hat begonnen. Es liegen so viele erste Forschungsergebnisse über die Wirksamkeit von Coaching vor, dass mehrere Arbeitsgruppen begonnen haben, den Forschungsstand in Metaanalysen zusammenzufassen. Wenn Sie Psychologie studiert haben, dann wissen Sie wahrscheinlich, was eine Metaanalyse ist. Für alle Nichtpsychos habe ich in Infobox 2 zusammengefasst, was das genau ist und wie man die Ergebnisse interpretiert. Ein gewisses Verständnis davon, was eine Metaanalyse ist, ist für Kapitel 6.1 wichtig. Dort stelle ich Ihnen die Ergebnisse verschiedener Metaanalysen vor.

Durch Metaanalysen sollen über Einzelstudien hinweg generelle Erkenntnisse vor allem zur Wirksamkeit und zu den Wirkfaktoren von Coachings abgeleitet werden. In Kapitel 6.1 stelle ich Ihnen die Ergebnisse aller Metaanalysen vor, die bisher im Coachingbereich durchgeführt wurden. Ich möchte an dieser Stelle nicht groß vorweggreifen, deswegen nur ein kurzer Ausblick. Durch die Metaanalysen konnte gezeigt werden, dass Coachings vielfältige positive Wirkungen besitzen. Die Stärke der Effekte ist nicht riesig, aber auch nicht klein.

Diese Ergebnisse haben dazu beigetragen, dass sich in der Coachingforschung Selbstbewusstsein entwickelt hat. »Coaching wirkt« ist nicht länger eine offene Hypothese, sondern eine wissenschaftlich fundierte Erkenntnis. Dieses Selbstbewusstsein hat dazu geführt, dass eine Phase der kritischen Reflexion initiiert werden konnte. Es wurde begonnen, sich auch dem Thema »Nebenwirkungen von Coaching« zu widmen. »Coaching wirkt« ist der abgesicherte Wissensstand. Auf dieser Basis konnte man sich auch den unerwünschten Wirkungen widmen (siehe hierzu das Kapitel 8). Dieser Entwicklungsschritt ist übrigens sehr ähnlich zu den Professionalisierungsphasen anderer sozialer Interventionen. Auch in der Psychotherapieforschung beschäftigte man sich nach einer Phase der Erforschung der Wirkungen und Wirkfaktoren mit den unerwünschten Effekten von Psychotherapie. Ein großer Unterschied ist aber die Zeit, in der damit begonnen wurde. Die Psychotherapieforschung beschäftigt sich bereits seit den sechziger Jahren des vergangenen Jahrhunderts mit diesem Thema. Die Coachingforschung hat gerade erst damit begonnen. Die Ergebnisse dieser ersten Bemühungen stelle ich Ihnen weiter unten vor.

Nach einer ersten Phase, in der die Wirkung von Coaching geprüft wurde, hat sich die Coachingforschung mit Wirkfaktoren und Prozessforschung beschäftigt. Nachdem die Ergebnisse für die Wirksamkeit von Coaching positiv ausfielen, beschäftigte man sich auch mit den Nebenwirkungen von Coaching.

2.3 Methodische und publizistische Entwicklungen in der Coachingforschung

Nach der Vorstellung der inhaltlichen Entwicklungen soll nun auf die methodischen Entwicklungen in der Coachingforschung eingegangen werden. Es gibt sowohl eine qualitative als auch quantitative Wissenschaftstradition im Coachingbereich. Grant (2013) wertete die Anzahl der publizierten Forschungsarbeiten aus, die im Zeitraum von 2000 bis 2011 Wirkungen von Coaching getestet haben. 131 Studien waren Fallstudien und 102 hatten eine quantitative Ausrichtung. Kotte et al. (2015) kritisieren an den qualitativen Studien, dass sie nur selten an andere Studien anknüpfen und daher in isolierter Weise Wissen präsentieren. Häufig agiert der Coach sogar als Fallgeber und Forscher gleichzeitig (Kotte et al., 2015). Ich bin ein großer Freund der qualitativen Forschung, und Sie werden hier die Früchte vieler qualitativer Arbeiten vorgestellt bekommen. Aber sich selbst zum Fall zu machen, widerspricht den methodischen Ansprüchen der qualitativen Forschung. Denn qualitative Forschung hat das Ziel, objektive, zuverlässige und gültige Erkenntnisse zu erarbeiten.

In den letzten Jahren haben vor allem die quantitativen Studien zugenommen. Auch haben Forscher begonnen, echte Prozessforschung zu betreiben, indem sie den Interaktionsprozess kleinteilig Sprechakt für Sprechakt ausgewertet und mit den Wirkungen in Beziehung gesetzt haben. Aber auch hier gibt es Probleme. Es fehlen vor allem randomisierte, kontrollierte Studien, die Kausalaussagen über die Wirkungen und Wirkfaktoren zulassen. Als Grant im Jahr 2011 seine Suche beendete, fand er gerade einmal 14 solcher Studien (Grant, 2013). Ein paar sind seit 2011 immerhin dazugekommen, was für die fortschreitende Professionalisierung des Forschungsbereichs spricht. Ich gehe auf die besonderen Herausforderungen bei der Durchführung von quantitativen Studien im Coachingbereich im nächsten Kapitel ein.

Lassen Sie mich zuletzt noch auf die Entwicklungen eingehen, wie Coachingforschung publiziert wird. Zu den Anfangszeiten der Coachingprofession wurde das Thema vor allem in Praktikerzeitschriften behandelt. Mittlerweile werden immer mehr Artikel in peer reviewten Zeitschriften veröffentlicht (siehe für eine Übersicht z. B. Kotte et al., 2015). Peer review bedeutet, dass ein Artikel von einer Arbeitsgruppe bei einer Zeitschrift eingereicht und dann anonym von Experten im Forschungsfeld begutachtet wird. Der Artikel wird aufgrund der Gutachten abgelehnt oder es werden Änderungsvorschläge gemacht, die in der Regel umgesetzt werden müssen. Danach wird der Artikel wieder eingereicht und das Spiel beginnt erneut. Manchmal geht es schnell und ein Artikel wird ein Jahr nach der Einreichung veröffentlicht. Meistens dauert es deutlich länger. Ich habe mich auch schon einmal durch sechs Runden gekämpft. Das Peer review sorgt für eine wissenschaftliche Qualitätssicherung, und Forscher werden daran gemessen, wie viele dieser Artikel sie veröffentlichen. Der Nachteil sind die Dauer und vor allem die Preise, die die Leser für peer reviewte Artikel zahlen müssen. Ein Download kostet schnell einmal 30 oder 40 Dollar, was die Verbreitung der Erkenntnisse in der Praxis behindert.

Auffällig bei den Artikeln über Coaching ist, dass die überwiegende Mehrheit der Artikel in coachingspezifischen Zeitschriften veröffentlicht wird. Dazu gehören z. B. Zeitschriften wie »Coaching: An International Journal of Theory, Research and Practice«, »Consulting Psychology Journal: Practice and Research«, »International Coaching Psychology Review«, »International Journal of Evidence Based Coaching and Mentoring« oder auch »The Coaching Psychologist«. Die Erkenntnisse zum Thema Coaching zirkulieren also in einem engen Kreis von Fachexperten. In nicht spezialisierten Zeitschriften der Arbeits- und Organisationswissenschaften, die häufig zitiert werden, findet man Coachingforschung kaum. Das liegt vor allem an den besonderen Herausforderungen und Schwierigkeiten in der Coachingforschung, die ich Ihnen im Folgenden vorstellen möchte.

Coaching wurde zunächst vor allem qualitativ erforscht. Mittlerweile gibt es auch eine quantitative Forschungstradition, die es aber schwer hat, in etablierten Zeitschriften mit breiter Leserschaft veröffentlicht zu werden.

2.4 Herausforderungen und Schwierigkeiten der aktuellen Coachingforschung

In diesem Buch geht es um Wirkungen von Coaching. Um diese zu prüfen, müssen Coachings evaluiert werden. Das ist grundsätzlich schwierig, und das sollten Sie wissen, wenn Sie eigene Erkenntnisse aus den dargestellten Ergebnissen ziehen. Coachingforschung und Evaluation erscheinen manchen so schwierig und mühsam, dass sowohl manche Praktiker als auch Wissenschaftler die Evaluationsbemühungen aufgeben. Ich kenne Wissenschaftler, die sich deswegen aus dem Forschungsfeld verabschiedet haben. Warum ist Coaching ein so schweres Evaluationsfeld?

Ich fasse nun erst einmal die Schwierigkeiten nach Greif (2013, 2014) zusammen. Nach Greif (2014, S. 163) ist Coaching »eine individualisierte und auf sehr komplexem Wissen basierte, personenbezogene Dienstleistung. Sie wird in einem Interaktionsprozess von Coach und Klient/in erzeugt, in den beide Seiten sehr unterschiedliches Wissen einbringen und dort austauschen.« Der Kern der Dienstleistung ist Kommunikation, also etwas Immaterielles. Die Funktion eines IKEA-Schrankes, den man in seiner Tauglichkeit und Qualität beobachten und anfassen kann, ist wesentlich einfacher zu bewerten als die Dienstleistung Coaching. Darüber hinaus findet die Kommunikation in einem Coaching nicht einseitig statt. Der Coach hält keine Vorträge und monologisiert nicht. Nach Greif (2014) werden die Wirkungen von Coaching gemeinsam kreiert. Es findet eine Koproduktion von Coach und Klient statt. Das macht die Beantwortung der Frage schwierig, welcher Akteur für welche Wirkung verantwortlich ist: »Während man beim Friseur nur den Kopf stillhalten muss, muss man sich als Coachingklient aktiv beteiligen, damit ein Ergebnis entsteht« (Bachmann & Fietze, 2018, S. 285).

Dazu kommen eine hohe Komplexität und hohe Informationsunterschiede zwischen den Akteuren (Greif, 2014). Wir legen Klienten Fragebögen vor, die häufig zum ersten Mal an einem Coaching teilgenommen haben und nicht wissen, was sie davon erwarten können. Sie besitzen keine Vergleichsmaßstäbe und es fällt ihnen häufig schwer, die Leistung eines Coachs oder die Coachingprozesse einzuschätzen. Dazu kommt, dass die Klienten häufig emotional stark involviert sind. In vielen Studien wird deswegen auf die Perspektive der Coaches ausgewichen. Auch sind Coaches sehr viel einfacher zu rekrutieren. Die haben aber wiederum keinen direkten Einblick in das Innenleben ihrer Klienten. Sie werden in diesem Buch immer wieder mit dem Faktum konfrontiert werden, dass Coaches und Klienten dieselbe Situation sehr unterschiedlich wahrnehmen (siehe z. B. Kapitel 5). Und die Konstruktivisten unter Ihnen werden davon nicht überrascht sein. Menschen nehmen Ihre Umwelt überaus subjektiv wahr und konstruieren entsprechend ihre eigene Realität.

Und dann gibt es zu Recht die Vertraulichkeit in einem Coaching – ohne die funktionieren Coachings nicht. Das macht die Evaluation von Coachings nicht einfacher. Coach und Klient arbeiten häufig an sensiblen Problemen, und da kann man als Forscher nicht mal schnell hineinmarschieren und sagen: »Guten Tag, mein Name ist Schermuly. Ich bin Forscher und Sie sind gerade an einem entscheidenden Punkt in Ihrem Coaching angekommen. Ich finde die Erkenntnis auch spannend, dass Sie ein kleiner Tyrann in Ihrer Arbeitsgruppe sind. Darf ich vielleicht zuschauen, wie Sie diese Erkenntnis emotional verarbeiten? Ich bleibe auch nur bis die Tränen getrocknet sind …«

Spaß beiseite. Mein Punkt ist, glaube ich, angekommen. Fremdbeobachtungen sind in den meisten Fällen nicht gewünscht. Weder der Klient noch der Coach haben in der Regel ein Interesse daran, von mir als Forscher bei ihrem Handeln beobachtet zu werden.

Und dann ist das Forschungsfeld extrem heterogen. Nicht selten wird Coaching als eine Art Containerbegriff für sehr unterschiedliche Maßnahmen genutzt. Und so kann es je nach Positionierung der Coaches, Klienten und Organisationen sehr unterschiedliche Praktiken geben. Wir versuchen die größten Exoten wie Tantracoaching, Astrocoaching, Schamanencoaching, spirituelles Coaching, Glückscoaching oder Pferdecoaching aus unseren Daten rauszuhalten. Auch andere Tiere (z. B. Wolf-, Adler-, Hai-, Esel- oder Schafscoaching) dürfen bei uns nicht mitmachen. Und dennoch bleibt das Feld extrem variantenreich, was den Vergleich zwischen Coachings extrem schwierig macht. Generelle Aussagen zu Coachings sind dadurch nur eingeschränkt möglich.

Die Immaterialität, die Kokreation, die Komplexität, die Informationsunterschiede, die fehlende Objektivität, die Vertraulichkeit und die hohe Heterogenität machen die Evaluation der Wirkungen und Wirkfaktoren von Coaching als personale Dienstleistung schwierig.

Hat man diese Hürden überwunden und es geschafft, Coachings halbwegs sauber zu evaluieren, wartet bereits die nächste Schwierigkeit: Idealerweise sollten Wirkungen kausal geprüft sein. Das bedeutet, dass die Wirkungen zweifelsfrei auf das Coaching zurückführbar sind und nicht auf andere Bedingungen, die die Intervention begleiten. Um bei einer Intervention wie Coaching kausale Aussagen machen zu können, müssen die Studien bestimmte Voraussetzungen erfüllen. Das sind sogenannte »Randomized Controlled Trials«. Diese randomisierten und kontrollierten Studien werden auch als »Goldstandard« bezeichnet. Hat man den Goldstandard, so öffnen sich die Türen zu Ruhm und Ehre in der Forschungscommunity. Randomisierte und kontrollierte Studien sind ideale Forschungen, mit denen man nahezu zweifelsfrei Aussagen zu Ursache und Wirkung machen kann. In Abbildung 1 finden Sie den idealen Studienaufbau für eine Coachingstudie. Lassen Sie mich Ihnen kurz den Goldstandard erläutern.

In einer solchen Studie gibt es zwei Gruppen: die Coachinggruppe und die Kontrollgruppe. In beiden Gruppen müssten etwa 50 Personen teilnehmen, damit wir statistisch signifikante Ergebnisse bei z. B. zwei Wirkungen erwarten können.

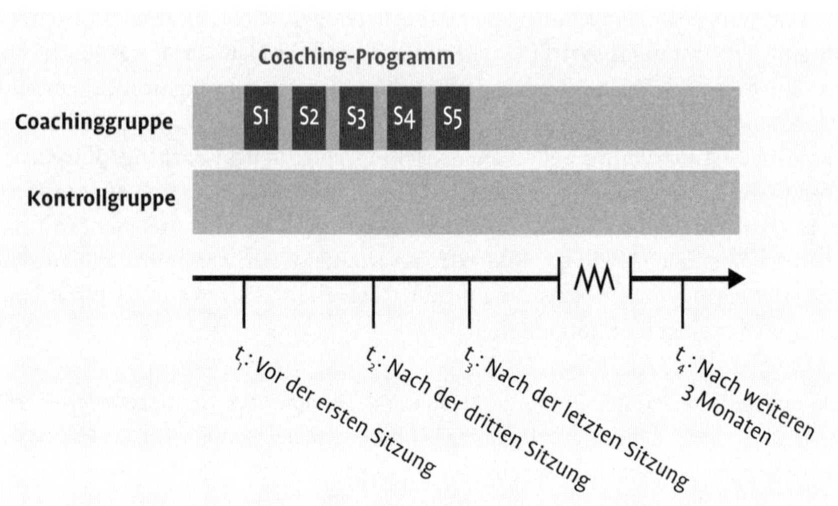

Abb. 1: Randomisierte und kontrollierte Studie zur Bewertung der Wirkung von Coachings (S = Sitzung; t = Messzeitpunkt)

Es handelt sich zum Beispiel um ein Führungskräftecoaching, das aus fünf Sitzungen mit jeweils zwei Stunden besteht. Die Abstände zwischen den Coachingsitzungen und die Dauer der Coachings unterscheiden sich nicht. Daten werden zu vier Zeitpunkten erhoben. Es werden vor allem Fragebögen zur Selbstbeschreibung genutzt. Zum Beispiel schätzen die Teilnehmer ihre Konfliktfähigkeit und Arbeitszufriedenheit ein. Darüber hinaus werden weitere Datenquellen erschlossen, um die Subjektivität der Klienteneinschätzungen zu überwinden. Zum Beispiel werden die Mitarbeitenden der Führungskräfte nach der Konfliktfähigkeit ihrer Führungskräfte gefragt. Bei einem Vertriebscoaching könnten auch Verkaufszahlen oder die Kundenzufriedenheit erhoben und genutzt werden. Die Coachinggruppe wird einmal vor, während und direkt nach dem Coaching befragt. Nur so können Veränderungen über die Zeit festgestellt werden. Auch ist eine Messung drei Monate nach dem Coaching notwendig, um den Transfer des Coachings in die organisationale Praxis des Klienten zu überprüfen. Wir wissen von vielen Personalentwicklungsmaßnahmen wie beispielsweise Trainings, dass sie direkt nach Abschluss des Trainings (t3) als hilfreich eingeschätzt werden und ein solider Kompetenzzuwachs zu verzeichnen ist. Nach wenigen Wochen (t4) verpuffen die Effekte aber häufig deutlich (siehe z. B. die Metaanalyse von Alliger et al., 1997).

Wenn wir nur die Coachinggruppe untersuchen würden, dann wüssten wir zum Beispiel, dass die Arbeitszufriedenheit in der Coachinggruppe von t1 zu t3 gestiegen ist und nach drei Monaten konstant geblieben ist. Wissen wir dadurch, dass das Coaching die kausale Ursache für die erhöhte Arbeitszufriedenheit ist? Sie liegen richtig mit Ihrem Gefühl: Nein, wissen wir nicht. Zum Beispiel könnte es zwischen den Messzeitpunkten eine Gehaltserhöhung gegeben haben, und deswegen hat sich die Arbeitszufriedenheit erhöht. Oder die erste Messung fand während der stressigen Jahresabschlussrechnung statt und zu t3 kamen die meisten Führungskräfte gerade aus dem Osterurlaub. Das bedeutet, dass Faktoren, die außerhalb des Coachings liegen, die Verbesserungen der Arbeitszufriedenheit bewirkt haben könnten.

Und was machen wir jetzt?

Wir brauchen eine Kontrollgruppe, bei der die exakt gleichen Daten zum gleichen Zeitpunkt erhoben werden können. Wenn bezüglich der Arbeitszufriedenheit nicht dieselben Veränderungen in der Kontrollgruppe ersichtlich werden (siehe Abbildung 1), dann können wir mit ziemlicher Sicherheit sagen, dass das Coaching die positiven Veränderungen bei der Arbeitszufriedenheit bewirkt hat.

Kein Problem, fragen wir doch einfach ein paar Führungskräfte, ob die uns viermal einen Fragebogen ausfüllen! Langsam, leider geht das so einfach nicht.

Coachinggruppe und Kontrollgruppe dürfen sich nicht systematisch voneinander unterscheiden. Zum Beispiel könnten sich die Führungskräfte in der Coachinggruppe für das Coaching angemeldet haben, weil sie sehr engagiert in ihrer Arbeit sind oder vielleicht auch besonders offen für neue Erfahrungen. Wenn Coaching- und Kontrollgruppe sich systematisch unterscheiden, dann könnten diese Unterschiede die Entwicklung in der Arbeitszufriedenheit produziert haben und nicht das Coaching. Wir brauchen demnach zwei Gruppen, die sich weder hinsichtlich Geschlecht, Alter oder Position (und vielen anderen Variablen) noch bezogen auf Werte oder Kompetenzen systematisch unterscheiden dürfen. Man kann versuchen, diese Herausforderung mit einem Wartekontrollgruppendesign zu lösen. Das bedeutet, dass man alle Teilnehmer in zwei Gruppen randomisiert, das heißt zufällig einteilt. Die Führungskräfte, die in der Coachinggruppe gelandet sind, starten sofort mit dem Coaching. Die Kontrollgruppe müsste etwa sechs Monate warten und dürfte in dieser Zeit nur Fragebögen ausfüllen.

Ich fasse noch einmal zusammen, was wir für unsere Studie brauchen:

- 100 Führungskräfte, die einen Coachingbedarf besitzen
- davon 50 Führungskräfte, die ihr Coaching freiwillig um sechs Monate verschieben
- eine zufällige Zuweisung zur Coaching- und Kontrollgruppe
- alle Coachings müssen zu einem Zeitpunkt beginnen und enden
- die Anzahl und die Länge der Sitzungen muss gleich sein und auch die Abstände dazwischen

- alle 100 Führungskräfte müssen zu vier Messzeitpunkten (auch drei Monate nach Beendigung des Coachings) für die Beantwortung eines Fragebogens zur Verfügung stehen
- es werden zusätzliche Datenquellen zur Verfügung gestellt
- der Betriebsrat ist kooperativ und stimmt diesen Datenerhebungen zu

Was meinen Sie, wie viele Studien einen solchen Aufbau besitzen? Lassen Sie mich kurz überlegen. Stellen Sie sich einen Trommelwirbel vor – und jetzt kommt das Ergebnis: Es sind null Studien.

Es tut mir leid, eine solche Studie gibt es nicht. Klar, es gibt Studien, denen Prä- und Postmessung mit Kontrollgruppe gelungen sind, aber die weiteren Messungen fehlten dann. Ich habe von einer solchen Studie geträumt; ich habe es probiert, aber es ist an irgendeiner Stelle immer wieder gescheitert. Andere haben es auch versucht, doch meinen Kolleginnen und Kollegen ist es ähnlich ergangen. Führungskräfte möchten nicht sechs Monate auf ihr Coaching warten. Es können keine Coachings in großer Anzahl zum gleichen Zeitpunkt starten. Und häufig ist es nicht möglich, das Coaching drei Monate nach Abschluss noch einmal zu evaluieren. In vielen Fällen haben die Führungskräfte und noch häufiger die Coaches überhaupt kein Interesse, an einer Studie teilzunehmen. Wie eine typische Interaktion mit einem potenziellen Studienteilnehmer ablaufen kann, haben Sie in der Einleitung kennengelernt.

Künzli et al. (2013) fassen die Lage wie folgt zusammen: »Von einem gemeinsamen Projekt ›Coachingforschung‹ kann noch nicht die Rede sein. Ein Grund dafür ist sicher der Zugang zum Feld. Dieser ist nach wie vor schwierig. Weder Coachs noch ihre Klienten lassen sich gerne in die Karten schauen. Dass dem so ist, mag teilweise daran liegen, dass Forschung von Praktizierenden für ihre Arbeit mit Klienten als wenig hilfreich wahrgenommen wird. Forschungen sind in der Regel auf den Nachweis mittlerer Veränderungen angelegt. Mittelwerte liefern aber keine brauchbaren Hinweise für die Einzelfallarbeit. Im Blick von Coachs ist aber immer der einzelne Klient. Ob eine Intervention im Allgemeinen wirkt, wird zwar in der Regel gerne vermerkt, aber kaum als hilfreich oder nützlich wahrgenommen« (S. 385).

Als Coachingforscher sind wir in einer anderen Position als die Kollegen in der Psychotherapieforschung. Hier gibt es an die Universitäten angeschlossene Institutsambulanzen. Die Therapien werden von den Krankenkassen bezahlt und die Patienten bekommen in den angegliederten Einrichtungen relativ schnell einen Therapieplatz. Dafür wissen sie aber auch, dass sie dort an Forschung teilnehmen müssen.

Es gibt nur selten Coachingforschung, die echte Kausalaussagen zulässt. Und das ist vor allem für das Thema der Wirkfaktoren problematisch. Dass das Problem nicht gelöst wird, liegt nicht daran, dass wir Coachingforscher zu doof oder zu faul wären. Es liegt an den besonderen Bedingungen des Forschungsgebiets.

Deswegen geben manche Forscher die quantitative Forschung und die Suche nach größeren Stichproben auf und arbeiten mit einer qualitativen Ausrichtung. Sie wählen dann einen individuumszentrierten Ansatz und gewinnen Erkenntnisse für einen einzelnen Fall. Hier wird dann die erforderliche Tiefe gewonnen, aber die Ergebnisse sind schwer auf andere Coachingfälle übertragbar. Andere Forscher bilden Studenten zu Karrierecoaches aus und lassen diese im universitären Kontext ihre jüngeren Kommilitonen coachen (siehe z. B. unsere Studie in Infobox 12 zur Wirkung von Supervision bei Nebenwirkungen). Hier lässt sich leichter ein Kontrollgruppendesign verwirklichen, aber Studenten sind keine erfahrenen Coaches und die Klienten sind keine Führungskräfte. Wieder gibt es ein Problem mit der Übertragbarkeit der Ergebnisse in die Praxis. In anderen Studien wird auf die Randomisierung oder gänzlich auf eine Kontrollgruppe verzichtet und es werden Zusammenhänge korrelativ ermittelt. Hier entsteht wieder ein Kausalitätsproblem. Führt mehr Beziehungsqualität zu einem erfolgreichen Coaching oder führen die Erfolge im Coaching zur Wahrnehmung von mehr Beziehungsqualität?

Jede Coachingstudie, die ich bisher in meiner Karriere gelesen oder bewertet habe, hatte ihre methodischen Schwächen. Das führt auch dazu, dass Coachingstudien häufig kein Platz in hochrangigen Zeitschriften zugesprochen wird und sie nicht von der Deutschen Forschungsgemeinschaft oder anderen staatlichen Fördereinrichtungen finanziell unterstützt werden. Coachingforschung findet deswegen zumeist mit personellen und sachlichen Eigenmitteln statt.

Warum sollte man sie dennoch nicht einfach aufgeben? Zum Beispiel, weil die International Coach Federation zu Recht in ihrem Verhaltenscodex für Coaches fordert, dass die Coachingpraxis sich auf einen forschungsbasierten wissenschaftlichen und praktischen Wissensstand stützen soll (Greif, 2014). Durch ein Coaching entsteht eine intime Beziehung zwischen Coach und Klient, die starke Auswirkungen auf die Arbeitszufriedenheit, die Karriereentwicklung und gar das Lebensglück der Klienten haben kann. Aus einer ethischen und moralischen Perspektive dürfen wir Interventionen, die auf das Schicksal von Menschen Einfluss nehmen, nicht ohne Forschung betreiben, nur weil sich die Evaluation als schwierig herausstellt. Durch Evaluationen erhält die Praxis die Chance, über ihre bisherigen Vorgehensweisen zu reflektieren und ihre Dienstleistungen zu optimieren. Werden Wirkfaktoren entdeckt, dann können sie in der Praxis ausgearbeitet und angewendet werden. Weiterhin können Evaluationsergebnisse auch als Marketingargumente genutzt werden. Und letztlich wird die Evaluation von Personalentwicklungsmaßnahmen immer mehr zum Standard in der deutschen Personalentwicklung. In einer Delphi-Studie über die Zukunft der Personalentwicklung (Schermuly et al., 2012) ermittelten wir verschiedene Szenarien. In mehreren

Wellen bewerteten mehr als 200 Personaler die Verbreitung des Szenarios in den deutschen Unternehmen im derzeitigen Zustand und in der Zukunft. Das Szenario, welches einen der größten Zugewinne an Verbreitung zu verzeichnen hatte, war das folgende: »Im Jahr 2020 werden die meisten Aktivitäten/Instrumente in Personalentwicklung und -auswahl durch Controlling/Evaluation überprüft und dabei laufend durch diese Prozesse optimiert. Die Ziele von Maßnahmen, Aufwand und Nutzen sowie die Nachhaltigkeit werden permanent hinterfragt.«

Hilfe, die Controller kommen! Manch ein Coach spürt ihren heißen Atem schon heute im Nacken. Es reicht nicht, dass Coaches die Nachfrage nach ihrem Tun als beste und oftmals einzige Evaluation von Coachings akzeptieren. Diese Nachfrage kann merklich zurückgehen, wenn andere Personalentwicklungsmaßnahmen positive Wirkungen belegen können, während diese im Coachingbereich fehlen. Dies kann vor allem deshalb zu Problemen führen, weil Coachings deutlich teurer als Trainings- oder Mentoringprogramme sind. Und in den Unternehmen gibt es viele Einkäufer, die sehr genau darauf achten, was sie für ihr Geld bekommen.

Wenn das Aufgeben keine Option ist, wie sollen wir mit der Situation umgehen, dass Evaluationen schwierig sind und häufig keine Kausalaussagen möglich sind? Eine Lösung ist die Anzahl der Studien, die uns hilft, gewisse Wirkungen als gesichert anzusehen. Die Schwäche der einen Studie wird durch die Stärke der anderen etwas ausgeglichen. Deswegen ist es so wichtig, dass wir den Forschungsstand über eine große Anzahl Studien hinweg zusammenfassen können. Weiterhin sehe ich es als wichtig an, dass wir Methodenvielfalt in der Coachingforschung erhalten. Da quantitativ orientierte Studien im Coachingbereich schnell an ihre Grenzen kommen können, bedarf es auch einer seriösen und methodisch versierten qualitativen Forschung. Methodenvielfalt schafft verschiedene Perspektiven auf denselben Forschungsgegenstand und verhilft im Ganzen zu aussagekräftigeren Forschungsergebnissen. Um eine hohe Anzahl an Studien zu produzieren, die methodisch vielfältig sind, ist eine Partnerschaft zwischen Wissenschaft und Praxis notwendig. Wenn wir gemeinsam Evaluationen angehen, können wir noch besseres Wissen über die Wirkungen und Wirkfaktoren schaffen.

Studien, die zweifelsfreie kausale Aussagen über die Wirkungen von Coaching ermöglichen, sind selten und schwierig umsetzbar. Deswegen sind Methodenvielfalt und eine hohe Anzahl an Studien notwendig, die die Fragestellung aus unterschiedlichen Blickwinkeln beleuchten. Dafür ist eine partnerschaftliche Zusammenarbeit zwischen Praxis und Wissenschaft notwendig.

3. Verschiedene Modelle zur Evaluation von Coachingmaßnahmen

Bevor ich Ihnen konkrete Wirkungen von Coaching beschreibe, möchte ich Ihnen verschiedene Modelle vorstellen, die sich mit der Evaluation von Coaching beschäftigt haben. Da viele Wissenschaftler ihre Studien auf diesen Modellen fußen lassen, ist ein Grundverständnis für die Interpretation der später vorgestellten Ergebnisse wichtig. Auch kann dieser Abschnitt Ihnen behilflich sein, wenn Sie selbst Coachings evaluieren möchten.

Nach Greif (2014, S. 165) beschreibt und erklärt ein Evaluationsmodell »alle hypothetisch relevanten Voraussetzungen und Kontextbedingungen, Prozesse und Wirkfaktoren sowie die erwarteten Ergebnisse der Intervention, die untersucht werden sollen. Dabei müssen alle Merkmale und Kriterien oder Konstrukte des Modells unter Berücksichtigung wissenschaftlicher Theorien und Erkenntnisse präzise definiert und Methoden zu ihrer Erfassung angegeben werden.« Ich stelle Ihnen im Folgenden drei verschiedene Ansätze vor, die sich mit der Evaluation von Coachings beschäftigen. Die ersten beiden Ansätze konzentrieren sich auf die verschiedenen Wirkungsklassen, die Coachings produzieren können. Sie sind im Sinne von Greif keine echten Evaluationsmodelle. Sie stellen keine Hypothesen und Vorhersagen vor, sondern formulieren eher eine Taxonomie verschiedener Wirkungen (Holton, 1996). Als Einstieg in das Thema ist das aber zunächst ausreichend. Ich möchte Ihnen zunächst zeigen, welche verschiedenen Wirkungsklassen bzw. Wirkungsstufen ein Coaching haben kann und wie sich Coachings möglichst ganzheitlich evaluieren lassen. Beim dritten Ansatz von Greif (2014) bekommen Sie dann ein echtes, aber auch durchaus komplexes Wirkungsmodell von Coaching vorgestellt.

3.1 Das »Modell« von Kirkpatrick

Donald L. Kirkpatrick hat bereits vor über 40 Jahren ein Modell entworfen, das hilft, die Wirkungen von Trainings zu bewerten (in neuerer Auflage Kirkpatrick, 1994). Es gilt heute noch als Benchmark bzw. als internationaler Standard zur Bewertung von Personalentwicklungsmaßnahmen (Greif, 2013). Das Modell lässt sich gut übertragen, um die verschiedenen Ebenen der Wirkung von Coaching besser zu verstehen; und das wurde auch schon getan (siehe z. B. Ely et al., 2010 oder MacKie, 2007). Kirkpatrick geht von vier Ebenen aus, auf die sich Trainings auswirken können; gleiches gilt für Coachings. Deswegen beziehen sich die folgenden Ausführungen auf den Coachingbereich.

3.1.1 *Reaktionsebene*

Die erste Ebene, die Kirkpatrick einführt, ist die Reaktionsebene. Bei der Reaktionsebene geht es um die Frage, wie zufrieden die Klienten mit dem Coaching waren. Hat es ihnen Spaß gemacht, an dem Coaching teilzunehmen? Haben sie sich gerne mit ihrem Coach getroffen oder kostet es sie Überwindung, sich für die Sitzungen Zeit zu nehmen? Diese erste Ebene betrifft die unmittelbaren gefühls- und einstellungsbetonten Wirkungen eines Coachings. Es geht um die durchaus flüchtigen Affekte und Gedanken, die ein Coaching auslöst. Die meisten Evaluationen, die in der Praxis von Coaches und Personalabteilungen eingesetzt werden, fokussieren diese Ebene. Die Klienten beantworten dann Aussagen wie z. B. die folgenden:

	stimme überhaupt nicht zu			teils – teils			stimme voll und ganz zu
	1	2	3	4	5	6	7
Das Coaching hat mir Spaß gemacht.	☐	☐	☐	☐	☐	☐	☐
Ganz allgemein gesprochen war ich mit dem Coaching zufrieden.	☐	☐	☐	☐	☐	☐	☐
Ich hätte einiges verpasst, wenn ich nicht an dem Coaching teilgenommen hätte.	☐	☐	☐	☐	☐	☐	☐

Häufig wird auf dieser Ebene auch noch die Zufriedenheit mit dem Coach evaluiert:

	stimme überhaupt nicht zu			teils – teils			stimme voll und ganz zu
	1	2	3	4	5	6	7
Im Großen und Ganzen bin ich mit dem Coach zufrieden.	☐	☐	☐	☐	☐	☐	☐
Der Coach besaß hohe fachliche Kompetenzen.	☐	☐	☐	☐	☐	☐	☐
Ich war mit den genutzten Methoden und Übungen des Coachs zufrieden.	☐	☐	☐	☐	☐	☐	☐

Die Reaktionsebene ist sehr leicht zu evaluieren. Im Trainingsbereich führen 78 Prozent der Unternehmen Evaluationen auf dieser Ebene durch (van Buren & Erskine, 2002). Zahlen für den Coachingbereich sind mir nicht bekannt.

Wenn der Klient mit dem Coaching und dem Coach zufrieden ist, so wird das in der Praxis häufig als Beleg für die Wirksamkeit des Coachings betrachtet. »Juchhe, die Klienten sind glücklich.« Prima, dann sind auch der Coach und die Personalentwicklung glücklich. Doch das Glück und die Zufriedenheit des Klienten decken nur die erste Stufe des Modells und der Wirkung eines Coachings ab. Der Klient kann sich in einem Coaching glücklich fühlen und sich gleichzeitig überhaupt nicht weiterentwickelt haben. Darüber hinaus ist die Zufriedenheit ein flüchtiger Zustand, der schnell vergessen ist. Wenn Kirkpatrick mit seinem »Modell« oder besser seiner Taxonomie von Wirkungen ein Punkt wichtig war, dann der, dass es nicht ausreicht, nur die Zufriedenheit mit einer Personalentwicklungsmaßnahme zu evaluieren. Schauen wir uns nach der Zusammenfassung die weiteren Ebenen der Wirkungen an.

Auf der Reaktionsebene wird die Zufriedenheit mit dem Coaching erfasst. Diese Ebene gibt Auskunft darüber, wie kurzfristig emotional positiv ein Coaching den Klienten gestimmt hat. Keine Aussagen sind auf dieser Ebene darüber möglich, wie wirksam das Coaching über die Zufriedenheit hinaus war.

3.1.2 *Lernebene*

Bei der zweiten Wirkungsebene geht es um die Lernebene bzw. den Wissenszuwachs. Durch Lernen verändert sich das verfügbare Wissen eines Menschen, was sich dann in neuen Verhaltensweisen zeigen kann, aber nicht zwingend muss. In vielen Trainings wird vor allem Fachwissen vermittelt. Die Teilnehmer wissen nach einem Training mehr über das Thema Kündigungsrecht oder besser über verschiedene Konfliktlösungsstile Bescheid. Man testet einmal den Wissensstand zum Trainingsthema vor der Veranstaltung und dann danach. Hat sich ein signifikanter Zuwachs ergeben, dann war das Training auf der Lernebene wirksam. Nur noch 32 Prozent der Unternehmen evaluieren Trainings auf dieser Ebene (van Buren & Erskine, 2002).

In einem Coaching kann unter Umständen auch Fachwissen stimuliert werden. Aber Coaching ist keine Fachberatung und auch keine Vorlesung. Es gibt keinen Lehrplan, der abgearbeitet wird. Wenn Wissen und Lernen stimuliert werden, dann ist es das Wissen und Lernen des Klienten über sich selbst und seine Persönlichkeit. Die Selbstreflexion wird angestoßen. Klienten erhalten Feedback und erkennen zum Beispiel blinde Flecken in ihren beruflichen Handlungen. Sie lernen ihre Stärken und Schwächen kennen. Sie erkennen womöglich, in welchen Situationen sie häufig mit Stress reagieren und wie bei ihnen eine Stressreaktion abläuft. Oder sie lernen, wer sie als Führungskraft geprägt hat und wie nützlich diese Prägung für ihren Führungsalltag ist. Sie erhalten häufig eine bessere Einsicht in ihre Motive und erkennen, wie diese Motive angeregt werden und damit zu mehr Motivation führen. Häufig wissen Klienten nach einem Coaching auch besser, was sie in ihrem Berufsleben erreichen wollen. Ein Coaching kann zu mehr themenspezifischem Wissen führen. Aber vor allem sollte es die Selbsterkenntnis fördern. Aus dem Wissen über sich selbst können dann mehr Selbstbewusstsein und Selbstvertrauen folgen und womöglich neue Kompetenzen. Fragen zu dieser Ebene des Kirckpatrick-Modells findet man in Evaluationsbögen seltener als solche zur Zufriedenheit. Folgende Fragen können Ihnen bei der nächsten Evaluation behilflich sein:

	stimme überhaupt nicht zu			teils – teils			stimme voll und ganz zu
	1	2	3	4	5	6	7
Das Coaching hat mir geholfen, meine beruflichen Stärken und Schwächen zu erkennen.	☐	☐	☐	☐	☐	☐	☐
Ich habe durch das Coaching neue berufliche Entwicklungsschritte für mich erkannt.	☐	☐	☐	☐	☐	☐	☐
Das Coaching hat mich dabei unterstützt, besser zu erkennen, was mir wichtig ist.	☐	☐	☐	☐	☐	☐	☐
Der Lernzuwachs durch das Coaching war hoch.	☐	☐	☐	☐	☐	☐	☐
Das Coaching hat mir neue Sichtweisen eröffnet.	☐	☐	☐	☐	☐	☐	☐

Es ist schön, wenn Klienten zufrieden mit dem Coaching sind und sogar noch etwas über sich gelernt haben. Wenn sich dadurch das Verhalten nicht ändert oder das Erlernte nicht in den Berufsalltag transferiert werden kann, dann kann die Wirkung des Coachings immer noch zu Recht bezweifelt werden. Deshalb hat Kirkpatrick noch zwei weitere Ebenen formuliert.

Die Lernebene betrifft vor allem neues Wissen, das sich ein Klient durch ein Coaching aneignet. In einem Coaching wird weniger das berufliche Wissen stimuliert, sondern der Schwerpunkt liegt auf der Selbstkenntnis; das heißt dem Wissen des Klienten über sich selbst.

3.1.3 *Verhaltensebene*

Bei der Verhaltensebene geht es um den angesprochenen Transfer in den Berufsalltag. Nach Solga (2011, S. 342) bedeutet Transfer, »dass Kenntnisse und Fertigkeiten, die in einer bestimmten Lernumgebung (Lernfeld) erworben wurden, auf Anwendungskontexte (Funktionsfelder) übertragen werden, deren Merkmale sich von denen der Lernumgebung mehr oder weniger stark unterscheiden.«

Können die Klienten durch das Coaching ihr berufliches Verhalten verändern? Nehmen Vorgesetzte und Mitarbeiter nach dem Coaching Veränderungen im Verhalten des Klienten wahr? Da je nach Coaching viele unterschiedliche Themen bearbeitet werden, können auch die Verhaltensänderungen sehr unterschiedlich ausfallen. Schafft es Herr Schulz, in Stresssituationen gelassener zu bleiben? Gelingt es Frau Haupt, Konflikte im Team früher anzusprechen und zu klären? Sind die Mitarbeitenden zufriedener mit dem Feedbackverhalten der Führungskraft, die gecoacht wurde? Die Verhaltensebene offenbart, ob das Coaching das berufliche Handeln des Klienten beeinflusst hat. Das umgesetzte Verhalten kann sich auch in der Leistung des Klienten zeigen. Handeln die Klienten durch ein Coaching erfolgreicher in ihrem Berufsalltag? Die Messung dieser Ebene ist wesentlich schwieriger als die der vorherigen. Das zeigt sich auch in der Häufigkeit, in der diese Ebene evaluiert wird. Nur 9 Prozent der Unternehmen evaluieren zum Beispiel ihre Trainings auf dieser Ebene. Im Coachingbereich liegt dieser Wert womöglich noch viel niedriger. Ideal sind hier Fremdbeobachtungen oder objektive Daten. Man fragt also die Mitarbeiter, wie sich das Verhalten der Führungskraft verändert hat, oder vergleicht das 360-Grad-Feedback vor dem Coaching mit dem nach dem Coaching. Wenn diese Datenquellen nicht zur Verfügung stehen, dann sollte zumindest die Selbsteinschätzung der Verhaltensänderung erhoben werden. Diese Bewertung sollte aber mit Abstand zum Coaching durchgeführt werden. Ein Zeitraum von etwa zwei Monaten bietet sich an. Manche Änderungen nehmen Zeit in Anspruch, und nicht immer bietet sich sofort eine Möglichkeit, die neuen Verhaltensweisen im Berufsalltag anzuwenden. Nur mit einem zeitlichen Abstand kann der Klient adäquat einschätzen, ob es zu Verhaltensänderungen nach dem Coaching gekommen ist. Folgende Aussagen bieten sich zur Bewertung dieser Ebene an:

	stimme überhaupt nicht zu			teils – teils			stimme voll und ganz zu
	1	2	3	4	5	6	7
In vielen beruflichen Situationen habe ich mich durch das Coaching erfolgreicher verhalten können.	☐	☐	☐	☐	☐	☐	☐
Ich habe neue Verhaltensweisen durch das Coaching erproben können.	☐	☐	☐	☐	☐	☐	☐
Ich habe im Coaching sinnvolle Fertigkeiten für meinen Beruf erlernt.	☐	☐	☐	☐	☐	☐	☐
Meine Kolleginnen und Kollegen haben gemerkt, dass ich mich durch das Coaching verändert habe.	☐	☐	☐	☐	☐	☐	☐
Meine Mitarbeiterinnen und Mitarbeiter haben mir nach dem Coaching positive Rückmeldungen zu meinem Verhalten gegeben.	☐	☐	☐	☐	☐	☐	☐

Bei der Verhaltensebene wird gemessen, ob das Coaching das berufliche Handeln des Klienten verändert hat. Es wird geprüft, ob der Klient das Gelernte in neue Verhaltensweisen im Beruf transferieren konnte.

3.1.4 *Organisationsebene*

Die Wirkungen auf der Organisationsebene werden nur ganz selten evaluiert, weil die Datengewinnung in der Regel außerordentlich schwierig ist. Es geht bei dieser Ebene um die Frage, welche Wirkungen das Coaching auf die Organisation des Klienten hatte. Verändert sich die Organisation dadurch, dass ihre Führungskräfte gecoacht werden? Gehen zum Beispiel nach dem Vertriebscoaching die Verkaufszahlen bei einer Versicherung nach oben? Haben sich die Zahlen in einem Prä-post-Vergleich verändert? In der Vertriebsabteilung einer Versicherung mag man vielleicht noch an ein paar zuverlässige Zahlen herankommen. In vielen anderen Organisationen oder Organisationseinheiten ist das aber viel schwieriger. Häufig werden Umsatzzahlen, Kundenzufriedenheitsdaten, Beschwerderaten, Daten zur Arbeitsqualität oder Arbeitsquantität oder auch Termineinhaltungen genutzt (Greif, 2013). Es geht um sehr langfristige Wirkungen auf der Organisationsebene. Und so ist nicht nur die Datengewinnung schwierig, sondern auch die Interpretation der Daten. Klar herauszuarbeiten, dass die Veränderungen der Organisation auf die Coachings zurückführbar sind, ist nur selten möglich. Und was soll man tun, wenn nur ein Klient gecoacht wurde? Wie soll der Einfluss auf den Organisationserfolg in dieser Situation bewertet werden?

Zumindest eine Selbsteinschätzung durch den Klienten sollte auf dieser Ebene durchgeführt werden, auch wenn die daraus resultierenden Ergebnisse nicht dem Datenniveau standhalten, das Herrn Kirkpatrick vorschwebte. Wie bei der Lernebene muss die Evaluation zeitlich deutlich nach dem Coaching erfolgen, damit überhaupt Änderungen beobachtbar sind. Streng genommen sind Änderungen auf der Verhaltensebene erst nach einigen Monaten zu erwarten. Erst dann kann es zu bedeutsamen Resultaten auf der Organisationsebene kommen. MacKie geht so weit, die Evaluation auf dieser Ebene erst ein bis zwei Jahre nach dem Coaching anzusetzen. Sie kommen also nicht um den Aufwand herum, die Klienten einige Zeit nach dem Coaching noch einmal zu kontaktieren. Die Items dafür könnten wie folgt lauten:

	stimme überhaupt nicht zu			teils – teils			stimme voll und ganz zu
	1	2	3	4	5	6	7
Von dem Coaching profitierte auch mein Arbeitgeber.	☐	☐	☐	☐	☐	☐	☐
Das Coaching war eine sinnvolle Investition für meinen Arbeitgeber.	☐	☐	☐	☐	☐	☐	☐
Durch das Coaching wurde der Erfolg meines Arbeitgebers positiv beeinflusst.	☐	☐	☐	☐	☐	☐	☐
Das Coaching hat in meinem Arbeitsbereich viel Positives bewirkt.	☐	☐	☐	☐	☐	☐	☐

Auf der Organisationsebene wird gemessen, welche Auswirkungen das Coaching auf die Organisation hatte. Diese Ebene ist schwer zu evaluieren, aber für die Organisation als Auftraggeber interessant. Nur wenn überhaupt keine anderen Daten zur Verfügung stehen, sollte bei dieser Ebene auf Selbstauskünfte zurückgegriffen werden.

Die Verbreitung des Modells von Kirkpatrick ist enorm, und es kann als tolle Grundlage zur Evaluation von Coachings dienen. Dennoch möchte ich abschließend noch eine Kritik loswerden: Kirkpatrick ist der Überzeugung, dass Personalentwicklung nur dann erfolgreich war, wenn auch die höheren Ebenen des Modells bedient werden. Doch nicht in jedem Business-Coaching ist das Ziel vorherrschend, berufliches Verhalten zu verändern oder die Organisationsleistung zu verbessern. Einige Klienten haben Ziele, die »nur« die zweite Ebene des Modells betreffen. Sie wollen mehr über sich und ihr Verhalten wissen. Ich bin der Meinung, dass die Selbsterkenntnis das alleinige Ziel eines Coachings sein kann und sein darf. Auch gibt es viele Selbstzahler, die sich bezüglich ihrer Karriere coachen lassen. Dieses Coaching ist ergebnisoffen; das bedeutet, dass nicht unbedingt der derzeitige Arbeitgeber von dem Coaching profitiert. Einige dieser Coachings enden z. B. mit einem Arbeitgeberwechsel.

3.2 Formen der Evaluation nach König & Volmer (2002)

König und Volmer haben ähnlich wie Kirkpatrick eine Taxonomie von Evaluationsformen vorgestellt. Die Evaluationsformen sind coachingspezifisch und sollen deswegen an dieser Stelle kurz vorgestellt werden. Es handelt sich erneut um kein Modell, das uns erklären hilft, wie verschiedene Coachingwirkungen zustande kommen. Es hilft aber zu begreifen, wie vielfältig die Wirkungen von Coaching und damit auch die Evaluationsformen sein können. Die Autoren schlagen fünf verschiedene Evaluationsbereiche vor (zitiert nach Rauen, 2008).

Bei der *Inputevaluation* wird bewertet, wie viel Aufwand für ein Coaching angefallen ist. Es wird bewertet, welche Kosten das Coaching produziert hat. Dazu gehört zum Beispiel der Zeitaufwand oder das Honorar für den Coach. Diese Inputs werden häufig ins Verhältnis zu den Outputs des Coachings gesetzt, um den Return on Investment (ROI, siehe Kapitel 6.2) zu bewerten. König und Volmer nennen letztere Evaluation die *Outputevaluation* (Rauen, 2008). Hier wird nach Abschluss des Coachings evaluiert, was das Coaching dem Klienten gebracht hat. Da diese Evaluation direkt nach Abschluss des Coachings durchgeführt wird, deckt sie sich mit der ersten und zweiten Ebene von Kirkpatrick. Wie haben sich die Einstellungen und die Selbsterkenntnis der Klienten verändert? Teilweise ist auch die dritte Ebene von Kirkpatrick betroffen, aber diese besitzt, wie Sie bereits wissen, einen eher langfristigen Charakter.

Diese wird zusammen mit der vierten Stufe von Kirkpatrick durch die *Outcomeevaluation* abgedeckt. Hier geht es um die langfristigen Konsequenzen des Coachings für den Klienten, aber auch für die Organisation. Gegenüber der Taxonomie von Kirkpatrick sind neben der Inputevaluation zwei weitere Evaluationsformen bei König und Volmer neu: Zielevaluation und Prozessevaluation. Bei der *Zielevaluation* werden die Ergebniswartungen des Klienten evaluiert. Es wird evaluiert, welche Ziele der Klient sich gesetzt hat und inwieweit diese erreicht werden konnten (Rauen, 2008).

Eveline Mäthner, Anne Jansen und Thomas Bachmann (2005, S. 57) betonen, »dass durch das Festlegen präziser, umrissener Ziele die Erfolgsmessung im Coaching erleichtert bzw. erst ermöglicht wird.« Sie sehen die Zielerreichung als wesentliches Evaluationskriterium und schlussfolgern (S. 57): »Zur Beurteilung der Wirksamkeit von Coaching sollte daher nach Abschluss des Coachings überprüft werden, ob die zu Beginn des Coachings vereinbarten Ziele erreicht wurden.« Häufig werden dafür Instrumente genutzt, die sich an den Ideen von Gordon B. Spence orientieren (Spence, 2007). Es ist nicht nur wichtig, dass der Zielerreichungsgrad bewertet wird, sondern auch die Bedeutsamkeit. Denn es macht einen Unterschied, ob drei unwichtige Ziele oder drei wichtige Ziele durch das Coaching erreicht wurden. Als Maß für die Zielerreichung wird häufig die Wichtigkeit jedes Ziels mit dem Zielerreichungsgrad multipliziert und dann der Summenwert gebildet. Im Folgenden ist ein Beispiel aufgeführt, wie man den Zielerreichungswert errechnet:

Bewertung und Berechnung des Zielerreichungswerts (ZW)

Als nächstes schätzen Sie bitte ein, inwieweit Sie Ihre angestrebten Ziele bisher mit dem Coaching erreichen konnten. Bitte nennen Sie Ihre drei wichtigsten Ziele und beurteilen Sie diese hinsichtlich ihrer Bedeutung auf einer Skala von 1 (»sehr wichtig«) bis 5 (»gar nicht wichtig«) und dem Grad der Zielerreichung auf einer Skala von 1 (»viel weniger als erwartet«) bis 5 (»viel mehr als erwartet«).

Ziel	Wichtigkeit des Ziels (1 bis 5)	Zielerreichungsgrad (1 bis 5)
Mehr Klarheit über den nächsten Karriereschritt	4	4
Mehr Sicherheit im Umgang mit meinem Vorgesetzten	3	3
Besseres Delegieren von Aufgaben	3	1

Aus den Bewertungen ergibt sich der folgende Zielerreichungswert (ZW) für das Coaching:

$$
\begin{array}{rcr}
4 \times 4 & = & 16 \\
3 \times 3 & = & 9 \\
3 \times 1 & = & 3 \\
\hline
\text{ZW} & = & 28
\end{array}
$$

Bei der *Prozessevaluation* wird nach König und Volmer der Verlauf des Coachings bewertet. Nicht der Input oder der Output stehen hier im Fokus der Aufmerksamkeit, sondern der Prozess, der zwischen Coach und Klient abgelaufen ist. Was lief gut und was nicht? Welche Methoden hat der Coach eingesetzt und wie kamen diese bei den Klienten an? Welches Verhalten hat der Coach gezeigt? Es wird evaluiert, wie die Anliegen des Klienten bearbeitet wurden und wie sich die Beziehungsqualität zwischen Coach und Klient entwickelt hat. Die Evaluationen finden während des Coachings oder unmittelbar danach statt. Items zur Evaluation der Beziehungsqualität haben z. B. Jansen, Mäthner und Bachmann (2004, S. 184) entwickelt:

	stimme überhaupt nicht zu			teils – teils			stimme voll und ganz zu
	1	2	3	4	5	6	7
Wir hatten ein vertrauensvolles Verhältnis zueinander.	☐	☐	☐	☐	☐	☐	☐
Unsere Beziehung war von gegenseitiger Wertschätzung geprägt.	☐	☐	☐	☐	☐	☐	☐
Unsere Beziehung zeichnete sich durch Offenheit aus.	☐	☐	☐	☐	☐	☐	☐

König und Volmer unterscheiden zwischen Input-, Output-, Outcome-, Ziel- und Prozessevaluation.

3.3 Das Wirkungsmodell von Greif

Greif hat in verschiedenen Publikationen (z. B. Greif, 2008; Greif, 2013) ein weitreichendes Evaluationsmodell entworfen, das sich über die Zeit auch weiterentwickelt hat. Ich präsentiere an dieser Stelle die neueste Version aus dem Jahr 2013. Das Modell wird Ihnen vor allem in Kapitel 7 häufiger begegnen.

Es handelt sich um ein klassisches Input-Prozess-Output-Modell. Greif hat sich also im Gegensatz zu den bisher vorgestellten »Modellen« nicht nur darüber Gedanken gemacht, welche Wirkungen Coaching haben kann, sondern auch darüber, wie diese Wirkungen zustande kommen. Er geht davon aus, dass verschiedene Voraussetzungen des Coachings (Inputs) unterschiedliche Prozesse anstoßen und dass diese Prozesse wiederum kurz- und langfristige Wirkungen der Coachings produzieren. Die Variablen des Modells sind gut definiert, und es gibt für die Zusammenhänge in der Regel empirische Belege. Liegen diese nicht vor, dann sprechen für die Zusammenhänge laut Siegfried Greif theoretische Argumente oder Belege aus anderen Forschungsgebieten, welche den Zusammenhang vermuten lassen. Viele der Variablen, die in dem Modell integriert sind, werden in den Kapiteln zu den positiven Wirkungen und Wirkfaktoren noch einmal detailliert vorgestellt. Ich leiste an dieser Stelle nur einen kurzen Überblick.

Variablen, die als Voraussetzungen den Coachingprozess beeinflussen, sieht Greif auf der Seite der Coaches, der Klienten und der Organisationen, die den Klienten beschäftigen. Coaches sollten z. B. fachliche Glaubwürdigkeit besitzen sowie vor Beginn des Coachingprozesses die Erwartungen der Klienten klären. Positive Faktoren auf der Seite der Klienten sind z. B. Vorwissen über Coaching und realistische Erwartungen, Veränderungsmotivation sowie Ausdauer. Als günstige organisationale Voraussetzungen sieht Greif genügend Zeit und Geld, Programmakzeptanz, ein adäquates Matching von Coach und Klienten sowie die Teilnahme von High Potentials.

Prozessvariablen vermitteln zwischen den Voraussetzungen und den Wirkungen des Coachings. Als eine wichtige Prozessvariable definiert Greif die Beziehungsqualität. Wie ich Ihnen in Kapitel 7.5.1 darstelle, existieren für diese Variable und ihre günstigen Wirkungen besonders viele wissenschaftliche Belege. Die Verhaltensweisen der Coaches im Prozess sind von der Psychotherapieforschung inspiriert und wurden von Greif im Coachingkontext untersucht. Dazu gehören Wertschätzung und emotionale Unterstützung, Affektkalibrierung, ergebnisorientierte Problem- und Selbstreflexion, Zielklärung, Ressourcenaktivierung sowie Umsetzungsunterstützung. Merkmale und Verhaltensweisen, die auf der Seite der Klienten für den Prozess wichtig sein sollen, sind nach Greif Optimismus, Selbstwirksamkeitsüberzeugungen, Offenheit, Reflexivität, Selbstmotivation und Ausdauer.

Bei den Wirkungen des Coachings unterscheidet Greif zwischen kurzfristigen und langfristigen Effekten. Er differenziert weiterhin zwischen Wirkungen, die jeweils die Klienten, die Coaches und die Organisationen betreffen. Diese Unterscheidung ergibt Sinn, denn die Wirkungen von Coachings können verschiedene Akteure betreffen. Die kurzfristigen Effekte werden noch einmal in allgemeine und coachingspezifische Kriterien unterteilt.

Allgemeine Kriterien sind solche, die auch bei anderen Dienstleistungen bewertet werden könnten. Zu den allgemeinen Kriterien auf der Seite der Klienten zählt Siegfried Greif Zufriedenheit, Zielerreichung, Verringerung negativer Affekte wie Angst, Stress und Depressivität sowie die Verbesserung des Wohlbefindens und des Selbstwertgefühls. Bei den Coaches zählt Greif Zufriedenheit, allgemeines Wohlbefinden und Selbstwertgefühl auf. Auch auf der Organisationseite ist kurzfristig die Zufriedenheit mit den Coachings besonders zentral. Aber die Zielerreichung und die Einhaltung des Zeit- und Kostenrahmens sind ebenso wichtige kurzfristige Kriterien.

Spezifische Kriterien für Coaching hat Greif auf die bereits vorgestellten drei Akteure verteilt. Auf der Seite der Klienten sind es Zielklarheit und Zielkonkretheit und darüber hinaus Struktur, Prozess- und Ergebnisqualität, emotionale Klarheit, ergebnisorientierte Problem- und Selbstreflexion, Selbstwirksamkeit, Perspektivenübernahme, Leistungs- und Verhaltensverbesserungen sowie die Entwicklung von Kompetenzen. Coaches können spezifisch durch ein Coaching mehr Selbstreflexion, Erfahrungswissen und professionelle Kompetenzen entwickeln. Auf der Organisationsseite begreift Greif als spezifische, aber kurzfristige Wirkungskriterien das Teamverhalten und das Konfliktmanagement.

Langfristige Wirkungen unterteilt Greif in intrinsische und extrinsische Wirkungen. Als extrinsische Wirkungen, also solche, die zu mehr materiellen und statusbezogenen Belohnungen führen, sieht er schnelleren beruflichen Aufstieg und eine höhere Leistungsvergütung. Die immateriellen, das heißt intrinsischen Belohnungen nimmt er vielfältiger an. Er zählt die Arbeitszufriedenheit, berufliches Commitment, Karrierezufriedenheit, Stressbewältigung, Gesundheit, Work-Life-Balance und Lebenszufriedenheit auf. Doch auch der Coach kann langfristig profitieren: Bekanntheit, Anerkennung, Einnahmen, beruflicher Erfolg, fachliche Glaubwürdigkeit und die Befriedigung der persönlichen Helfermotivation. Letztlich profitiert in dem Modell auch die Organisation langfristig von einem Coaching. Das organisationale Klima kann sich verbessern, das Führungsverhalten wird optimiert, Produktivität, Effizienz sowie die wirtschaftlichen Erträge erhöhen sich. Ganz schön viele Variablen für ein Modell. Natürlich wurden bisher immer nur Teile davon getestet und nicht alle Zusammenhänge gleichzeitig. Auch ist es vorstellbar, dass einige Variablen in bestimmten Coachings wichtiger sind als in anderen. Das Modell ist dennoch sehr wertvoll. Es gibt Ihnen und mir einen Überblick über die Komplexität und die vielen Variablen, die bei Coachingprozessen beteiligt sind.

Greif hat in vielen Jahren Forschungsarbeit ein sehr komplexes Wirkmodell entwickelt. Er unterscheidet zwischen Voraussetzungen, Prozessvariablen und Ergebnissen von Coaching.

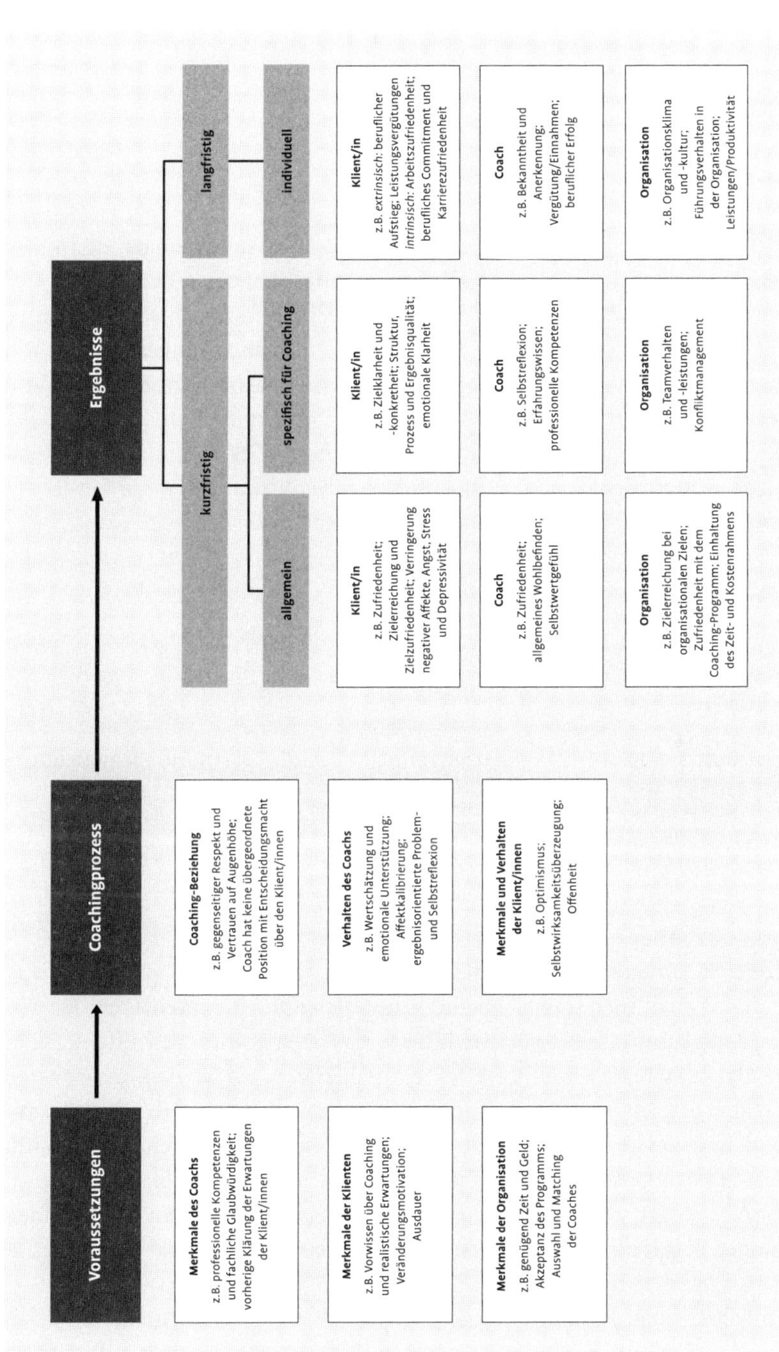

Abb. 2: Das Wirkungsmodell von Greif (2013)

4. Verschiedene Wirkungsklassen von Coaching

Nun möchte ich Ihnen die verschiedenen Wirkungsklassen von Coaching im Detail vorstellen. Sie werden zu Recht fragen, warum das sein muss, denn in den Modellen im vorherigen Kapitel wurden doch bereits sehr viele verschiedene Wirkungen behandelt. Mir sind die Modelle aber an zwei Punkten zu eingeschränkt. Die Autoren gehen implizit oder explizit davon aus, dass Coachings nur positive und intendierte Wirkungen haben können. Dieser Meinung bin ich nicht. Ich glaube und viele Studien zeigen, dass Coachings viel breitere Wirkungen haben können und dass dazu auch nicht beabsichtigte und negative Wirkungen gehören. Deswegen orientiere ich mich in meinem Buch an der Taxonomie von Tabelle 1:

Tab. 1: Verschiedene Wirkungsklassen von Coaching

		Intentionalität	
		intendiert	**nicht intendiert**
Valenz	positiver Effekt	Coachingerfolg	positive Nebenwirkung
	kein Effekt	Boykott	Misserfolg
	negativer Effekt	Missbrauch	negative Nebenwirkung

Ich nutze zwei Dimensionen, um die Wirkungen von Coaching zu kategorisieren und damit zu ordnen (siehe Tabelle 1): die Valenz und die Intentionalität. Ein Coaching kann keine Effekte, positive Effekte, das heißt gewünschte Effekte, oder negative, das heißt unerwünschte Effekte, produzieren. Sie werden im nächsten Kapitel sehen, dass es sehr stark auf die jeweilige Perspektive und den Kontext ankommt, ob und von wem ein Effekt als positiv oder negativ wahrgenommen wird. Weiterhin können Coachingwirkungen intendiert sein, das heißt beabsichtigt, oder unbeabsichtigt, das heißt nicht intendiert. Kombiniert man diese beiden Dimensionen, dann ergeben sich sechs verschiedene Wirkungsklassen (siehe Tabelle 1).

Ich möchte Ihnen kurz diese verschiedenen Wirkungsklassen vorstellen. In den folgenden Kapiteln, werden die einzelnen Wirkungen noch einmal detailliert vorgestellt. Ich beginne mit den intendierten Wirkungen. Ein Coachingerfolg liegt vor, wenn der Klient möglichst viele positive Wirkungen durch das Coaching erlebt und diese intendiert waren. Viele Kolleginnen und Kollegen sehen die Zielerreichung als zentrales Erfolgskriterium eines Coachings an und setzen zur Messung das Instrument von Spence (siehe Kapitel 3.2) oder eine Anpassung dessen ein (siehe z. B. Mäthner, Jansen & Bachmann, 2005). Die Ziele und damit die positiven Wirkungen können sich je nach Coaching und Klient stark unterscheiden. Während z. B. ein Klient mehr Sicherheit im Auftreten gegenüber Kunden gewinnen möchte, will ein anderer Klient eine Konfliktsituation mit seinen Mitarbeitern bewältigen. Wenn die Sicherheit im Auftreten gestärkt oder die Konfliktsituationen durch die Coachings gelöst werden konnten, dann gilt das Coaching als erfolgreich.

Ein Missbrauch liegt vor, wenn ein Coach mehr oder weniger bewusst einen negativen Effekt bei seinem Klienten hervorruft bzw. weiß, dass eine Schädigung eintritt und dennoch nichts dagegen unternimmt (negativer Effekt, der intendiert ist). Astrid Schreyögg und Christopher Rauen haben sich in der Zeitschrift OSC (»Organisationsberatung Supervision Coaching«) bereits im Jahr 2002 mit diesem Thema ausführlich beschäftigt. In Infobox 1 sind Beispiele von Schreyögg und Rauen aufgeführt. Die Autoren unterscheiden zwischen Machtmissbrauch, narzisstischem Missbrauch sowie sexuellem Missbrauch. Viele Klienten kommen bedürftig und manchmal sogar mit starken Insuffizienzgefühlen in ein Coaching. Es besteht eine Asymmetrie im Machtverhältnis zwischen Coach und Klient. Der Machtmissbrauch tritt auf, wenn der Coach dieses asymmetrische Machtverhältnis ausnutzt. Beim narzisstischen Missbrauch beutet der Coach die Beziehung zum Klienten aus, um seine eigene psychische Bedürftigkeit zu kompensieren. Der narzisstische Coach tritt als Erlöser auf. »Die daraus häufig resultierende Übertragungsliebe erzeugt eine hohe Bereitschaft, sich missbrauchen zu lassen. Übertragungen als solche zu begreifen und zu deuten, liegt für den narzisstischen Professionellen nicht nahe, denn er sieht sein Gegenüber primär als Spiegel, der ihn bestätigen soll. Er benutzt Klienten, um sich seines Wertes zu versichern. Denn erst in den bedürftigen, erwartungsvollen, bewundernden Augen kann er sich als stark, gesund, wertvoll und als mächtig bestätigt sehen« (Schreyögg & Rauen, 2002, S. 290). Beim sexuellen Missbrauch, der in den Beispielen in Infobox 1 vor allem deutlich wird, nutzt der Coach die gegebenenfalls labile psychische Konstitution des Klienten aus, um über die Idealisierungen des Professionellen die Beziehung sexuell auszubeuten (Schreyögg & Rauen, 2002). An dieser Stelle muss ich aber betonen, dass keine empirischen Ergebnisse zum Missbrauch im Coaching existieren. Auch halte ich persönlich diese Fälle für sehr selten.

Infobox 1: Beispiele für Missbrauch im Coaching (aus Schreyögg & Rauen, 2002, S. 287)

Klientin A: »Für die paar Stunden, die ich bei dem genommen habe, musste ich 7 000 Euro bezahlen. Das ganze basierte auf völlig unklaren Verträgen, die ich unvorsichtiger Weise gleich zu Beginn unterschrieben habe. Dafür kaufte ich mir von dem noch sexuelle Belästigungen ein. Der Typ hat mir ständig von seiner Potenz erzählt und dass er jede Frau haben könnte. In meinen beruflichen Aktivitäten bin ich in keiner Weise vorangekommen, im Gegenteil, ich wurde nur verwirrter.«

Klientin B: »Zuerst war er sehr charmant, da habe ich mich nach wenigen Stunden zu extremer Nähe, also zu einem Verhältnis, hinreißen lassen. Das reut mich heute noch, einfach schrecklich! Der hat wohl irgendeine Funktion in einem Verband. Das Ganze war nur teuer, und ich habe nichts von den Stunden gehabt.«

Klientin C: »Als ich dann noch gemerkt habe, dass der hinter meinem Rücken Videobänder von unseren Stunden angefertigt hat, war es bei mir aus und vorbei.«

Ein Boykott liegt vor, wenn der Klient (oder gegebenenfalls auch der Coach) sich willentlich darum bemüht, dass das Coaching wirkungslos und damit nutzlos wird. Diese Art von Sabotage kann entstehen, wenn der Klient zu einem Coaching gezwungen wird. Es gibt immer noch Organisationen, die Menschen ein Coaching verordnen. Wie Sie in Kapitel 8.6.3 lernen können, führt das zu Hilflosigkeit oder zu aktivem Widerstand, in der Psychologiesprache »Reaktanz« genannt. Auch wenn das Coaching als »Reparaturwerkstatt« betrieben wird und der Klient Ziele erreichen soll, die er nicht akzeptiert, kann es zu solchen Verhaltensweisen kommen. In Kapitel 7.4.2 gehe ich auf verschiedene Coachingkulturen in Organisationen ein. Die Haltung der Organisation zu einem Coaching kann an dieser Stelle einen gewichtigen Einfluss besitzen.

Auf der Seite der nicht intendierten Effekte finden sich die positiven und negativen Nebenwirkungen sowie der Misserfolg. Ich untersuche seit 2011 mit meiner Arbeitsgruppe Nebenwirkungen von Coaching. In Kapitel 8 gehe ich detailliert auf das Thema ein. Nebenwirkungen von Coaching sind nicht beabsichtigte Effekte, die auf ein Coaching zurückführbar sind. Werden sie vom Klienten als positiv bewertet, handelt es sich um eine positive Nebenwirkung. Ein Klient kommt z. B. in ein Coaching, damit er mehr Klarheit über seine nächsten Karriereschritte erhält. Durch das Coaching verbessert sich aber auch das Verhältnis zu seinen Vorgesetzten oder der Klient erreicht eine verbesserte Work-Life-Balance.

Handelt es sich um einen unbeabsichtigten Effekt, der als negativ wahrgenommen wird, so ist eine negative Nebenwirkung aufgetreten. Der Klient entwickelt

z. B. während des Coachings ein Abhängigkeitsverhältnis oder es kommt zu einem Schwanken der Arbeitsleistungen. Negative Nebenwirkungen dürfen nicht mit Misserfolg gleichgesetzt werden. Viele Coaches denken sofort an einen Fehlschlag oder eine Coachinghavarie, wenn sie den Begriff »Nebenwirkungen« hören. Das ist falsch. Auch in einem erfolgreichen Coaching kann z. B. ein Abhängigkeitsverhältnis zwischen Coach und Klient entstehen. Alles weitere zu diesem Thema finden Sie weiter unten.

Misserfolg bedeutet, dass die gesetzten Ziele im Coaching nicht erreicht werden konnten. Neulich hatte ein Student in einer Vorlesung den folgenden Spruch auf seinem T-Shirt: »Es gibt Tage, an denen man verliert, und Tage, an denen gewinnen die anderen.« Ja, das kann auch im Coaching passieren. Manche Coachings sind wirkungslos. Das passiert und gehört zum Leben eines Coachs und Klienten. Manchmal investieren Coach und Klient viel Zeit und Kraft, aber sie erreichen nicht das, was sie sich vorgenommen haben.

Mir sind bei dieser Klassifikation zwei explizite Hinweise wichtig. Der Erste ist beim Thema Nebenwirkungen schon angeklungen. Manche Wirkungen in Tabelle 1 können gleichzeitig auftreten. In einem erfolgreichen Coaching können negative Nebenwirkungen auftreten. In einem Coaching mit Missbrauchselementen können unter Umständen Ziele erreicht werden. In einem erfolglosen Coaching, in dem nicht die Ziele erreicht wurden, können trotzdem positive Nebenwirkungen auftreten. Der zweite Hinweis betrifft die kategoriale Darstellung in Tabelle 1. Ich habe diese gewählt, um das Verständnis der Wirkungen zu vereinfachen. Natürlich gibt es eher graduelle Unterschiede. So sind Coachings selten erfolgreich oder nicht erfolgreich, sondern etwas mehr oder etwas weniger erfolgreich.

Mit den Dimensionen »Valenz« und »Intentionalität« kann man die Wirkungen von Coaching klassifizieren. Es resultieren sechs Wirkungen: Coachingerfolg, positive Nebenwirkungen, Missbrauch, negative Nebenwirkungen, Sabotage und Misserfolg. Viele Wirkungen können in einem Coaching gleichzeitig auftreten. So treten negative Nebenwirkungen regelmäßig auch in erfolgreichen Coachings auf.

5. Wirkungen von Coaching und ihre Subjektivität: Auf die Perspektive kommt es an!

In der ersten Szene des Macbeth lässt Shakespeare drei Hexen auf den tragischen Helden treffen. Sie sprechen das Leitmotiv des Dramas aus: »Fair is foul and foul is fair«. Später wiederholt Macbeth es selbst: »So foul and fair a day I have not seen.« Gutes ist schlecht und Schlechtes ist gut, dies könnte man auch für die vielen Wirkungen von Coaching postulieren, ohne dass ich jetzt die Rolle einer Shakespeare'schen Hexe oder eines Königsmörders übernehmen möchte. Bitte glauben Sie mir, der Coachingprofession droht von meiner Seite keine Gefahr. Ob eine Wirkung positiv oder negativ ist, hängt davon ab, wen man fragt oder betrachtet und zu welchem Zeitpunkt die Wirkungen festgestellt werden. Schenken Sie mir einen Augenblick Zeit, damit ich Ihnen das genauer erläutern kann. Dieser Aspekt ist wirklich wichtig, um die nachfolgenden Kapitel gut einordnen zu können.

Ein Coach berichtete meiner Arbeitsgruppe, dass die Klientin aufgrund des Coachings den Sinn in ihrer Arbeit verloren habe: »Das klingt jetzt aber schon wirklich sehr dramatisch ... aber doch so war es. Ihre Arbeitsmoral ist da deutlich den Bach runter gegangen, sie ist auch weniger gerne zur Arbeit gegangen und so« (Pogge, 2015, S. 180). Die Klientin empfand dies als eine unangenehme Nebenwirkung ihres Coachings. Die Arbeit war ihr wichtig und ein wesentlicher Bestandteil ihrer Identität. Durch das Coaching hatte sie eine schmerzhafte Erfahrung gemacht. Ihr war das zu viel. Anders fiel der Blick auf diese Wirkung von der Familie der Klientin aus: Mama kam früher nach Hause, der Laptop war häufiger aus und so entstand durch das Coaching mehr Familienzeit. Während der Bedeutsamkeitsverlust von der Klientin als unangenehm empfunden wurde, freute sich ihr familiäres System darüber – und zwar sehr. Für Systemiker und Konstruktivisten und vor allem für systemische Konstruktivisten oder konstruktivistische Systemiker ist diese Erkenntnis nicht neu: Unterschiedliche Systemteile konstruieren unterschiedliche Realitäten.

Nehmen wir uns eine andere Nebenwirkung vor (weiter unten bekommen Sie alle vorgestellt). Wir stellen immer wieder in unserer Arbeit fest, dass zwischen Coaches und Klienten Abhängigkeitsverhältnisse entstehen können. Die Abhängigkeit besteht vor allem aufseiten der Klienten. Das zeigt sich zum Beispiel darin, dass der Klient keine eigenständigen Entscheidungen mehr trifft. Selbst für unbedeutende Entscheidungen muss der Coach konsultiert werden. Bei einem Konflikt mit einem Mitarbeiter darf der Coach als Stütze nicht fehlen. Wenn eine Personalauswahlentscheidung getroffen wird, geht es nicht ohne Coach. Dies kann für den Klienten, aber auch für die Organisation des Klienten eine unangenehme Coachingwirkung sein, denn der Klient verliert seine Eigenständigkeit und die Organisation ihr Geld. Beim Selbstzahler trägt der Klient beide Kosten. Für den Coach dagegen bringt die Situation durchaus Vorteile, und deswegen kann die Nebenwirkung von Coaches übersehen werden. Der Coach hat einen Stammkunden, der ihm kontinuierliche Einnahmen sichert. Auch fühlt er sich wichtig und gebraucht, denn der Klient ist ja so bedürftig, und er kann Abhilfe für seine Leiden schaffen. Der kommerziell oder der psychologisch bedürftige Coach droht an dieser Stelle besonders verführt zu werden. Schnell ist die Abhängigkeit übersehen und der Coach richtet sich in dieser vorteilhaften Situation ein.

Widmen wir uns einer anderen Situation und der unterschiedlichen Wahrnehmung und Wertung von Coachingwirkungen. Während eines Coachings entdecken Klienten unter Umständen, dass sie bei ihren Arbeitgebern weniger Entwicklungschancen besitzen, als sie dachten. Die Klienten erhalten durch das Coaching mehr Selbstklärung. Coach und Klient sind zufrieden: Die Klienten haben sich entwickelt. Manche Klienten kündigen aber aufgrund einer solchen Erkenntnis das Beschäftigungsverhältnis und wechseln den Arbeitgeber. Und vielleicht arbeiten sie im neuen Job tatsächlich glücklicher. Das ist nicht immer gegeben, denn die Arbeitszufriedenheit von Menschen ist überraschend stabil, und es scheint dafür sogar eine genetische Komponente zu geben (Dormann & Zapf, 2001). Der Wechsel des Arbeitgebers ist in diesem Fall eine durchaus erfreuliche Konsequenz des Coachings für den Klienten. Auch freut sich der Coach, wenn der Klient Selbstzahler ist. Wenn nicht, spürt der Coach, dass da ein Problem auf ihn zukommen könnte: »Ups, ich glaube, ich warte noch ein bisschen, bis ich bei dem Unternehmen nach dem nächsten Auftrag frage«, mag der Coach denken, und das wohl zu Recht. Durch die Kündigung entstehen dem Unternehmen heftige Kosten: Die Stelle muss vertreten, neu ausgeschrieben und nachbesetzt werden. Bei Führungskräften rechnet man mit Kosten von mindestens einem Jahresgehalt, die eine Kündigung produziert. Auch in diesem Fall hat derselbe Coachingeffekt für unterschiedliche Beteiligte unterschiedliche Konsequenzen und wird einmal positiv und einmal negativ wahrgenommen.

»Fair is foul and foul is fair«, das gilt nicht nur für Nebenwirkungen. Auch Effekte, die man in Tabelle 1 dem Coachingerfolg zuordnen würde (positive und intendierte Effekte), können unter Umständen negativ wirken. Durch ein Coaching kann ein frustrierter Klient wieder mehr Arbeitszufriedenheit gewinnen. Dieser Effekt kann intendiert gewesen sein. Vielleicht verhindert aber genau die kurzfristig angehobene Arbeitszufriedenheit den Absprung des Klienten aus dem alten Job, der bisher nicht so richtig zu seinen Kompetenzen und Bedürfnissen passen wollte. Die Konflikte, die im Team bestehen, weil der Kollege seiner Arbeit nicht gewachsen ist, bleiben bestehen oder intensivieren sich noch. Bisher war der Kollege nur unglücklich inkompetent, jetzt ist er auch noch zufrieden dabei. So ein Mist! Auch leistungsfähiger durch ein Coaching zu werden oder das Zeitmanagement zu verbessern, kann seine Schattenseiten haben. Dies ist zum Beispiel der Fall, wenn der Workaholic dadurch noch effektiver seine Arbeitszeit ausbeutet, seine psychische und physische Gesundheit damit ruiniert und seine Familie vernachlässigt.

»Fair is foul and foul is fair« kann auch für die langfristige Perspektive einer Coachingwirkung gelten. Ein Effekt, der heute als positiv wahrgenommen wird, kann langfristig auch negativ erlebt werden. Genauso kann eine negative Nebenwirkung langfristig positive Facetten entwickeln. Die Konflikte, die einem Klienten aufgrund der im Coaching erlernten neuen Perspektiven mit einer Führungskraft entstehen, können gegebenenfalls langfristig gelöst und als eine Bereicherung empfunden werden. Das Gleiche gilt zum Beispiel für tiefergehende Probleme, die durch ein Coaching angestoßen wurden. Sie können aktuell als zu stark empfunden werden, aber langfristig zu wichtigen Erkenntnissen führen.

Warum erzähle ich Ihnen das alles? Weil die Wirkungen von Coaching komplex sind. Coaching findet zwischen zwei erwachsenen, vielschichtigen Individuen statt, die in einem komplexen sozialen System eingebettet sind. Coaching findet zu einem Zeitpunkt statt und kann lange nachwirken. Die Einteilungen in Tabelle 1 sind also relativ zu betrachten. Es sind Momentaufnahmen, Schnappschüsse aus einer Perspektive. Die Bewertung eines Coachings kann je nachdem, wen man zu welchem Zeitpunkt fragt, sehr unterschiedlich ausfallen. Und dafür gibt es auch empirische Belege.

De Haan und seine Kollegen (2016) haben sich viel internationale Unterstützung gesucht und es geschafft, 1 895 Coaching-Paare aus 34 verschiedenen Ländern zu befragen. Zusätzlich schafften sie es, bei vielen Coachings auch die Organisationen von einer Teilnahme zu überzeugen. Die Kollegen haben verschiedene Variablen erhoben. Weiter unten gehe ich auf weitere Fragestellungen der Studie ein. Jetzt sind erst einmal die Ergebnisse zum Coachingerfolg für Sie und mich wichtig, der mit vier Fragen erhoben wurde (z. B. »Der Klient/die Klientin engagierte sich mit neuen Handlungen und Verhaltensweisen«). Diese Fragen beantworteten Klienten, Coaches und Organisationen, und es wurden Korrelationen berechnet, das heißt, die Stärke des Zusammenhangs zwischen den Perspektiven wurde bewertet. Das Ergebnis war für die Forscher überraschend; für mich eher nicht. Wie bereits erwähnt, beurteilten alle Beteiligten den Erfolg desselben Coachings. Zwischen der Einschätzung der Klienten und der Organisationen sowie zwischen der Einschätzung der Coaches und der Organisationen gab es überhaupt keinen Zusammenhang. Die Einschätzung der Klienten und die Einschätzung der Organisationen waren völlig unabhängig voneinander, obwohl sie dasselbe Coaching evaluierten. Der Zusammenhang zwischen der Evaluation der Klienten und der Coaches war statistisch bedeutsam, aber ziemlich klein. Wenn die Klienten das Coaching effektiv erlebten, dann taten es die Coaches auch tendenziell. Aber eben nur tendenziell. Die unterschiedlichen Beteiligten schauen sehr unterschiedlich auf die Wirksamkeit eines Coachings.

Die Wirkungen von Coaching sind relativ zu betrachten. Je nach Sichtweise (Coach, Klient, Organisation, Familienmitglieder etc.) kann dieselbe Wirkung positiv oder negativ bewertet werden. Auch die Zeit kann sich auf die Bewertung eines Effektes auswirken. Positive Effekte können sich in negative oder negative in positive wandeln.

6. Positive Wirkungen von Coaching für Klienten

So, nun kann es mit den positiven Wirkungen von Coaching losgehen. Es geht vor allem um den Coachingerfolg aus Tabelle 1. Ich möchte in diesem Kapitel zeigen, welchen positiven Wirkungen wir uns aus wissenschaftlicher Sicht recht sicher sein können. Das Kapitel soll Ihnen als Coach, aber auch als Einkäufer von Coachingdienstleistungen Sicherheit geben. Welche positiven Wirkungen kann ich erwarten, wenn ein Coaching durchgeführt wird, und wie stark sind diese Effekte?

In Infobox 2 stelle ich Ihnen vor, was eine Metaanalyse ist und was sie kann. Eine Metaanalyse hilft uns, über einen Forschungsgegenstand allgemeine Aussagen zu treffen. Es wird vor allem möglich, die Stärke von Zusammenhängen und Wirkungen zu bewerten. Wenn Metaanalysen zu einem Forschungsgebiet existieren, dann sollte man sie nutzen statt Einzelergebnisse vorzustellen. So entgeht man der Subjektivität bei der Auswahl der Einzelergebnisse und kann allgemeine Aussagen treffen. Auch hilft es Ihnen als Praktiker, Ihre Dienstleistung beim Kunden besser zu positionieren, wenn Sie Wissen über die allgemeine Wirksamkeit von Coachings präsentieren. Ich bin immer wieder überrascht, dass Coaches diese Metaanalysen nicht zu Akquisezwecken nutzen.

Infobox 2: Was ist eine Metaanalyse?

Häufig liegen zu einer Fragestellung viele Einzelergebnisse vor. Eine Studie könnte z. B. gezeigt haben, dass die Beziehung zwischen Coach und Klient starke Auswirkungen auf die Zielerreichung des Klienten hat. Eine andere Studie kommt dagegen zum Ergebnis, dass es nur einen kleinen Effekt gibt, und eine andere, dass überhaupt kein Zusammenhang zwischen beidem besteht. Eine Metaanalyse wird durchgeführt, um Ordnung in eine solch unübersichtliche und manchmal widersprüchliche Studienlage zu bringen. Man verschafft sich Übersicht in einer komplexen Studienlage. Ansonsten besteht die Gefahr, dass die Ergebnisse je nach Interesse des Wissenschaftlers oder Praktikers subjektiv dargestellt werden. Die Personen, die an einen hohen Zusammenhang glauben, zitieren verstärkt die positiven Ergebnisse. Andere konzentrieren sich eher auf die Ergebnisse, die in die andere Richtung zeigen und ihrer Meinung entsprechen.

Eine Metaanalyse fasst die Ergebnisse in einem Bereich statistisch zusammen. Forscher wollen einen Überblick verschaffen und generelle Antworten liefern. Zunächst werden in einem regelgeleiteten Vorgehen alle Studien, die sich mit der Fragestellung

beschäftigt haben, identifiziert. Dann wird bewertet, welche Studien für die Metaanalyse geeignet sind und welche nicht. Ungeeignet sind zum Beispiel Interviewstudien, weil sie keine numerischen Informationen über die gesuchten Zusammenhänge liefern. Dann folgt die Aufbereitung der Einzeldaten. Ich kann Ihnen aus eigener Erfahrung sagen, dass das bis dahin schon ganz schön viel Arbeit ist und manche Krisensitzung im Team provoziert hat. In einem relativ komplexen Verfahren (es wird nicht einfach der Mittelwert gebildet) werden die Daten im nächsten Schritt gewichtet und dann zusammengefasst. Studien mit größerer Stichprobe erhalten mehr Gewicht als Studien mit wenigen Teilnehmern, weil erstere repräsentativer sind.
Danach können verschiedene Aussagen getroffen werden. Es kann beantwortet werden, wie stark ein Zusammenhang ist. In Tabelle 2 finden Sie Informationen über die Bedeutung der Größe verschiedener Effektstärkenmaße. Diese Zahlen sind für die Interpretation der Ergebnisse in Kapitel 6.1 sehr wichtig. Wenn z. B. der Zusammenhang von Beziehungsqualität und Zielerreichung eine Stärke von $r = .50$ oder größer besitzt, dann besteht ein großer Zusammenhang.
Weiterhin wird es möglich, eine Aussage darüber zu machen, wie homogen oder heterogen die Effekte sind. Sind sich die Studien relativ einig darüber, wie groß der Effekt ist (Homogenität) oder gibt es größere Unterschiede (manche Studien berichten große Effekte und manche kleine; Heterogenität)? Auch können Bewertungen zu sogenannten Moderatoren gemacht werden. Ist der Effekt in verschiedenen Situationen unterschiedlich stark? Gibt es Gruppenunterschiede, z. B. für Männer und Frauen? Ist der Effekt stärker in veröffentlichten als in nicht veröffentlichten Studien?
Durch eine Metaanalyse wird somit eine statistische Zusammenfassung zu einem Forschungsgebiet möglich. Das hilft, neue Wege in der Forschung zu gehen, weil nach einer Metaanalyse abgesichert ist, was wir bislang wissen und was nicht. Ich bin sehr glücklich, dass es im Coaching erste Metaanalysen gibt, und freue mich darauf, Ihnen diese in Kapitel 6.1 vorzustellen. Unsere eigene Metaanalyse zur Wirkung der Beziehungsqualität im Coaching wurde gerade von der Harvard University ausgezeichnet und in der Zeitschrift »Human Relations« veröffentlicht. Sie finden mehr Informationen dazu in Kapitel 7.5.1.

Tab. 2: Unterschiedliche Effektstärkenmaße nach Cohen (1988)

Effektstärke	klein	mittel	groß
r	0,1	0,3	0,5
d	0,2	0,5	0,8
g	0,2	0,5	0,8

Durch die Zusammenfassung kann es aber zu einer gewissen Grobheit bzw. Unschärfe der Ergebnisse kommen. Es werden zum Beispiel verschiedene Variablen zu einer übergeordneten Kategorie zusammengefasst. Studien, die nicht in die Kategorien passen, bleiben in den Metaanalysen unberücksichtigt.

6.1 Metaanalysen zur Wirksamkeit von Coaching

Bisher sind fünf Metaanalysen durchgeführt worden, die sich mit Wirkungen oder Wirkfaktoren von Coaching beschäftigen. Eine der Metaanalysen befasst sich ausschließlich mit dem Wirkfaktor »Beziehungsqualität« (Graßmann, Schölmerich & Schermuly, in press). Ich gehe darauf in Kapitel 7.5.1 ein. Die Metaanalysen sind zu verschiedenen Zeiten publiziert worden und besitzen unterschiedliche methodische Qualität. Deswegen möchte ich Ihnen bei jeder Metaanalyse anfangs ein paar Informationen über die Vorgehensweise der Forscher mitgeben. Falls Sie nicht genug bekommen sollten: Eine tolle Übersicht zu den Metaanalysen finden Sie auch bei Silja Kotte und Kollegen (2016) oder Sie schauen sich die Original-Artikel an.

6.1.1 Die Metaanalyse von De Meuse et al. (2009)

Kenneth P. De Meuse von der University of Wisconsin und seine Kollegen waren die Ersten, die sich um die statistische Zusammenfassung der Wirksamkeit von Coaching bemühten. Sie ließen nur Studien mit einer Wirksamkeitsmessung vor und nach dem Coaching in ihre Arbeit einfließen. Auch untersuchten sie nur Führungskräftecoachings und hier nur solche, in denen ein externer Coach eingesetzt wurde. Im Jahr 2009 fanden die Autoren lediglich vier Studien, die diese Kriterien erfüllten. Es handelt sich somit eher um eine Art Mini-Metaanalyse.

De Meuse und Kollegen unterschieden zwischen Studien, die die Coachingwirkungen mit Selbsteinschätzungen (der Klient bewertet die Wirkungen) erheben, und solchen, die durch Fremdeinschätzungen zustande gekommen sind. Aufgrund der geringen Anzahl von Studien, die zu diesem Zeitpunkt zur Verfügung standen, konnten keine differenzierenden Kategorien gebildet werden. Es wurde stattdessen eine einzelne Kategorie gebildet, die vor allem Leistungs- und Verhaltensmaße abbildet. Für Selbsteinschätzungen zeigte sich eine Effektstärke (d) von 1,20 (Fremdeinschätzung d = 0,50). Wenn Sie einen Blick zurück in Tabelle 2 werfen, dann können sie aus den Zahlen ablesen, dass für die Selbsteinschätzung ein großer Effekt besteht. Für die Fremdeinschätzung liegt ein mittlerer Effekt für die Wirkungen vor. Diese Metaanalyse war der erste Hinweis, dass Coaching eine Wirkung besitzt; und zwar vor allem in der Perspektive der Klienten.

Ich fand vor allem das folgende zusätzliche Ergebnis interessant. Während einige Studien sehr starke Effekte nachweisen konnten, zeigten andere Studien keine oder sogar negative Wirkungen von Coaching: »In contrast, the 90% credibility value for others' ratings was below zero, suggesting that coaching at times lead to some negative outcomes« (De Meuse et al., 2009, S. 120). Schon zu diesem Zeitpunkt gab es den ersten Hinweis auf unerwünschte Effekte von Coaching. Auf die negativen Wirkungen von Coaching gehe ich ab Kapitel 8 ein.

De Meuse und Kollegen wendeten sich dann den retrospektiven Studien zu. Das sind Studien, die nur eine Messung nach dem Coaching vorweisen können. Die Teilnehmer werden darin gebeten, auf das Coaching zurückzublicken und es zu bewerten. Diese Bewertungen entsprechen der ersten Stufe des Evaluationsmodells von Kirkpatrick (siehe Kapitel 3.1). Die durchschnittliche Zufriedenheit der Klienten mit den Coachings lag zum Beispiel zwischen 75 und 95 Prozent. Auch das sind positive Ergebnisse, die bereits vor zehn Jahren veröffentlicht wurden, aber nur wenig von der Praxis im deutschsprachigen Raum beachtet wurden.

De Meuse et al. (2009) und seine Kollegen haben als Erste gezeigt, dass Coaching starke positive Wirkungen in der Selbsteinschätzung der Klienten produziert. Manchmal scheint Coaching allerdings auch negative Effekte zu haben.

6.1.2 *Die Metaanalyse von Theebom et al. (2013)*

Kommen wir zur nächsten Metaanalyse von Tim Theebom und Kollegen von der Universität Amsterdam. In den wenigen Jahren, die zwischen den beiden Metaanalysen liegen, ist einiges geschehen. Immer mehr Forscher haben sich für das Thema Coaching interessiert, und vielleicht haben die Forscher auch noch etwas intensiver nach Literatur gesucht. Theebom et al. (2013) konnten deswegen schon insgesamt 18 Studien in ihre Metaanalyse integrieren, die zusammen 2 090 Coachingfälle repräsentierten.

Die positiven Wirkungen wurden in fünf Kategorien unterteilt. In der Kategorie »Leistung« wurden alle Wirkungen zusammengefasst, in denen subjektive oder objektive Leistungsmaße gemessen wurden. Als Beispiele nennen die Autoren Verkaufszahlen oder Vorgesetztenbeurteilungen. Weiterhin wurden in der Kategorie Verhaltensweisen inkludiert, die einen Zusammenhang mit der Leistung in Organisationen besitzen (z. B. transformationale Führung). In der Kategorie »Wohlbefinden« landeten Variablen, die objektiv oder subjektiv das Wohlbefinden, Gesundheit, Bedürfniserfüllung und affektive Reaktionen messen. Beispiele sind Depression, Burnout, Angst oder Stress. Die dritte Kategorie nennen die Autoren »Coping«. In diese fallen Verhaltensweisen, die mit der Fähigkeit assoziiert sind, mit gegenwärtigen und zukünftigen Jobherausforderungen erfolgreich umzugehen. Als Beispiele werden Selbstwirksamkeit und Achtsamkeit genannt. Die Kategorie »Einstellungen« umfasst kognitive und affektive Reaktionen gegenüber der Arbeit oder Karriere. Dazu gehören Arbeitszufriedenheit, organisationales Commitment und Karrierezufriedenheit. Die letzte Kategorie nennen sie »zielgerichtete Selbstregulation«. Hier geht es um Variablen, die mit Zielsetzung, Zielerreichung und Zielevaluation zu tun haben. Die häufigste Skala in dieser Kategorie ist die Goal Attainment Scale von Spence (2007), die Sie in Kapitel 3.2 bereits kennengelernt haben (Theebom et al., 2013).

Nun wird es spannend: Wie fallen die Ergebnisse zu den positiven Wirkungen von Coaching aus, wenn dreimal so viele Studien berücksichtigt werden wie bei der ersten Metaanalyse? Die Stärke des Effekts über alle Studien und Wirkungen hinweg lag bei g = 0,66 (siehe zur Einschätzung der Skala erneut Tabelle 2). Das bedeutet, dass Coaching wirkt – und zwar insgesamt mittelstark. Das ist ähnlich zu der ersten Metaanalyse. Gleichzeitig fällt aber auch die Variabilität zwischen den Studien auf. Während z. B. Smither et al. (2003) und Spence et al. (2008) gerade einmal Effekte von 0,13 bzw. 0,10 zeigen konnten, lag das Ergebnis von Peterson (1993) bei 2,33. Manchmal scheint Coaching sehr stark zu wirken und manchmal sehr schwach.

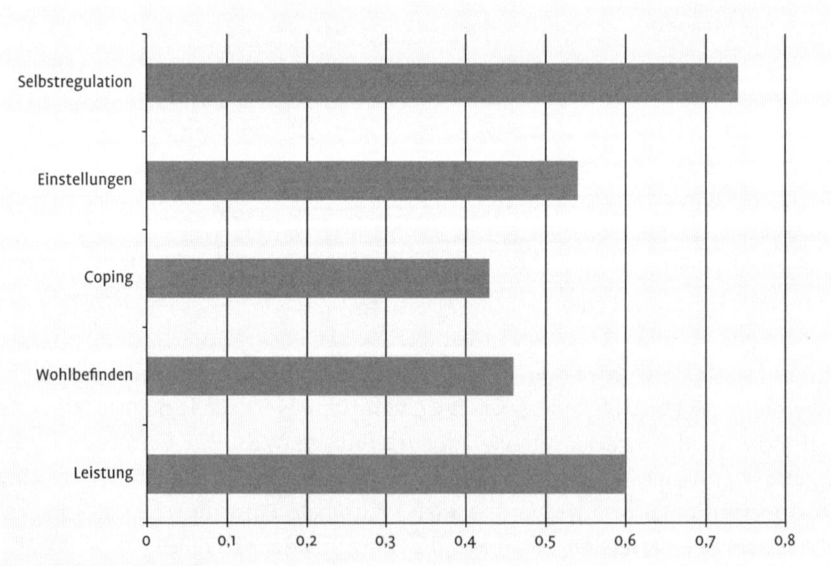

Abb. 3: Positive Wirkungen von Coaching nach Theebom et al. (2013); auf der X-Achse ist die Größe des jeweiligen Effektes abgetragen

Nun wird es höchste Zeit, sich mit der Stärke der verschiedenen Wirkungen auseinanderzusetzen. Auf was wirkt Coaching besonders stark und auf was weniger? Die differenzierten Wirkungen sind in Abbildung 3 dargestellt. Die stärkste Wirkung besitzt Coaching auf die zielbezogenen Selbstregulationsfähigkeiten. Klienten haben es leichter, durch ein Coaching ihre Ziele zu erreichen ($g = 0{,}74$). Die Ziele werden klarer und erreichbarer für die Klienten. Danach folgen die Leistungsvariablen mit $g = 0{,}60$. Klienten leisten mehr, wenn sie an einem Coaching teilgenommen haben. Der Berufserfolg wird durch ein Coaching beeinflusst. Das sind doch schon einmal schöne Ergebnisse. Aber auch die arbeitsbezogenen Einstellungen profitieren von Coachings ($g = 0{,}54$). Die Klienten sind nach einem Coaching zum Beispiel arbeitszufriedener oder fühlen sich stärker an das Unternehmen gebunden. Die kleinsten Effekte ($g = 0{,}46$ bzw. $g = 0{,}43$) bestehen für das Wohlbefinden und das Coping. Die Effekte sind aber immer noch mittelstark. Durch Coachings kann also das Wohlbefinden von Klienten gesteigert und ihr Umgang mit Stress und Herausforderungen verbessert werden.

Coachings haben laut der Metaanalyse von Theebom et al. (2013) mittelstarke positive Wirkungen. Es gibt verschieden starke Wirkungen: Am stärksten wirkt Coaching auf die Selbstregulationsfähigkeiten und am schwächsten auf das Wohlbefinden und das Copingverhalten.

6.1.3 Die Metaanalyse von Sonesh et al. (2015)

Und dann ging es Schlag auf Schlag. Schon zwei Jahre später wurde die nächste Metaanalyse von Shirley Sonesh von der University of Central Florida und ihren Kollegen publiziert. Sonesh und Kollegen (2015) konnten bei ihren Berechnungen auf 24 Studien zurückgreifen. Jetzt kommt ein bisschen Studienbashing, aber es ist wichtig zu wissen, dass es auch bei Metaanalysen Qualitätsunterschiede gibt. Der Metaanalyse von Sonesh und Kollegen mangelt es an Nachvollziehbarkeit, und es bestehen ein paar größere methodische Mängel. Ein großes Problem ist auch, dass für manche Fragestellungen nur zwei oder gar nur eine Studie in der jeweiligen Kategorie landeten. Kategorien mit einer Studie oder zwei sind einfach keine gute Praxis für eine Metaanalyse. Man sollte die Fragestellung dann besser nicht bearbeiten und warten, bis mehr Studienmaterial vorliegt. Ich werde Sie an den entsprechenden Stellen darauf hinweisen, wenn es methodisch wackelig wird. Für mich nicht nachvollziehbare Ergebnisse werde ich erst gar nicht berichten.

Sonesh et al. bilden acht verschiedene Wirkungskategorien, um die Studien zusammenzufassen. Die Kategorien »Gesamtzufriedenheit« mit dem Coaching, »Zielerreichung« im Coaching und »Leistung« sind ziemlich selbsterklärend. Bei den anderen Kategorien stelle ich Ihnen kurz vor, was die Autoren hier in der jeweiligen Kategorie zusammengefasst haben. Bei den »kognitiven Veränderungen« haben die Autoren Variablen wie strategisches Denken, Selbsterkenntnis und emotionale Intelligenz zusammengefasst. In die Kategorie »Verhaltensänderungen« wurden Führungskompetenzen, technische Kompetenzen und mehr Einfluss hineingepackt. In die Kategorie »Änderung von Arbeitseinstellungen« fielen Variablen wie zum Beispiel Motivation und berufliche Selbstwirksamkeit. In der Kategorie »Änderung von persönlichen Einstellungen« landeten Variablen wie reduzierter Stress und mehr Zufriedenheit. Die »verbesserten Beziehungen« betrafen den interpersonalen Austausch mit Interaktionspartnern am Arbeitsplatz (zum Beispiel Kolleginnen und Kollegen oder Mitarbeitende).

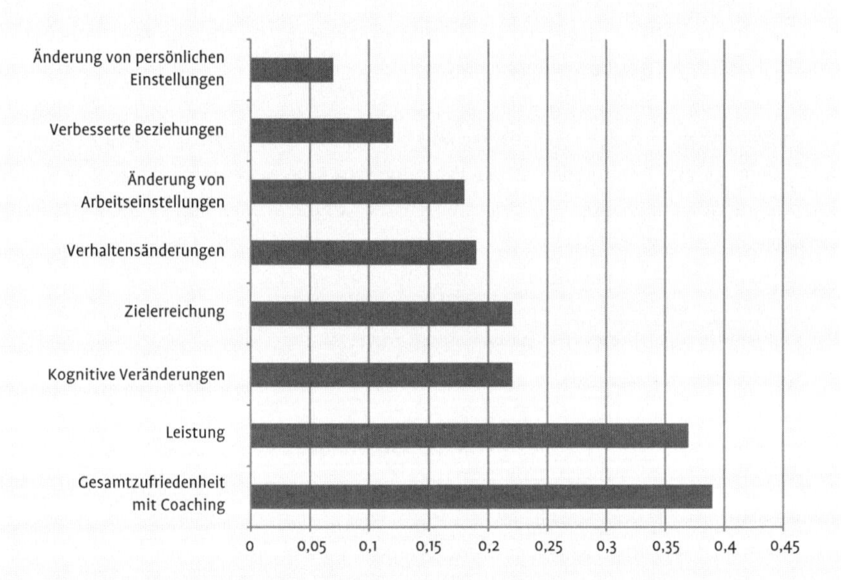

Abb. 4: Ergebnisse der Metaanalyse von Sonesh et al. (2015)

Die Ergebnisse sind in Abbildung 4 dargestellt. Sechs der acht Wirkungen erreichten ein statistisch bedeutsames Niveau. Laut der Autoren haben Coachings keine Effekte auf die Änderung von persönlichen Einstellungen und verbesserte Beziehungen am Arbeitsplatz. Hier kommt mein erstes fettes »Aber« zu dieser Metaanalyse. Bei ersterem Effekt wurden lediglich zwei Studienergebnisse inkludiert und bei den Beziehungen lediglich drei. Die nicht nachweisbaren Effekte kommen nur durch sehr wenige Studien zustande und sollten deswegen mit Vorsicht bewertet werden.

Die Zahlen in Abbildung 4 beziehen sich auf das Effektstärkenmaß Hedges g. Wie Sie diese Werte einschätzen können, haben Sie in Tabelle 2 gelernt. Demnach produzieren Coachings eher kleine positive Effekte. Am höchsten fällt der Zusammenhang mit der Zufriedenheit aus (0,39). Kurz dahinter folgt die Leistung mit 0,37. Beide Effekte sind zumindest nicht weit weg von einem mittleren Effekt. Dann folgen die restlichen Kategorien mit einem deutlichen Abstand. Coaching scheint nach Sonesh et al. zu wirken, aber es wirkt nur klein auf kognitive Veränderungen, die Zielerreichung, Verhaltensänderungen und die Änderung von Arbeitseinstellungen.

Die Kollegen aus den USA führten auch Moderatorenanalysen durch. Sie konnten zum Beispiel zeigen, dass die Effekte in studentischen Stichproben stärker sind als bei Führungskräften. Dies liegt wahrscheinlich auch daran, dass die Bedingungen in Coachings, die mit Studenten durchgeführt werden, kontrollierter sind. Bei Führungskräftecoachings gibt es viele unkontrollierte Variablen, die die Wirkungen von Coachings mitbeeinflussen können und die schwer zu erheben sind.

Die Bewertung von Sonesh und Kollegen (2015) fällt weniger positiv aus als die von Theebom und Kollegen. Coaching produziert laut der Autoren eher kleine positive Wirkungen, und diese liegen eher im Bereich von Zufriedenheit und Leistung als bei Änderungen von persönlichen Einstellungen oder der Verbesserung von Beziehungen. Aber die Metaanalyse von Sonesh ist auch die Studie mit den größten methodischen Mängeln.

6.1.4 Die Metaanalyse von Jones et al. (2015)

Kommen wir zur Metaanalyse von Rebecca Jones und Kollegen von der University of Worcester. Die Autoren untersuchten erneut nur Studien, die an mindestens zwei Messzeitpunkten Daten erhoben hatten. Die Coachings durften von externen oder internen Coaches durchgeführt werden. Sie konnten insgesamt 17 Studien, die für 2 267 Coachingfälle stehen, in ihre Analysen einfließen lassen.

Jones und ihre Kollegen bildeten die Kategorien der Wirkungen modellorientiert. Sie orientierten sich an einer Weiterentwicklung des Modells von Kirkpatrick, was von Kraiger et al. (1993) für den Trainingsbereich vorgeschlagen wurde. Final untersuchten sie kompetenzorientierte, affektive und leistungsbezogene Wirkungen von Coaching. Mit kompetenzorientierten Wirkungen sind neue Fähigkeiten gemeint, die am Arbeitsplatz eingesetzt werden können. Dazu gehören zum Beispiel Führungsfähigkeiten oder methodische Kompetenzen. Affektive Wirkungen betreffen zum Beispiel das Erleben von Selbstwirksamkeit, verringerten Stress oder gesteigerte Zufriedenheit. Als dritte Kategorie führen die Autoren, ähnlich wie die anderen Metaanalysen, eine Leistungskategorie ein.

Über alle Studien hinweg zeigt sich ein d von 0,33. Laut Jones liegen somit kleine bis moderate Wirkungen von Coaching vor. Die höchste Wirkung konnte die Leistungskategorie aufweisen. Das d lag hier mit 1,15 besonders hoch. Dieser Effekt kann als stark bezeichnet werden, doch konnten hier nur drei Studien integriert werden, was zu kritisieren ist. Darauf folgten die affektiven Wirkungen (d = 0,46) und die kompetenzorientierten Wirkungen (d = 0,26).

Laut der Metaanalyse von Jones und Kollegen hat Coaching eher kleine bis mittelstarke Wirkungen. Auf Leistungsvariablen findet eine starke Wirkung statt.

An dieser Stelle lohnt sich der Vergleich mit anderen Personalentwicklungsmaßnahmen wie der Teamentwicklung oder Trainings, für die metaanalytische Ergebnisse vorliegen. Klein et al. (2009) fanden z. B. in ihrer Metaanalyse zur Wirksamkeit von Teamentwicklungen einen mittelstarken Effekt für die Leistungssteigerung, die durch eine Teamentwicklungsmaßnahme bewirkt wird. Bei Trainings (z. B. Taylor et al., 2005) finden wir starke Effekte für die Wissens- und die Lernebene. Für die Verhaltensänderungen und die Leistung sind die Effekte aber eher mittel bis klein. Die Teilnehmer lernen viel in einem Training; sie können dieses Wissen in der Praxis aber nicht so gut in mehr Leistung übersetzen. Und hier besteht der entscheidende Vorteil: Coachings mit ihrer individuellen Ausrichtung wirken sich stärker und damit nachhaltiger auf die Leistungen aus, als das z. B. Trainings oder Teamentwicklungsmaßnahmen können.

6.2 Return on Investment (ROI) von Coaching

Die generelle Wirkung von Coaching auf Variablen wie Leistung, Wohlbefinden und Zufriedenheit habe ich Ihnen vorgestellt. Viele Personaler werden aber von ihren Controllern gegängelt, jetzt einmal endlich zu sagen, wie viel die Investition in ein Coaching denn konkret bringen soll. Was bringt Coaching eigentlich für einen ROI? Das ist eine wichtige Frage, und wie wir durch die Metaanalysen erkennen konnten, kann der Output für Klienten hoch ausfallen. Mit dem ROI ist klassischerweise die Kapitalrendite gemeint. Wie viel Euro bekomme ich als Unternehmer für meine Investition ins Coaching zurück? Zu dieser Frage gibt es ein paar Zahlen, und diese Zahlen werden von manchen Coaches auch genutzt, um die Nützlichkeit ihrer Dienstleistung anzupreisen. Leider sind die Studien aber eher wackelig in ihrer Aussagekraft. Das Investment ist einfach zu messen. Eine Organisation weiß, wie viel Geld sie dem Coach überwiesen hat. Der monetäre Return aber ist nur sehr schwer zu bewerten. Daher haben viele Kollegen die Fragestellung vereinfacht und Klienten den ROI einschätzen lassen.

McGovern et al. (2001) ließen von 43 Klienten den ROI einschätzen. Dieser wurde berechnet als das prozentuale Verhältnis des Ertrags aus dem Coaching, abzüglich des Aufwands für das Coaching, geteilt durch den Aufwand (Künzli et al., 2013, S. 374). Das Ergebnis waren (siehe Tabelle 3) sagenhafte 570 Prozent. Eine ziemlich wilde und auch subjektive Einschätzung nahm Vernita Parker-Wilkins im Jahr 2006 vor. Sie interviewte 26 Klienten. Sie ließ einschätzen, wie viel Zeitgewinn ein Coaching einem Klienten brachte, und multiplizierte das, wenn ich das richtig verstanden habe, mit dem Stundenlohn und dem prozentualen Anteil des Coachings an diesem Zeitgewinn. So kommt sie auf einen ROI von 689 Prozent. Künzli und Rietiker (2009) stellten die subjektiv eingeschätzten Verbesserungen der Gesamtproduktivität den Lohnvollkosten gegenüber und kamen auf einen ROI von 200 Prozent. Bei Anderson et al. (2007, zitiert nach Künzli et al., 2013) wird der Nettowert eines Coachings bei 83 Führungskräften auf über 4 Millionen Dollar beziffert (Künzli et al., 2013). Die vielleicht ausführlichste und systematischste Schätzung des ROI liefert Annette-Christina Kopatz im Jahr 2013 ab. Sie widmete diesem Thema eine ganze Doktorarbeit. Für ihre Berechnungen ließ sie die wahrgenommene Performanceveränderung von gecoachten und nicht gecoachten Mitarbeitern in verschiedenen Unternehmen einfließen sowie die direkten und indirekten Kosten der Coachings. Der höchste ROI in einem Unternehmen waren 125 Prozent und der niedrigste 33 Prozent. Durchschnittlich lag der ROI bei 37 Prozent (Kopatz, 2013).

Tab. 3: Subjektiv eingeschätzter ROI von Coaching (alle Zahlen zitiert nach Künzli et al., 2013)

Studie	ROI
Anderson (2001 zitiert nach Künzli et al., 2013)	529%
Kopatz (2013)	37%
Künzli & Rietiker (2009)	200%
McGovern et al. (2001)	570%
Parker-Wilkins (2006)	689%

Die meisten Zahlen mögen eine starke Überschätzung darstellen, und manche sind unseriös erhoben worden. Die Ergebnisse stammen aus subjektiven Einschätzungen offenbar sehr zufriedener Coachingkunden. Doch sie zeigen uns eine Richtung. Coaching wird von den Kunden als ein Instrument wahrgenommen, das seinen Invest in hohem Ausmaß rechtfertigt. Und selbst wenn die 37 Prozent ROI von Kopatz der korrekte ROI von Coaching wären, so wäre dies ein tolles Ergebnis für Coaching.

Zusammenfassung: Welche positiven Wirkungen hat Coaching?

Die Metaanalysen zeigen deutlich: Coaching wirkt. Die Wirkungen sind zahlreich und liegen durchschnittlich im mittelstarken Bereich. Coaching besitzt damit im Durchschnitt keine sehr starken, aber auch keine sehr schwachen Wirkungen. Vergleicht man zum Beispiel die Werte mit der Trainingsforschung, so hat Coaching Vorteile bei den nachhaltigen Wirkungen auf die Leistung. Gleichzeitig besteht aber eine hohe Heterogenität in den Studien. In manchen Studien findet man tatsächlich sehr starke Effekte; in anderen sind die Effekte schwach und manchmal sogar negativ. Vergleicht man die verschiedenen Effekte über die Metaanalysen hinweg, dann scheint Coaching vor allem auf die Leistungen und die Zufriedenheit zu wirken. Klienten sind nach einem Coaching leistungsfähiger und zufriedener als vor dem Coaching. Vielleicht sind diese beiden Faktoren auch dafür mitentscheidend, warum Klienten so einen extrem hohen ROI von Coaching wahrnehmen.

7. Wirkfaktoren für positive Wirkungen von Coaching

Sie wissen nun, welche vielfältigen positiven Wirkungen ein Coaching erzielen kann. Zu Recht fragen Sie sich nun, ob es auch empirische Ergebnisse zu den Wirkfaktoren gibt. Bei den Wirkfaktoren geht es um die Frage, welche Variablen die verschiedenen Wirkungen der Coachings beeinflussen können. Es geht also um Ursachen für Wirkungen. Über das Thema Kausalität habe ich Sie bereits informiert. Bei vielen Variablen sind wir aus einer wissenschaftlichen Perspektive ziemlich sicher, dass sie die Wirkungen anstoßen und nicht umgekehrt. Häufig fehlen aber die entsprechenden Studien mit Goldstandard, die fast jeden Zweifel abwenden können (siehe Kapitel 2.4).

Bei den Wirkfaktoren orientiere ich mich an dem Modell von Greif (2014) und ergänze es durch Variablen, die sich in der Zwischenzeit zusätzlich als wirksam gezeigt haben. Deswegen möchte ich Ihnen zunächst die Ergebnisse zu den Wirkfaktoren aus den oben zitierten Metaanalysen vorstellen. Das sind die Wirkfaktoren, die derzeit als am besten abgesichert gelten können.

7.1 Metaanalytisch abgesicherte Wirkfaktoren

Einige Wirkfaktoren existieren, die in verschiedenen Studien getestet wurden. Deswegen konnten diese Faktoren in mindestens einer Metaanalyse zusammenfassend bewertet werden. Ich stelle Ihnen diese Wirkfaktoren im Folgenden vor.

7.1.1 Sind lange Coachings wirksamer als kürzere?

Theeboom et al., Jones et al. und Sonesh et al. haben sich der Fragestellung gewidmet, ob ein kurzes Coaching weniger wirksam ist als ein langes oder umgekehrt. Hilft viel Coaching viel oder darf es auch etwas weniger davon sein? Coaching ist teuer, und deswegen ist diese Frage besonders relevant für Personalabteilungen und Privatzahler, die Coachingleistungen einkaufen. Die Antwort auf diese Fragestellung ist natürlich maßgeblich davon abhängig, was man in den Studien unter einem kurzen und was unter einem langen Coaching versteht. Deswegen versuche ich Ihnen das jeweils etwas genauer zu erläutern.

Theeboom und seine Kollegen bildeten zwei Kategorien (mehr als fünf vs. weniger als fünf Coachingsitzungen) und untersuchten, ob die Wirkungen sich in den beiden Kategorien unterscheiden. Die meisten Coaches würden wahrscheinlich auf die längeren Coachings wetten, oder? Das war aber nicht der Fall. Ein statistischer Unterschied konnte von den Kolleginnen und Kollegen nicht gefunden werden. Kürzere Coachings waren genauso wirkungsvoll wie längere.

Sonesh und Kollegen bildeten andere Kategorien hinsichtlich der Anzahl der Sitzungen. Bei den Ergebnissen überraschte, dass Coachings, die ein bis drei Sitzungen lang waren, höhere Effekte aufwiesen als solche, die vier bis sechs Sitzungen lang waren. Bei sieben bis neun Sitzungen nahm die Stärke der Wirkungen wieder zu. Leider ist die Datengrundlage bei Sonesh erneut sehr spärlich. Ich hatte Sie ja bereits auf dieses Problem der Metaanalyse hingewiesen. Zum Beispiel landete in der Kategorie »sieben bis neun Sitzungen« nur eine einzige Studie. Das ist einfach keine gute Grundlage für eine Metaanalyse.

Jones et al. und Kollegen finden ebenso wie Theeboom et al. keinen Einfluss der Dauer auf die Wirkungen des Coachings. Sie testeten sowohl einen linearen (je länger desto besser) wie einen kurvilinearen Zusammenhang (nach einer Zeit werden die Wirkungen wieder geringer).

Zusammenfassend lässt sich sagen, dass – über viele Coachings hinweg betrachtet – die Länge eines Coachings wohl eher wenig Einfluss auf seine Wirkung hat. Viel hilft nicht unbedingt viel. Wahrscheinlich kommt es eher auf die Qualität der Coachings an und nicht auf die Quantität der Sitzungen. Jetzt kommt das nächste fette »Aber«: Diese Ergebnisse schließen nicht aus, dass für schwere Themen (oder schwierige Menschen) oder herausfordernde Ziele nicht auch längere Coachings durchgeführt werden sollten. Genau dieser Aspekt (Schweregrad des Coachings und Komplexität der Themen) wurde nämlich in der Forschung bisher noch nicht ausreichend berücksichtigt (siehe auch Kotte et al., 2016). Und auch könnte ein Phänomen, das meine Kollegin Heidi Möller »Flucht in die Gesundheit« nennt, mitverantwortlich für die schnellen Wirkungen von Coaching sein: »In dem Moment, in dem sich eine Person entscheidet, Hilfe aufzusuchen, geht es ihr häufig schon besser. Dazu kommt auch das Gefühl, im Coach ein kompetentes Gegenüber gefunden zu haben. Das alles kann zu einer Verbesserung gleich zu Anfang beitragen. Dabei kann durchaus der Eindruck entstehen, dass weniger Coaching-Sessions effektiver wirken (Möller, Beinicke & Bipp, 2018, S. 177).

Viel hilft nicht viel im Coaching. Lange Coachings sind nach derzeitigem Forschungsstand nicht automatisch wirksamer als kurze. Die Komplexität und Schwierigkeit der Themen und Ziele wurden dabei noch nicht berücksichtigt.

7.1.2 Sind die Wirkungen von Coaching bei externen Coaches stärker als bei internen?

Auch diese Fragestellung wurde mit Metaanalysen untersucht. Interne Coaches kennen die Strukturen eines Unternehmens. Ihnen sind die wichtigen Leute und ihre Marotten bekannt, und sie wissen womöglich über die Organisationskultur besser Bescheid als ein externer Coach. Ein interner Coach ist womöglich besser informiert, was im sozialen System des Klienten umsetzbar ist und was man sich getrost sparen kann. Maßnahmen, die im Coaching erarbeitet wurden, können unter Umständen dadurch besser im Unternehmen umgesetzt werden. Der Transfererfolg könnte dadurch steigen.

Externe Coaches besitzen dagegen einen Außenblick. Sie sind nicht im Unternehmen sozialisiert worden und nehmen zum Beispiel die Organisationskultur stärker wahr. Sie können sie hinterfragen und die Klienten damit stimulieren. Auch besitzen externe Coaches viele Erfahrungen aus unterschiedlichen Unternehmen. Diese können sie einfließen lassen und den Klienten damit helfen, neue Perspektiven zu erarbeiten. Auch sind sie unabhängiger im mikropolitischen Spiel des Unternehmens. In der Regel wollen die Coaches im Unternehmen nichts »werden«. Die meisten externen Coaches wollen einfach wieder beauftragt werden und nicht viel mehr. Dadurch können externe Coaches unabhängiger reagieren.

Wer bewirkt mehr? Interne oder externe Coaches? Welche Argumente wiegen schwerer? Jones und Kollegen untersuchten genau das und nahmen an, dass externe Coaches stärkere positive Wirkungen produzieren würden als interne. Und jetzt kommt die Überraschung: Externe Coaches bewirkten Effektstärken von $g = 0{,}20$ während interne Coaches eine Stärke von $g = 1{,}40$ erreichten. Wow! Das ist ein ordentlicher Unterschied. Beide Varianten waren also wirksam. Die internen Coaches waren aber deutlich wirksamer.

Laut der Metaanalyse von Jones und Kollegen produzieren interne Coaches stärkere Effekte als externe. Dieser Unterschied fällt deutlich aus.

7.1.3 Sind Psychologen wirksamer als Coaches mit anderem fachlichen Hintergrund?

Schon wieder so eine kniffelige Frage, die die Gemüter erregt. Manch Psychologenkollege posaunt gerne auf einer Konferenz heraus, dass man doch nur als Psychologe der Arbeit als Coach vollends gerecht werden kann. Ich habe zwar Psychologie studiert sowie in dem Fach promoviert und habilitiert, aber ich bin da etwas vorsichtiger. Das hängt auch mit der Erfahrung zusammen, die ich in der Ausbildung von Betriebswirten in den letzten Jahren gemacht habe.

Der Fragestellung des Ausbildungshintergrunds haben sich erneut Sonesh und Kollegen gewidmet. Sie unterscheiden drei Klassen von Fachhintergründen: Psychologen, Nicht-Psychologen und solche, die einen gemischten Expertisegrad besaßen. Psychologen haben eine solide Ausbildung im Bereich Kommunikation sowie Interaktion und können aufgrund ihrer diagnostischen Ausbildung gegebenenfalls besser soziale Prozesse und Persönlichkeiten einschätzen. Vielen Psychologen könnte es aber an betriebswirtschaftlichem Wissen, mikropolitischem Verständnis sowie der betriebswirtschaftlichen Fachsprache ihrer Klienten mangeln. Dadurch kann unter Umständen ein Psychocoach bei seinen Auftraggebern an fachlicher Glaubwürdigkeit einbüßen. Fachliche Glaubwürdigkeit ist ein wichtiger Prädiktor zum Beispiel für die Beziehungsqualität. Man vertraut eher Menschen und lässt sich fallen, wenn man ihnen Fachkompetenz zuschreibt. Dazu kommt, dass Coaches mit einer betriebswirtschaftlichen Ausbildung vielleicht häufiger selbst als Führungskraft gearbeitet haben und dadurch viele Führungsprobleme aus ihrer eigenen Vergangenheit kennen.

Wieder gibt es Argumente, die für die eine oder die andere Seite sprechen. Lassen wir also die Empirie entscheiden. Hier ist der Hinweis wichtig, dass die Anzahl der Studien pro Kategorie eher gering war (Nicht-Psychologen = 2, Psychologen = 3, gemischter Hintergrund = 3). Es lagen nur genügend Ergebnisse für die Wirksamkeit aufseiten der Klienten und nicht der Organisationen vor. Sonesh und Kollegen schlussfolgern aus ihren Ergebnissen, dass Coaches mit gemischtem Hintergrund die wirksamsten Ergebnisse bringen. Psychologen mit zusätzlicher Expertise und z. B. Betriebswirte, die auch psychologische Kenntnisse besitzen (z. B. Wirtschaftspsychologen), scheinen am wirksamsten zu sein. Erneut lasse ich meine Kollegin Heidi Möller eine finale Erklärung für dieses Ergebnis anbieten: »Ein gemischter Hintergrund bedeutet also, dass man in seiner Arbeit auf viele Referenztheorien zurückgreifen kann. Ich glaube, wenn es ein Kriterium für ein gutes Coaching gibt, dann kann man als Coach viele unterschiedliche Perspektiven einnehmen. Wenn die Mehrperspektivität des Beratungsprozesses gewährleistet ist, kann man seinem Klienten am ehesten die adäquate Interventionsebene anbieten« (Möller, Beinicke & Bipp, 2018, S. 179).

Laut der Metaanalyse von Sonesh und Kollegen erreichen Coaches, die einen gemischten Fachhintergrund einbringen, mehr Wirksamkeit als Coaches, die einen rein psychologischen oder einen rein nicht-psychologischen Hintergrund besitzen.

7.1.4 Sind Face-to-Face- oder virtuelle Coachings wirksamer?

Kommen wir zum nächsten Thema der Branche, das kritisch debattiert wird. Die Digitalisierung stoppt nicht vor dem Büro eines Coachs. Die Kommunikationsgewohnheiten der Kunden verändern sich, und so drängen die neuen Medien mit Wucht in die Coachingbranche hinein. Nicht jedem Coach gefällt das. Es wird zumeist der direkte Kontakt zwischen Coach und Klient als höchste Stufe der Zusammenarbeit postuliert. Und mit digitalen Medien zu arbeiten, bedeutet auch, dass Coaches sich neue Kompetenzen erarbeiten müssen (siehe das Interview mit Prof. Dr. Berninger-Schäfer). Das sind keine Kompetenzen, die sich auf das Starten einer App oder den adäquaten Schriftaustausch in einem Chat beziehen. Die Kompetenzen gehen weit darüber hinaus – und das sind Umstellungen, die nicht jedem Coach, aber vielleicht auch nicht jedem Klienten behagen.

Jones und Kollegen widmeten sich in ihrer Metaanalyse der Fragestellung, ob Coachings, in denen Klienten und Coaches direkt, das heißt von Angesicht zu Angesicht, miteinander arbeiten, stärkere Wirkungen erreichen als solche, die mit telefonischen oder schriftlichen (E-Mails/Chats) Anteilen kombiniert werden. Im Interview mit Frau Prof. Dr. Berninger-Schäfer werden Sie feststellen, dass virtuelle Coachings weit über die Nutzung von Chats hinausgehen können.

Lassen Sie mich wie in den anderen Kapiteln auf die Argumente eingehen, die für die eine oder die andere Seite sprechen. Ich möchte Ihnen kurz die Vor- und Nachteile virtueller Formate vorstellen. Dann lassen wir wieder die Empirie ein vorläufiges Urteil sprechen. Die verschiedenen virtuellen Coachingformate eint, dass eine direkte Begegnung zwischen Coach und Klienten nicht mehr nötig ist. Das bringt erst einmal einen gravierenden Vorteil für Coach und Klienten. Die beiden müssen sich nicht mehr persönlich treffen. Dadurch können räumliche Grenzen überwunden werden. So kann ein Klient in einer Auslandsvertretung aus der Zentrale des Unternehmens gecoacht werden. Dies spart Zeit und Reisekosten und ist zusätzlich umweltfreundlich. Anfahrts- und Reisekosten sind häufig das größte Problem für einen selbstständigen Coach, um seine Tätigkeit wirtschaftlich zu gestalten. Für zwei Trainingstage (16h) in einem Brandenburger Seehotel muss der Trainer einmal anreisen und einmal abreisen. Für 16 Coachingstunden im Unternehmen des Kunden reist der Coach, wenn er Pech hat, acht Mal an und ab. Die meisten Coaches sind immer noch stark in Stundenabrechnungen gefangen statt ganze Tagessätze an Unternehmen zu verkaufen (das ist etwas, was man sich aus dem Therapiekontext abgeschaut hat und was den Portemonnaies der Coaches nicht gut tut!). Virtuelle Coachings sind wirtschaftlicher und für zusätzliche Bedarfsgruppen erschwinglich. Ein besonderer Vorteil des Text-Chats ist, dass der Coachingprozess über das Chatprotokoll dokumentiert wird. Beide Seiten können auf das Chatprotokoll in späteren Coachingphasen zurückgreifen und es für aktuelle Anlässe nutzen (z. B. wenn ein Thema zum wiederholten Male auftritt) (Rossett & Marino, 2005). Ein weiterer Vorteil ist, dass durch die Flexibilität des virtuellen Formats ein Coaching dahin geht, »where the action is« (Rossett & Marino, 2005, S. 47). Virtuelles Coaching kann unmittelbar räumlich und zeitlich am Arbeitsplatz genutzt werden (z. B. vor oder nach einem wichtigen Mitarbeitergespräch) und wird damit zu einem Action-Learning-Format.

Zu den Nachteilen gehört, dass die Coachingprozesse und die Coaches in virtuellen Coachings nicht ganzheitlich erfahren werden können. Es fehlen beim Text-Chat z. B. nonverbale Nachrichtenelemente, die von einem Coach oder einem Klienten gesendet werden. Dies kann auf beiden Seiten zu Missverständnissen führen. Darüber hinaus ist schriftliche Kommunikation langsamer und weniger effizient als die direkte Face-to-Face-Kommunikation. Zusätzlich kann es bei einem virtuellen Coaching stärker zu Ablenkungen kommen. Letztlich ist bei virtuellen Coachings auch die Gewährleistung der Datensicherheit eine besondere Herausforderung (siehe auch das Interview mit Frau Berninger-Schäfer).

Kommen wir zu den Ergebnissen der Metaanalyse, die verschiedene Studien miteinander vergleichen konnte. Jones et al. erwarteten stärkere Effekte für die Face-to-Face-Coachings. Das konnte nicht bestätigt werden. Während die Face-to-Face-Coachings eine Effektstärke von $g = 0{,}29$ aufwiesen, war es für die gemischten Formate eine Effektstärke von $g = 0{,}28$. Die beiden Formate unterscheiden sich also nicht in ihrer Wirksamkeit. Ein Coaching, das teilweise online oder telefonisch durchgeführt wird, schneidet nicht schlechter ab als eines, das rein persönlich stattfindet. Wie immer sind das Aussagen auf einer höheren Abstraktionsebene, die nichts darüber verraten, welcher genaue Anteil an Virtualität besonders wirksam oder unwirksam ist.

Ich finde das Thema »Virtuelles Coaching« für die Zukunft des Coachings so wichtig, dass ich dafür ein Interview mit Frau Prof. Dr. Berninger-Schäfer in das Buch eingebaut habe. Sie ist die Pionierin des virtuellen Coachings in Deutschland und die erfahrenste Expertin in diesem Bereich, die ich kenne. Sie weiß sehr viel mehr über das Thema als ich. Lernen Sie deswegen von Frau Berninger-Schäfer, was Sie bei einem virtuellen Coaching beachten sollten, damit es wirksam wird.

Laut der Metaanalyse von Jones und Kollegen unterscheiden sich Face-to-Face-Coachings nicht in ihrer Wirksamkeit von Coachings, die virtuelle Elemente nutzen.

Infobox 3: Wie werden virtuelle Coachings wirksam?

Frau Prof. Dr. Elke Berninger-Schäfer ist Psychologin und hat verschiedene therapeutische Zusatzausbildungen absolviert. Seit mittlerweile 20 Jahren ist sie im Bereich Arbeits- und Organisationspsychologie tätig. Sie ist die Inhaberin des Karlsruher Instituts mit den Schwerpunkten Führung, Gesundheit und Coaching und hat 2013 eine IT-Firma (CAI GmbH) gegründet, um Online-Anwendungen in Coaching, Therapie und Supervision sowie in Digital Leadership und Agile Management umzusetzen. Sie ist Professorin an der Hochschule der Wirtschaft für Management in Mannheim und Mitherausgeberin der ersten deutschsprachigen wissenschaftlichen Coaching-Zeitschrift mit dem Namen »Coaching – Theorie und Praxis«, die im Springer-Verlag veröffentlicht wird. Ihr Buch »Online-Coaching« ist 2018 bei Springer erschienen.

Interviewer: Welche Chancen und Herausforderungen sehen Sie allgemein in der Nutzung virtueller Coachings?

Prof. Dr. Elke Berninger-Schäfer: Die Chancen, die erst einmal vordergründig auf der Hand liegen, sind zum einen die Zeit- und Ortsunabhängigkeit von Coaching sowie auch die Mobilität und Flexibilität, Schlagwörter in der heutigen digitalen Arbeits- und Lebenswelt. Das heißt, wir können Coaching von jedem Ort und zu jeder Zeit durchführen. Das bedeutet, dass Kosten dadurch geringer werden, dass die Anfahrtszeiten wegfallen und die Ausfallzeiten nicht so groß sind. Als weitere Chance sehe ich, dass man Coaching nach definierten Qualitätsstandards überall anbieten kann. Weitere Punkte sind, dass wir die Möglichkeit haben, die Coaching-Formate zu verändern. Das heißt, dass wir nicht mehr alle paar Wochen eine lange Coaching-Sitzung haben, sondern dass wir Klienten engmaschig begleiten können – on the Job, in kürzeren Einheiten, was auch die Effektivität von Coaching verstärkt. Hierzu gibt es auch entsprechende Forschung. Wir haben weiterhin die Möglichkeit der Anonymisierbarkeit beim Online-Coaching. Wir führen zum Beispiel gerade ein Projekt mit der Ärztekammer durch – hochspannend – wie sehr das in Anspruch genommen wird, wenn die Möglichkeit besteht, dass man anonym Hilfe erhält. Das Angebot wird niederschwellig und leichter zugänglich. Und wir haben auch die Möglichkeit, Coaching »on demand« durchzuführen. Das heißt, die Klienten haben keine lange Wartezeit mehr, sondern können ihren Coach sehr schnell in einem virtuellen Raum kontaktieren und sich auch in einem definierten Zeitrahmen online treffen. Das liegt dann an den Coaches, welchen Zeitrahmen sie zur Verfügung stellen. Oder sie können schon einmal asynchron anfangen zu arbeiten. Inhaltliche Chancen sehe ich zum Beispiel darin, dass wir eine hohe Fokussierung im Geschehen haben. Die Klienten kommen sofort zur Sache, und dadurch werden sie effektiver. Eine andere Geschichte ist, dass die Selbstreflexion der

Klienten dadurch steigt, dass sie bestimmte Teile auch verschriftlichen, je nachdem, ob man auch schreibbasiert arbeitet im Online-Coaching.
Das wären mal so ein paar Beispiele, die ich sehe. Das sind auch Dinge, die wir einfach schon erlebt haben. Wobei wir hier an dieser Stelle noch klären müssen, worüber wir sprechen. An dieser Stelle möchte ich Sie einmal kurz fragen, was Sie für ein Bild haben, wenn wir vom virtuellen Coaching oder Online-Coaching sprechen?

Interviewer: Wir verstehen darunter zum einen synchrones Arbeiten, also die Arbeit mit Telefon, Skype, Whiteboards im Internet und auch Virtual Reality. Asynchron wäre für uns die Arbeit mit E-Mails oder Chatsystemen und auch Kombinationsmöglichkeiten per SMS oder WhatsApp.

Berninger-Schäfer: Also bevor ich noch auf die Herausforderungen eingehe, möchte ich an dieser Stelle gleich sagen, dass ich mit vielen Punkten überhaupt nicht mitgehen kann. Beim professionellen Coaching dürfen wir nicht skypen, wir dürfen nicht mailen, es darf keine SMS oder WhatsApp geben. Das hat etwas mit Datensicherheit zu tun. Immer, wenn Sie einen kostenlosen Dienst benutzen, zahlen Sie mit Ihren Daten. Das ist ein absolutes No-Go. Und das ist natürlich schon eine erste Herausforderung.
Ein professioneller Coach ist zum Datenschutz verpflichtet und muss Datensicherheit gewähren können. Das heißt, er muss sich auskennen. Er muss aussagefähig sein, wenn er bestimmte Plattformen benutzt. Wo steht der Server? Steht er in Deutschland oder steht er in Dublin oder steht er in Amerika? Dann gelten jeweils unterschiedliche Rechtssysteme. Das werden wir auch ganz häufig gefragt von den Klienten: Wie garantieren Sie Datensicherheit? Und hier ist das Thema Verschlüsselung, SSL-Zertifikate, Standort des Servers in Deutschland oder in der Schweiz wichtig.
Also bei den Herausforderungen haben wir die Datensicherheit, Barrierefreiheit – und die dazugehörigen gesetzlichen Regelungen – und die größte Herausforderung, die ich erlebe, ist die Akzeptanz der Coaches. Die Akzeptanz von Online-Vorgehensweisen durch die Coaches. Sie haben häufig ein sehr festgefahrenes Mindset, dass nur die Face-to-Face-Begegnung eine bestimmte Form der Beziehungsgestaltung und der Arbeit ermöglicht.

Interviewer: Interessant! Wir hatten ja zuvor schon einmal kurz die Methoden angesprochen und geklärt, was zulässig ist und was eher nicht. Welche Methoden verbessern denn Ihrer Meinung nach besonders die Wirksamkeit eines virtuellen Coachings?

Berninger-Schäfer: Ich würde Ihnen an der Stelle gerne mitteilen, was für mich ganz wichtig ist, bevor wir über einzelne Methoden sprechen, ich zähle sie nachher auf.

Ich habe, als ich damit vor einigen Jahren anfing, Verschiedenes ausprobiert. Ich habe einzelne Tools ausprobiert, die es auf dem Markt gibt, ich habe 2D- und 3D-Welten ausprobiert und so weiter. Es gibt zum Beispiel das Tool Fragesets. Dann gibt es Aufstellungstools und so weiter. Ich kann mir nicht ein Tool nehmen und dann schauen, wie ich mit dem Klienten kommuniziere. Da brauche ich noch einen Kommunikationskanal dazu. Wenn ich mit mehreren Tools arbeite, muss ich mir vielleicht unterschiedliche holen. Die wiederum brauchen unterschiedliche Voraussetzungen seitens des PCs.
Ich habe mit dreidimensionalen Welten gearbeitet, die nach meinen Anweisungen gestaltet worden sind, damit ich das Coaching sinnhaft durchführen kann. Die musste man zum Beispiel downloaden. Das geht bei bestimmten Firmen nicht aufgrund der Firewalls. Es geht auch bei bestimmten PCs nicht wegen der Grafikkarte. Und deswegen habe ich eine Plattform gebaut, die CAI World, denn ich brauche, ohne dass ich mich groß darum kümmern muss – ich bin ja Coach und kein ITler – eine Plattform, über die ich kommunizieren kann. Das heißt, ich drücke auf einen Knopf und habe ein Video zur Verfügung, ich habe Voice-over-IP zur Verfügung oder wir arbeiten eben schreibbasiert. Das heißt, ich brauche die Multimedialität.
Dann brauche ich eine Prozesssteuerung mit bestimmten Prozessphasen, Ich habe die sogenannte Karlsruher-Schule entwickelt, ein Coaching-Konzept, welches empirisch fundierte Wirkfaktoren im Coaching berücksichtigt und aus dem sich ein Prozessablauf ableiten lässt. In der Online-Variante auf der CAI Plattform sind die einzelnen Phasen mit Fragen hinterlegt. Coaches können im Prinzip auf die Phase klicken, und dann gehen bestimmte Fragen auf. Diese können sie nutzen, müssen es aber nicht. Sie müssen ja frei sein, um im Prozess flexibel agieren zu können.
Und dann habe ich noch zusätzliche Tools integriert. Für mich geht es um die Kombination zwischen Multimedialität – verschiedene Kommunikationskanäle, sehen, hören, sprechen, schreiben, lesen – plus Prozess plus Tools. Die Plattform, die ich einsetze, hat erst einmal übliche, unspezifische Tools, was alle möglichen Plattformen anbieten: ein Whiteboard, damit ersetze ich Flipchart, Kärtchen und Pinnwand, man kann darauf schreiben, zeichnen und so weiter; dann natürlich einen Chat. Ich setze aber auch das Soziogramm und Bildergalerien als coachingspezifische Online-Tools ein, damit assoziativ gearbeitet werden kann. Online-Coaching ist für mich nicht nur eine rein kognitive Vorgehensweise. Wir arbeiten auch mit Aufstellungsfiguren, mit verschiedenen Kreativitätstools, diese haben wir selbst entwickelt und programmiert. Diese Online-Tools kann ich dann ganz flexibel einsetzen, um meinen Prozess zu steuern. Das machen wir zweidimensional. Mir ist ganz wichtig – nach den Erfahrungen, die ich vorher gemacht habe –, dass wir rein browserbasiert arbeiten. Das heißt, dass wir keine hohen Anforderungen an die Grafikkarte des PCs haben, sodass es auch in den Firmen einfach einsetzbar ist. Manchmal installieren wir die CAI-World auch auf den internen Servern der Firmen. Das ist auch kein Problem.

Aber wie gesagt, für mich ist es entscheidend, dass ich die Tools, die ich gerade genannt habe, alle dahabe und per Klick aktivieren kann, sodass ich ganz bei meinem Klienten bleiben und prozesshaft arbeiten kann. Haben Sie denn eine ungefähre Vorstellung gewonnen, was ich meine?

Interviewer: Ja, es geht um die Einfachheit insgesamt und dass die technischen Herausforderungen für beide Seiten eigentlich relativ einfach gehalten sein müssen, damit man sich auf das Coaching an sich konzentrieren kann. Deshalb ist die Kombination aus Multimedialität, den Tools und dem Prozess so wichtig.

Berninger-Schäfer: Ganz genau. Es ist diese Kombination und dass ich darüber hinaus auch einen Support habe. Bei Internetschwankungen kann es Unterbrechungen geben, da muss es eine »fall-back«-Lösung geben. Ich muss auch vorher mit den Klienten verabreden, was wir in solchen Fällen machen. Und ich habe den Support, den ich sofort aktivieren kann und der mich dann unterstützt. Das finde ich auch ein hohes Qualitätsmerkmal von Online-Coaching, dass ich dort nicht allein auf weiter Flur stehe und dann klappt es oder klappt es nicht, sondern dass ich das sicherstellen kann.

Interviewer: Im Coachingprozess scheinen auch Klientenmerkmale eine Rolle zu spielen. Welche Klientenmerkmale oder Konstrukte halten Sie für wichtig, damit ein virtuelles Coaching wirksam wird?

Berninger-Schäfer: Ich glaube, dass Klienten eine gewisse Offenheit brauchen, um sich darauf einzulassen. Wenn ich Klienten frage: »Möchten Sie auch, dass wir online arbeiten?«, sagen sie erstmal: »Nee, nee ich will zu Ihnen kommen.« Sie haben gar keine Vorstellung davon, was Online-Coaching sein kann, übrigens viele Coaches auch nicht.
Ich mache es deswegen so: In meinen Face-to-Face-Sitzungen stelle ich inzwischen den PC auf den Tisch und schreibe nicht mehr auf das Flipchart, das auch im Raum steht, sondern mache eine virtuelle Sitzung auf, wo ich all das zur Verfügung habe, was ich vorhin beschrieben habe. Und dann frage ich den Klienten: »Möchten Sie, dass ich Ihnen hier den Zugang gebe für unsere gemeinsame Sitzung? Das ist datengesichert. Da sind nur wir beide drinnen und Sie können sogar weiterarbeiten, wann Sie mögen.« Alle wollen es dann haben und tun es auch.

Interviewer: Trotz vielfältiger Möglichkeiten, neue Medien im Coaching zu integrieren, gibt es wahrscheinlich auch limitierende Faktoren, die es in einem virtuellen Coaching-Prozess zu berücksichtigen gilt. Welche Bedingungen müssen Ihrer Meinung nach gegeben sein, damit ein virtueller Coaching-Prozess erfolgreich wird?

Berninger-Schäfer: Es ist das, was ich schon einmal gesagt habe, dass ich die Kombination brauche: verschiedene Kommunikationskanäle plus Tools plus Prozess plus Datensicherheit plus Support. Wenn ich das nicht habe, dann bin ich gehandicapt. Aber das wirklich Entscheidende ist die Kompetenzerweiterung der Coaches. Und zwar brauchen die Coaches Medienkompetenz. Sie müssen Medien einordnen und bedienen können. Dann brauchen sie eine Medienkommunikationskompetenz. Zum Beispiel, wenn wir online zusammenarbeiten, muss ich auf eine bestimmte Art und Weise schreiben. Ich kann nicht, wenn wir synchron zusammen sind, lange Texte schreiben, auch nicht asynchron. Hierzu gibt es wertvolle Forschungsergebnisse, z. B. von Ribbers und Waringa. Also ich muss anders schreiben, anders hören, anders sprechen, anders lesen können. Das meine ich mit Medienkommunikationskompetenz. Und sie brauchen als Drittes die Prozessführungskompetenz. Sie müssen wissen: Was ist ein Coaching-Prozess, wie steuere ich den, wie mache ich das online und wie gehe ich mit Online-Tools um? Und das ist für mich der entscheidende Faktor – ich habe es schon mehrfach gesagt –, die Bereitschaft der Coaches, sich zu professionalisieren.

Interviewer: Eine weitere Frage hätte ich noch zur Beziehung zwischen Coach und Klient: Sind Wertschätzung und emotionale Unterstützung durch den Coach Grundvoraussetzung für eine gute Arbeitsbeziehung im Coaching?

Berninger-Schäfer: Richtig. Das gilt natürlich genauso für Online-Coaching, da bleibt die Beziehungsgestaltung ebenfalls die Basis des Tuns. Und jetzt komme ich auch wieder mit der Professionalisierung von Coaches. Sie müssen wissen: Wie mache ich die Ansprache, wie begrüße ich, wie stelle ich mich auf die Sprache des Klienten ein, insbesondere wenn wir auch schriftlich kommunizieren? Ist es jetzt ein über 60-jähriger Vorstand, mit dem ich gerade kommuniziere, oder ist es ein Studierender – die inzwischen auch Coaching in Anspruch nehmen können und eine komplett andere Sprache haben. Die Coaches müssen sich einstellen können auf die Sprache, damit sie sie abholen können.
Empathie muss rüberkommen. Ressourcenaktivierung muss rüberkommen. Denn nur wenn die Klienten sich gestärkt fühlen, sich in ihrer Selbstwirksamkeit erleben, werden sie weitermachen. Man kann das unterstützen, indem die Selbstreflexivität der Klienten erhöht wird. Das passiert zum Beispiel, wenn man – auch wenn man miteinander spricht – kleine Schreibeinheiten macht, dass Klienten zwischendurch weiterarbeiten dürfen, dass man sie sekundiert, also bei ihnen ist. Ich lasse meine Klienten im Onlinegeschehen nicht wochenlang alleine zum Beispiel.
Wir haben hier verschiedene Ebenen: die Art der Kommunikation, Kenntnis über Formulierungen – z. B. positive Konnotation, Akronyme, usw. –, ausschließlich positives Feedback, wenige, fokussierende Kernbotschaften in kurzen Kommunikationseinhei-

ten. Damit wird die Beziehung gestaltet und gehalten, und sie kann sehr gut gehalten werden, wenn man eben mehrere kürzere Einheiten, Transfereinheiten zum Beispiel, dazwischenschiebt. Da haben wir sogar mehr Chancen durch das Onlinegeschehen.

Interviewer: Eine letzte Frage: Wie wird sich der Markt für virtuelles Coaching in den kommenden zehn Jahren entwickeln?

Berninger-Schäfer: Ich rechne mit einer großen Formatvielfalt. Es werden viele neue Plattformen kommen, dies geschieht schon. Da passiert auch viel Scharlatanerie. Da wird – zum Beispiel was Xing gerade macht – den Coaches wirklich Geld aus der Tasche gezogen, damit sie sich dort präsentieren können, obwohl keine Qualitätssicherung stattfindet und auch keine Filterung nach bestimmten Qualitätskriterien möglich ist. Ich denke, der Wildwuchs wird einerseits zunehmen. Parallel wird die Professionalisierung in bestimmten Segmenten größer werden. Es müssen Qualitätsstandards definiert werden, Qualitätssicherungskriterien, Datensicherungsstandards usw.
Ich gehe davon aus, dass es zu einer Kombination kommen wird zwischen Online-Coaching-Sequenzen mit Coach, dazwischen onlinegestützte Selbstcoaching-Sequenzen, Einsatz von Apps, Coaching in zwei- und dreidimensionalen Online-Welten, und es entstehen neue Businessmodelle für Coaches, zum Beispiel – das passiert auch jetzt schon – dass Coaches Flats anbieten. Also man zahlt einen bestimmten Betrag im Monat und dafür kann man so und so viele Stunden mit einem Coach, Selbstcoaching-Einheiten usw. in Anspruch nehmen, wenn man möchte. Wenn man es nicht tut, dann ist es auch egal. Es ist so ähnlich wie im Sportstudio. Man bezahlt seinen Monatsbeitrag, egal, ob man hingeht oder nicht. Also da denke ich, werden ganz neue Modelle entstehen.

Interviewer: Vielen Dank auch noch für diese Informationen. Danke auch an der Stelle, dass Sie sich Zeit für uns genommen haben.

Die Interviewfragen wurden von Sabine Berndt und Marcel Herold im Rahmen des von Carsten C. Schermuly geleiteten Masterstudienprojekts »Wirksamkeit von Coaching« entwickelt. Das Interview führten Sabine Berndt und Marcel Herold. Das Gespräch wurde von Carsten C. Schermuly für das Buch gekürzt.

7.2 Coachvariablen

Die metaanalytisch abgesicherten Wirkfaktoren habe ich Ihnen vorgestellt. Alle weiteren Faktoren, die ich Ihnen nun präsentiere, sind nicht in vielen verschiedenen Studien auf ähnliche Weise geprüft worden. Es gibt so viele verschiedene potenzielle Wirkfaktoren, und aufgrund der kleinen Stichproben sind immer nur wenige in einer Studie prüfbar. Dennoch möchte ich mich wissenschaftlich absichern. Deswegen versuche ich, wann immer es geht, mich an dem Modell von Greif (2008, 2014) zu orientieren, das ich Ihnen schon weiter oben vorgestellt habe. Wenn es die Empirie nicht richten kann, dann muss es halt die Theorie. Ich hoffe, Sie sehen mir nach, dass ich Ihnen nicht aus dem Bauch heraus irgendwelche einfachen Wahrheiten zu den Wirkfaktoren von Coaching vermitteln möchte. Coaching ist eine sehr, sehr komplexe Angelegenheit, dessen Problemfelder ein subjektiver Professorenbauch alleine nicht zu lösen vermag.

7.2.1 Fachwissen

Greif unterscheidet zwischen psychologischem und methodischem Wissen sowie Wissen bezüglich des Arbeitsfeldes und der Tätigkeit des Klienten, die wichtig für einen wirksamen Coach sind. Wie Sie in Kapitel 7.1.3 gelernt haben, sind es die Coaches mit einem gemischten Hintergrund, die mit wirksameren Coachings in Verbindung gebracht werden. Welches Wissen aus der Psychologie könnte wichtig für ein erfolgreiches Coaching sein? Zur Beantwortung dieser Fragestellung landet man schnell im Bereich der Arbeits- und Organisationspsychologie. Ganz grob ausgedrückt beschäftigt sich die Arbeits- und Organisationspsychologie mit dem Verhalten und Erleben von Menschen während der Arbeit beziehungsweise in Organisationen. Das »beziehungsweise« ist wichtig, denn »gearbeitet wird nicht nur in Organisationen, und in Organisationen wird nicht nur gearbeitet« (Wiswede, 1993, S. 93). Die Liste kann noch lange weitergeführt werden, aber folgende Themengebiete aus der Psychologie sehe ich als besonders wichtiges Basiswissen für Coaches an:

- Stellenwert und Funktionen von Arbeit für Menschen
- verschiedene Blickwickel auf Organisationen
- Organisationsentwicklung
- Organisationskultur
- Personalentwicklung
- Gruppendynamiken in Arbeitsteams
- interpersonale Führung und Führungsmodelle

- Ursachen und Konsequenzen von Arbeitszufriedenheit
- motivations- und lernpsychologische Grundlagen
- Ursachen und Konsequenzen von Arbeitsmotivation
- Entscheidungspsychologie
- Arbeitsgestaltung
- Kommunikationspsychologie
- Übertragungs- und Gegenübertragungsprozesse

Immer wichtiger wird für Coaches auch Wissen aus dem Bereich »Arbeit und Gesundheit«. Hier grenzt die Arbeits- und Organisationspsychologie an die klinische Psychologie. Coaches sollten zum Beispiel wissen, was ein Burnout von einer Depression unterscheidet. Sie sollten Stressmodelle kennen sowie mehr als »nur« persönliche Erfahrungen aus dem Bereich Work-Life-Balance besitzen. Der zweite große Expertisebereich im Coaching ist die Betriebswirtschaftslehre (BWL). Viele Führungskräfte, die sich coachen lassen, beziehen aus diesem Bereich ihr Fachwissen und ihre Fachsprache. Aus der BWL sehe ich folgendes Fachwissen für einen wirksamen Coach als wichtig an:

- allgemeine Betriebswirtschaftslehre
- Aufbau von Organisationen
- strategische Unternehmensführung
- Macht und Mikropolitik in Organisationen
- Wissens- und Innovationsmanagement
- Zusammenarbeit mit Betriebsräten
- Entrepreneurship
- Arbeitsrecht
- Personalmanagement
- Changemanagement

Je nach Tätigkeitsfeld der Klienten (Marketing, Controlling, Vertrieb) kann weiteres betriebswirtschaftliches Wissen wichtig sein, um die Arbeitsrealität des Klienten zu verstehen und sich entsprechend auf ihn einlassen zu können. Wenn ein Coach z. B. einen Klienten coacht, damit dieser besser in Vorstandssitzungen seine Argumente vertritt, so könnte es durchaus hilfreich sein, die Themengebiete, die dort besprochen werden, nachvollziehen zu können. Auch ist es wichtig, die Sprache von Betriebswirten verstehen und auch sprechen zu können. Frau Berninger-Schäfer spricht im Interview davon, dass man sich sprachlich auf den Klienten einstellen muss, damit man ihn abholen kann.

Weiterhin benennt Greif (2008) methodisches Wissen als Voraussetzung für einen wirksamen Coach. Bei den Methoden sollten Coaches nicht nur wissen, wie eine Methode eingesetzt wird, sondern auch wann und warum. Um Methoden wirksam einsetzen zu können, ist z. B. diagnostisches Methodenwissen unerlässlich. Der Coach muss die Lebens- und Arbeitssituation eines Klienten adäquat explorieren können, um dann die richtige Intervention auszusuchen und einzusetzen. Aber auch das Wissen über das breite Wirkungsspektrum von Coaching ist wichtig, um mit den Klienten ein angemessenes Erwartungsmanagement zu betreiben. Methodisches Wissen aus der Systemtheorie und systemtheoretisches Denken kann, meiner Meinung nach, weiterhin einem Coach behilflich sein.

Als weiteren Wissensbereich wird bei Greif (2008) das sogenannte Feldwissen benannt. Der Coach sollte über die Lebens- und Berufsrealitäten der Klienten Bescheid wissen. Wenn es sich beim Klienten nicht um einen Betriebswirt handelt, kann das notwendige Wissen weit über die BWL hinausgehen. Wir hatten das Thema schon bei den metaanalytischen Ergebnissen und auch oben beim betriebswirtschaftlichen Wissen. Coaches müssen zumindest grob wissen, wie die Organisation und gegebenenfalls die Produkte eines Unternehmens funktionieren. Wissen über die Branche und die Organisationsart (zum Beispiel Start-up) können ebenfalls wichtig sein, um ein wirksamer Coach zu sein. Wenn Ärzte oder Offiziere gecoacht werden, dann ist es hilfreich zu wissen, wie ein Krankenhaus oder eine Kaserne funktionieren. Auch ist es wichtig, dass ein Führungskräftecoach eigene Erfahrungen mit dem Thema Führung gesammelt hat. Und da reicht es in der Regel nicht, dass man bei der Fortuna Bottrop eine Jugendmannschaft trainiert hat.

Coaches sollten psychologisches, betriebswirtschaftliches und methodisches Wissen sowie ausreichendes Feldwissen aus dem Arbeitsgebiet des Klienten für ein wirksames Coaching besitzen.

7.2.2 Persönlichkeitseigenschaften und Fähigkeiten

Persönlichkeitseigenschaften und Fähigkeiten sind Dispositionen, die zumindest mittelfristig zeitlich stabil sind und das Verhalten und Erleben von Menschen in unterschiedlichen Situationen bestimmen (Asendorpf, 2009). Im Gegensatz zu den Fachkompetenzen sind klassische Persönlichkeitsfaktoren nur schwer veränderbar. Aus einem introvertierten Coach wird nicht durch ein Wochenendseminar ein extravertierter. Dieses Kapitel bleibt kurz, weil es in diesem Bereich kaum Forschung gibt. Wir sind auf theoretische und logische Überlegungen ohne Empiriestützung angewiesen. Nachtwei und Heller (2018) erhoben Persönlichkeitsvariablen bei 314 Coaches (69 Prozent weiblich; Altersdurchschnitt = 48 Jahre). Sie testeten die emotionale Belastbarkeit, Extraversion, Gewissenhaftigkeit, geistige Flexibilität, Leistungsmotivation, Risikoneigung und Teamorientierung der Coaches. In zwei Dimensionen unterschieden sich die Coaches von der Durchschnittsbevölkerung. Laut Nachtwei und Heller waren Coaches geistig flexibler und weniger leistungsmotiviert. Den Coaches war Ideenreichtum, der Stellenwert von Wissen und Weiterbildungen wichtiger als dem Durchschnitt. Sie waren aber weniger an Wettbewerb und dem Erreichen von Leistungsstandards interessiert. Leider haben die Autoren keine Informationen zu den Wirkungen dieser Persönlichkeitsmerkmale auf Coachingergebnisse erhoben. Deswegen wissen wir zwar nun, wo die Besonderheiten der durchschnittlichen Coachpersönlichkeit liegen. Wir wissen aber noch nicht, welche Faktoren die Coachingwirkungen beeinflussen.

Egal ob Face-to-Face oder online, ein Coaching wird von zwischenmenschlicher Kommunikation geprägt. Deswegen schlägt Greif (2008) sprachliche Fähigkeiten als einen wichtigen Einflussfaktor vor. Man könnte das auch verbale Intelligenz nennen. Dazu gehören zum Beispiel die Wortflüssigkeit, das sprachliche Denken, die sprachliche Merkfähigkeit und andere kommunikativ-kognitive Fähigkeiten. In manchen Intelligenzmodellen würde auch noch die sprachliche Kreativität diesem Bereich zugeordnet.

Wie macht sich verbale Intelligenz in einem Coaching bemerkbar? Ein verbalintelligenter Coach kann besser formulieren und dadurch Fragen stellen, die das Problem beim ersten oder zweiten Mal treffen und nicht erst nach einer Viertelstunde. In einem Coaching sollte jedoch vor allem der Klient zu Wort kommen, und auch beim Zuhören kann verbale Intelligenz eine sehr hilfreiche Kompetenz sein. Wenn der Klient größere Mengen an Informationen vorstellt, die er teilweise ungeordnet präsentiert, so kann der verbal intelligente Coach die Themen besser sortieren, sich mehr Inhalte merken und dadurch besser zusammenfassen. Aktives Zuhören gelingt dadurch besser und der Klient fühlt sich besser verstanden.

Greif geht aber über die verbale Intelligenz hinaus und weist auf die Wichtigkeit der generellen intellektuellen Fähigkeiten hin. Es gibt in den Führungsetagen deutscher Unternehmen viele clevere Leute. Intelligenz ist der beste Prädiktor für beruflichen Aufstieg, den man in der Persönlichkeitspsychologie finden kann (Asendorpf, 2009). Das bedeutet, dass von einer Hierarchiestufe zur nächsten die Intelligenz der Führungskräfte im Durchschnitt zunimmt. Coaches, die ihren Klienten intellektuell nicht gewachsen sind, haben es in so einer Konstellation schwerer, von den Klienten angenommen zu werden und die Beziehungsarbeit erfolgreich zu gestalten. Das ist ähnlich wie im Führungsbereich. Einem Chef, der blöder ist als man selbst, folgt man nicht gern.

Im Bereich der Persönlichkeitseigenschaften und Fähigkeiten benennt Greif weiterhin die Selbstreflexionsfähigkeiten der Coaches sowie die Fähigkeit, sich selbst zu regulieren und zu beruhigen, als wichtige Coachkompetenzen. Selbstreflexion bedeutet, eine Klarheit über die eigenen Gefühle und die Wirkungen des eigenen Verhaltens auf die Klienten zu besitzen (Greif, 2008). Ich weiß als Coach, was ich fühle und was meine Gefühle und mein Handeln beim Gegenüber auslösen. Bei der Selbstberuhigung geht es um die Fähigkeit, eigene Gefühle, vor allem auch negative, zu regulieren und sich dadurch beruhigen zu können (Greif, 2008). Coaches, die Klarheit über ihre eigenen Gefühle haben und ihre negativen Gefühle in einem Coaching regulieren können, können sich stärker kognitiv, aber auch affektiv auf ihre Klienten konzentrieren, was dem Coachingprozess und dem Klienten zugutekommt.

Zum Schluss möchte ich noch einmal auf die Überlegungen zum narzisstischen Missbrauch von Astrid Schreyögg und Christopher Rauen verweisen. Ein narzisstischer Missbrauch wird von Narzissten begangen und schadet der Wirksamkeit des Coachings. Der Coach mit einer stark narzisstisch ausgeprägten Persönlichkeit ist nicht für seine Klienten da, sondern benutzt diese zur Kompensation seiner eigenen Bedürftigkeit. Daher sollte starker Narzissmus die Wirksamkeit eines Coachs einschränken. Ich habe Ihnen in Infobox 4 ein paar Informationen zur narzisstischen Persönlichkeitsstörung zusammengefasst. Die narzisstische Störung ist sicherlich die Extremvariante des Narzissmus. Aber auch mildere Formen können die Beziehungsarbeit in einem Coaching stören und damit die Wirksamkeit schmälern. Und das Schlimme ist: Der Narzissmus ist ich-synton. Der Narzisst und damit auch der narzisstische Coach bemerkt nicht, dass er ein Narzisst ist. Dazu mehr in Infobox 4.

Infobox 4: Die narzisstische Persönlichkeitsstörung – Kriterien aus dem DSM-V

Die narzisstische Persönlichkeitsstörung ist eine extreme Ausprägung von Narzissmus. Menschen mit Persönlichkeitsstörungen bemerken selbst ihre Störung nicht, weil diese als ich-synton erlebt wird. Das bedeutet, dass die Merkmale als zu einem zugehörig und dadurch nicht störend erlebt werden. Doch das soziale Umfeld bemerkt die Eigenarten. Und deswegen landen manche Narzissten in einer psychotherapeutischen Behandlung, aber nicht zwangsläufig wegen ihrer Persönlichkeitsstörung, sondern weil ihr soziales Umfeld sich von ihnen abwendet. Eine Partnerschaft zerbricht oder der Narzisst scheitert erneut im Beruf. Eine daraus resultierende Depression führt dann zu einem Behandlungswunsch, aber nicht der Narzissmus, der in der Regel erst spät in der Psychotherapie entdeckt wird.
Ich gehe nicht davon aus, dass viele Coaches im klinischen Bereich auffällig sind, doch wird einem über die Kriterien und die Extremform bewusst, was einen sehr starken Narzissten ausmacht und dass auch mildere Formen dieses Persönlichkeitsmerkmals zu langfristigen Beziehungsschwierigkeiten führen können. Häufig werden Persönlichkeitsstörungen wie der Narzissmus auch als Interaktionsstörungen bezeichnet, weil sie so deutlich Beziehungen beeinträchtigen. Die unten aufgeführten Kriterien

stammen aus dem DSM-V, dem neuesten Klassifikationssystem für klinische Störungen der amerikanischen Psychologenvereinigung. Mindestens fünf der folgenden Kriterien müssen erfüllt sein, damit von einer narzisstischen Persönlichkeitsstörung ausgegangen werden kann:

- grandioses Gefühl der eigenen Wichtigkeit (z. B. Übertreibung eigener Leistungen und Talente; die Personen erwarten, ohne entsprechende Leistungen als überlegen anerkannt zu werden)
- starke Beschäftigung mit Fantasien grenzenlosen Erfolgs, Macht, Glanz, Schönheit oder idealer Liebe
- Überzeugung einzigartig zu sein und nur von anderen besonderen Menschen und Institutionen verstanden zu werden
- verlangt nach übermäßiger Bewunderung
- hohes Anspruchsdenken (z. B. bevorzugte Behandlung)
- tritt in zwischenmenschlichen Beziehungen ausbeuterisch auf
- Empathiemangel
- starke Beschäftigung mit dem Thema Neid (häufig neidisch auf andere oder glaubt, andere seien neidisch auf ihn/sie)
- arrogante, überhebliche Verhaltensweisen oder Haltungen

Der narzisstische Coach stilisiert sich zum Erlöser, doch schafft er damit keine Lösungen, sondern neue Probleme (Schreyögg & Rauen, 2002). Daher scheint mir Narzissmus ein der Wirksamkeit eines Coachs besonders abträglicher Persönlichkeitsfaktor zu sein. Ich gebe aber zu: Das macht theoretisch Sinn, doch gibt es dazu im Coachingbereich noch keine empirische Literatur. Anders sieht es im Führungskontext aus. Besonders eindrucksvoll ist hier die Studie von einem Forscherteam der Universität Amsterdam (Nevicka, Ten Velden, De Hoog & Van Vianen, 2011). Sie ließen in einem experimentellen Setting Gruppen Personalentscheidungen treffen. Die Informationen über die Kandidaten waren über die Gruppenmitglieder verteilt, sodass die Aufgabe besonders gut zu lösen war, wenn die Gruppenmitglieder ihre Informationen möglichst weitreichend austauschten. Die Wissenschaftler waren clever und erhoben die wahrgenommene Effektivität der Führungskraft, aber auch die tatsächliche Leistung der Gruppe. Und hier zeigten sich deutliche Unterschiede: Je narzisstischer die Führungskraft in der Gruppe war, desto effektiver wurde sie durch die Gruppenmitglieder wahrgenommen. Vor allem schrieben die Teammitglieder den Narzissten mehr Autorität zu, die wiederum mit mehr Zuschreibung von Führungsleistung einherging. Wenn aber die tatsächliche Leistung in der Aufgabe gemessen wurde, so sahen die Ergebnisse genau umgekehrt aus. Je narzisstischer die Führungskraft war, desto schlechter war die Gruppenleistung. Das wurde durch den Informationsaustausch vermittelt. Je stärker der Narzissmus, desto weniger wichtige Informationen wurden durch die Gruppenmitglieder ausgetauscht, was zu schlechterer Leistung führte. Wären diese Ergebnisse auf den Coachingbereich übertragbar, so würde dies bedeuten, dass narzisstische Coaches nicht unbedingt schlechter auf der ersten Evaluationsebene von Kirkpatrick evaluiert werden würden, doch bringen sie womöglich durch eine gestörte Kommunikation schlechtere Coachingwirkungen auf den höheren Ebenen von Kirkpatrick hervor.

Verbale Intelligenz, allgemeine Intelligenz, geringer Narzissmus sowie Selbstreflexions- und Selbstberuhigungsfähigkeiten sind Kandidaten für Persönlichkeitsfaktoren und Fähigkeiten aufseiten der Coaches, die die positiven Wirkungen eines Coachings beeinflussen können.

7.2.3 Soziale Kompetenzen

In den sogenannten Dual-Concern-Modellen (z. B. Blake & Mouton, 1964 oder Pruitt & Rubin, 1986) wird unter sozialer Kompetenz verstanden, dass Menschen in sozialen Situationen ihre eigenen Bedürfnisse und die ihrer Interaktionspartner gleichzeitig gewährleisten. Ich setze meine Interessen durch, aber berücksichtige auch die Interessen meines Gegenübers. Deswegen provoziert man in vielen Assessmentcentern Ressourcenkonflikte und beobachtet, ob der Kandidat nur seine, nur die Interessen der Gegenüber oder bestenfalls beide zu realisieren vermag. Mit diesem breiten Ansatz der sozialen Kompetenz kommen wir im Coachingbereich, glaube ich, nicht weiter. Ich denke, dass ein wirksamer Coach über eine hohe emotionale Intelligenz und Empathie verfügt. Dies steht zumindest in vielen Coachingbüchern und Artikeln (siehe z. B. Joseph & Glerum, 2018). Harte Empirie gibt es dazu aber nur wenig. Eine Ausnahme bildet eine Studie aus Braunschweig, deren Ergebnisse ich Ihnen gleich vorstelle (Will, Gessnitzer & Kauffeld, 2016). Die wenig vorhandene Empirie liegt vor allem daran, dass man emotionale Intelligenz und Empathie nicht so einfach messen kann.

Empathie wird schon von Karl Rogers in der klientenzentrierten Psychotherapie als eine Grundvoraussetzung für das erfolgreiche Beratungshandeln postuliert (Rogers, 1951). Es gibt wirklich sehr viele verschiedene Definitionen und Konzeptionen von Empathie. Die meisten gehen von zwei Arten von Empathie aus: der affektiven und der kognitiven Empathie. »Kognitive Empathie bezeichnet dabei akzentuierend das Verstehen, affektive Empathie eher das gefühlsmäßige Nacherleben auf der Seite der empathischen Person« (Mischo, 2003, S. 187). Durch kognitive Empathie können sich Menschen in die Perspektive eines anderen Menschen hineinversetzen. Durch affektive Empathie gelingt es darüber hinaus, das Gegenüber in seinen Gefühlen zu erkennen und diese stellvertretend zu erleben. Die Spiegelneurone klingeln nicht nur bei den Kognitionen, sondern auch bei den Affekten. Beide Fähigkeiten treten häufig gemeinsam auf, doch ist das nicht zwangsläufig so. Manch Krimineller kann hervorragend seine kognitive Empathie benutzen, um den Großmutter-Trick bei Oma Erna zu praktizieren. Er kann aber nur schwer den Schmerz nachvollziehen, den diese Tat bei seinem Opfer provoziert. Wirksame Coaches sollten sowohl kognitive als auch affektive Empathie besitzen und diese für ihre Klienten erlebbar werden lassen. Wie man Empathie konkret nutzt, um die Beziehungsqualität zu Klienten zu gestalten, und ob man Empathie lernen kann, erfahren Sie im Interview mit Frau Fietze (siehe Kapitel 7.5.1). Aber auch die Studie von Will und Kollegen (2016) gibt einen Hinweis, wie Empathie für Klienten erlebbar werden kann. Die Wissenschaftler aus Braunschweig kodierten das Interaktionsverhalten, das sich in 19 verschiedenen Coachings abspielte. Es wurde jeweils die erste Sitzung auf Video aufgezeichnet und im Anschluss jeder Sprechakt kategorisiert. Die 19 Coaches waren Studenten, die an einer Coachingausbildung der TU Braunschweig teilnahmen. Diese Studenten führten Karrierecoachings mit Kommilitonen durch. Den Ergebnissen nach war vor allem ein Sprechverhalten der Coaches dafür verantwortlich, dass die Klienten ihre Coaches nach dem Coaching als empathisch wahrnahmen. Es handelt sich um das Paraphrasieren. Beim Paraphrasieren wiederholt der Coach die inhaltlichen und emotionalen Botschaften des Klienten in eigenen Worten und zeigt ihm damit, dass er ihn verstanden hat. Je häufiger die Coaches das Paraphrasieren nutzen, desto emphatischer bewerteten die Klienten ihren Coach (Will, Gessnitzer & Kauffeld, 2016).

Eng verwandt mit der Empathie ist der Begriff der emotionalen Intelligenz. Emotionale Intelligenz ist die »ability to accurately perceive, understand, integrate and effectively manage one's own emotions and those of others« (Chapman, 2005, S. 183). Emotionale Intelligenz besteht dadurch aus verschiedenen Fähigkeiten. Emotional intelligente Menschen nehmen Emotionen bei sich und anderen exakter wahr. Sie verstehen und analysieren sie zutreffender und können dadurch auch besser zwischen verschiedenen emotionalen Zuständen unterscheiden. Es fällt ihnen weiterhin leichter, Emotionen für ihr Denken zu nutzen. Letztlich gelingt ihnen auch die Regulation von Emotionen bei sich und anderen besser (Mayer et al., 2002).

Und das kommt den Klienten zugute. Sie fühlen sich besser verstanden und die Beziehungsqualität profitiert. Das ist aber eine Mutmaßung. Ich bin überrascht, dass das Thema »Emotionale Intelligenz« der Coaches bisher kaum erforscht wurde. Wir werden da mal eine Studie durchführen müssen. Aber es gibt zumindest eine Studie, die zeigt, dass emotionale Intelligenz ein Resultat, das heißt eine Wirkung von Coaching sein kann. Chapman (2005) konnte in einer Fallstudie zeigen, dass die emotionale Intelligenz von Klienten von einem Coaching profitieren kann. Leider haben sie nicht die emotionale Intelligenz der Coaches gemessen. Ich würde wetten, dass zwischen der emotionalen Intelligenz der Coaches und der Klienten ein Zusammenhang besteht. Aber dafür müsste man die emotionale Intelligenz der Coaches mit einem unabhängigen Testverfahren messen. Gregory und Levy (2011) fanden z.B. keinen Zusammenhang zwischen der emotionalen Intelligenz von Führungskräften und der von den Mitarbeitern eingeschätzten Beziehungsqualität zwischen Führungskraft und Mitarbeiter. Auch die wahrgenommene Empathie war unabhängig von der emotionalen Intelligenz der Führungskraft. Die Autoren glauben, dass der Effekt aus methodischen Gründen nicht nachgewiesen werden konnte. Führungskräfte scheinen sich selbst in ihrer emotionalen Intelligenz nicht so zuverlässig einschätzen zu können. Ob das Coaches besser können? Das scheint zumindest bei der Empathie nicht unbedingt so zu sein. Die Einschätzung des eigenen empathischen Verhaltens durch den Coach und die Bewertung der Empathie des Coachs durch den Klienten waren in der Studie von Will und Kollegen (2016) vollständig unabhängig voneinander. Coaches, die sich als sehr empathisch bewerteten, wurden nicht so von ihren Klienten wahrgenommen. Bitte seien Sie also vorsichtig damit, die persönliche Einschätzung Ihrer Empathie mit der durch den Klienten gleichzusetzen.

Emotionale Intelligenz sowie kognitive und affektive Empathie sind soziale Kompetenzen, die Coaches helfen können, positive Wirkungen bei ihren Klienten zu erzielen. Vor allem das Paraphrasieren kann dazu beitragen, dass Klienten ihre Coaches als empathisch wahrnehmen.

7.3 Klientenvariablen

Kommen wir zu den Klientenvariablen, für die wir empirische oder zumindest theoretische Erkenntnisse besitzen. Welche Variablen, die Klienten in den Coachingprozess einbringen, beeinflussen die Wirksamkeit eines Coachings? Ich starte mit der Veränderungsmotivation und gehe dann auf Persönlichkeitsvariablen ein. Bei den Ursachen für Nebenwirkungen gehe ich auf Klientenvariablen wie falsche Erwartungen oder fehlende Coachingziele ein. Diese beiden Variablen haben auch das Potenzial, in umgekehrter Richtung positive Wirkungen zu stimulieren. Damit es zu keinen Redundanzen kommt und ich das Buch nicht künstlich aufblähe, verzichte ich an dieser Stelle darauf, diese Variablen näher vorzustellen, und verweise auf Kapitel 8.6.2. Wenn Klienten realistische Erwartungen haben sowie konkrete und erreichbare Ziele besitzen, dann ist das motivationsförderlich. Mit dem Thema Motivation möchte ich dieses Kapitel eröffnen.

7.3.1 Veränderungsmotivation

Die Veränderungsmotivation bzw. die Veränderungsbereitschaft des Klienten wird von vielen Autoren als wichtiger Erfolgsfaktor für ein Coaching bewertet (z. B. Harakas, 2013; MacKie, 2007; Passmore, 2007; Sherman & Freas, 2004). Es handelt sich dabei um die Bereitschaft eines Klienten, Kraft und Zeit in seinen Änderungsprozess zu investieren. Die Klienten, die eine hohe Veränderungsmotivation besitzen, übernehmen Verantwortung für einen Entwicklungsprozess und für die Umsetzung in die berufliche Praxis. Wenn Schwierigkeiten im Prozess entstehen, geben sie nicht schnell auf, sondern strengen sich weiter an, bis die Hindernisse aus dem Weg geräumt sind (McKenna & Davis, 2009). Sie bringen weiterhin die Bereitschaft mit, sich und ihre Verhaltensweisen kritisch zu hinterfragen (Jansen et al., 2004).

Die Veränderungsmotivation leidet vor allem, wenn es zu Ambivalenzen kommt oder die Wahrnehmung der Notwendigkeit für das Coaching gering ist. Eine geringe Wahrnehmung der Notwendigkeit kann daraus resultieren, dass die Klienten (noch) wenig Einsicht bezüglich ihrer Probleme besitzen oder dass sie eine Änderung als nicht zweckdienlich erkennen. So könnte ein Klient zwar erkennen, dass es Sinn macht, sein Verhalten zu ändern (z. B. den Mitarbeitenden regelmäßig Feedback zu geben), aber die Situation am Arbeitsplatz macht die Änderung nicht möglich (z. B. sind die Abteilungen zu groß, um regelmäßige Feedbackgespräche führen zu können), sodass die Änderungsanstrengungen umsonst sind. Beispiel-Items zur Messung der Veränderungsmotivation stammen z. B. von Jansen, Mäthner und Bachmann (2004, S. 179); sie lauten z. B. »Ich war motiviert, mein Thema in Angriff zu nehmen« oder »Ich war motiviert, bestimmte Dinge zu verändern«.

Es besteht aber auch die Möglichkeit, dass der Klient etwas verändern möchte, aber ein Coaching nicht als zielführend dafür erlebt. So könnte der Klient überzeugt sein, dass er sein Feedbackverhalten auch ohne ein Coaching verändern kann und dieses daher nicht notwendig ist.

Der Coach sollte am Anfang des Coachings die Veränderungsmotivation des Klienten prüfen und das Coaching daran orientiert anpassen. Falls nur wenig Veränderungsmotivation vorhanden ist, sollte der Coach in der ersten Phase des Coachings genügend Zeit investieren, um diese aufzubauen. Eine interessante Technik bietet hierfür z. B. das »motivational interviewing« (deutsch: motivierende Gesprächsführung; Miller & Rollnick, 2012), das kürzlich erfolgreich von Klonek, Wunderlich, Spurk und Kauffeld (2016) im Coachingbereich getestet wurde. Ziel der Techniken aus dem Bereich der motivierenden Gesprächsführung ist es, eine konstruktive Atmosphäre für Verhaltensänderungen zu gestalten, die zu höherer intrinsischer Motivation für Veränderungen führt (Miller & Rollnick, 2012). Bei der motivierenden Gesprächsführung werden zwei Phasen unterschieden. In der ersten Phase wird die Änderungsmotivation gefördert und in der zweiten werden Maßnahmen zur Umsetzung der Veränderung bearbeitet. Die Interventionsprinzipien, die dem Vorgehen zugrunde liegen, sind Empathie, Entwicklung von Diskrepanzen, Umgang mit Widerstand und die Stärkung der Änderungszuversicht. Im Prozess wird eine Vielzahl an Methoden und Gesprächstechniken eingesetzt. »Alle Gesprächstechniken sind geprägt durch eine respektvolle, kooperative und autonomiebetonende Gesprächshaltung« (Klonek & Kauffeld, 2012, S. 60). Zu den Gesprächstechniken der motivierenden Gesprächsführung gehören z. B. evokative Fragen, verschiedene Reflexionsfragen, Extreme erwägen, Umdeuten, Fokus verändern, frühere Erfolge besprechen, Entscheidungswaage oder hypothetische Veränderungen (Klonek & Kauffeld, 2012).

Die Veränderungsmotivation der Klienten hat einen Einfluss auf den Erfolg eines Coachings. Sie kann z. B. durch die Technik der motivierenden Gesprächsführung gefördert werden.

7.3.2 Persönlichkeitsvariablen

Leider gibt es nur sehr wenige Studien, die den Zusammenhang zwischen Persönlichkeitsvariablen der Klienten und Coachingerfolg messen. Und die haben leider auch ein paar methodische Mängel. Jetzt könnte ich Ihnen aus dem Bauch heraus erzählen, was ich so vermute. Aber wegen meines Bauchs haben Sie das Buch nicht gekauft. Zumindest eine Studie gibt es, die eine gewisse Orientierung bietet. Lassen Sie mich dafür kurz einen Ausflug in die Persönlichkeitspsychologie unternehmen. Dann fällt Ihnen die Interpretation der Ergebnisse einfacher.

Die Psychologie ist ein Fach, das sich gerne und leidenschaftlich streitet. Und manchmal geht es gar nicht so nett zu, wie man das bei Psychos erwarten würde. Es gibt daher wenige Erkenntnisse, die generell akzeptiert werden. Zu den generell akzeptierten Erkenntnissen gehört das BIG-5-Modell, das Stewart et al. (2008) in ihrer Studie genutzt haben, um zu prüfen, wie Persönlichkeitsvariablen mit Coachingerfolg zusammenhängen. Das BIG-5-Modell geht davon aus, dass sich Menschen grob in fünf unterschiedlichen Persönlichkeitsdimensionen unterscheiden können. Diese Dimensionen sind zeitlich und über verschiedene Situationen relativ stabil und zum Teil genetisch determiniert (Costa & McCrae, 1988). Ich habe Ihnen die BIG 5 in Tabelle 4 zusammengefasst.

Tab. 4: Die Big-5-Dimensionen der Persönlichkeit

Dimension	Beschreibende Adjektive	Fragebogenitems (aus Rammstedt & John, 2005, S. 206)
Gewissenhaftigkeit	ordentlich, beharrlich, zuverlässig	»Ich bin tüchtig und arbeite flott.« »Ich erledige Aufgaben gründlich.«
Extraversion	kontaktfreudig, nicht schüchtern, aktiv	»Ich gehe aus mir heraus, bin gesellig.« »Ich bin eher der ›stille Typ‹, wortkarg.«
Neurotizismus	ängstlich, erregbar, nervös	»Ich bin entspannt, lasse mich durch Stress nicht aus der Ruhe bringen.« »Ich werde leicht nervös und unsicher.«
Verträglichkeit	hilfsbereit, tolerant, mitfühlend	»Ich schenke anderen leicht Vertrauen, glaube an das Gute im Menschen.« »Ich kann mich schroff und abweisend anderen gegenüber verhalten.«
Offenheit für Erfahrungen	kreativ, offen für neue Ideen, Gefühle, Ästhetik etc.	»Ich bin vielseitig interessiert.« »Ich habe eine aktive Vorstellungskraft, bin phantasievoll.«

Gewissenhafte Menschen sind sehr zuverlässig und bearbeiten gründlich ihre Arbeitsaufgaben. Das hat Vorteile, vor allem für den Beruf, denn Gewissenhaftigkeit korreliert mit verschiedensten Kriterien des Berufs- (Barrick, Mount & Judge, 2001) und Führungserfolgs (Judge, Bono, Ilies & Gerhardt, 2002). Klar ist aber auch, dass Extremvarianten von Gewissenhaftigkeit (Zwanghaftigkeit) die Arbeitstätigkeit behindern können. Das gilt übrigens für alle BIG-5-Dimensionen. Stark abnorme Ausprägungen haben in der Regel negative Auswirkungen.

Extravierte sind kontaktstark und gesellig. Vor allem der Führungserfolg ist von diesem Persönlichkeitsmerkmal beeinflusst. Führungskräfte, die sich nicht in ihrem Büro verstecken und Kontakt zu ihren Mitarbeitern suchen, haben mehr Erfolg mit ihrem Team. Die Führungskräfte steigen aber auch im Unternehmen schneller auf (Judge et al., 2002).

Neurotizismus wird häufig mit emotionaler Instabilität gleichgesetzt. Menschen mit hohem Neurotizismus sind ängstlich, empfindlich und nervös. Häufig sind sie besorgt und pessimistisch. Das bedeutet aber nicht zwangsläufig, dass sie psychisch krank sind. Dies wird erst ab sehr hohen Werten von Neurotizismus wahrscheinlich.

Verträgliche Menschen sind nett und hilfsbereit zu ihrem sozialen Umfeld. Sie sind vertrauensvoll gegenüber anderen und kooperativ. Sie sehen eher das Gute im Menschen und positionieren sich freundlich gegenüber anderen.

Die Dimension Offenheit ist von einer generellen Freimütigkeit gegenüber neuen Aspekten geprägt. Menschen mit hoher Ausprägung sind z. B. offen gegenüber neuen Ideen, Ästhetik, Gefühlen und Handlungen. Sie sind geistig flexibler und sehen Neues und Fremdes weniger als Bedrohung und mehr als Chance zum Lernen.

Liebe Coaches, wenn Sie sich an Ihre letzten Klienten erinnern: Was glauben Sie, wie die BIG 5 bei ihnen ausgeprägt waren? Nutzen Sie doch gerne die folgenden Skalen und schätzen Sie die Persönlichkeit Ihres letzten Klienten ein. Dafür ist es hilfreich, wenn Sie noch einmal einen Blick in Tabelle 4 werfen.

Wie war die Persönlichkeit meines letzten Klienten ausgeprägt?						
	1	2	teils – teils 3	4	5	
sehr ungewissenhaft						sehr gewissenhaft
sehr introvertiert						sehr extravertiert
sehr emotional labil						sehr emotional stabil
sehr unverträglich						sehr verträglich
sehr wenig offen für neue Erfahrungen						sehr offen für neue Erfahrungen

Abb. 5: Persönlichkeitsfaktoren meiner letzten Klienten

Stewart et al. (2008) haben drei der BIG-5-Dimensionen bei 110 Klienten erhoben: Offenheit für Erfahrungen, Neurotizismus und Gewissenhaftigkeit. Zusätzlich testeten die Autoren das Merkmal »Generelle Selbstwirksamkeit«. Beim Selbstwirksamkeitserleben geht es um das allgemeine Selbstvertrauen, das Menschen in ihre Handlungen besitzen. Menschen mit hoher Ausprägung erleben sich als kompetent und trauen sich mehr zu. Zusätzlich wurde der Coachingerfolg über den Transfererfolg mit dem Coaching Transfer Questionnaire (CTQ, Stewart, 2006) gemessen. Der CTQ misst zwei Facetten des Transfererfolgs: Anwendungserfolg sowie Generalisierung und Erhaltung der Coachingentwicklung (siehe Infobox 5).

Infobox 5: Die zwei Formen des Lerntransfers (Solga, 2011)

Generalisierung/Verallgemeinerung: Das im Coaching Gelernte wird auf verschiedene Situationen übertragen. Es werden neue Bereiche in der Praxis erschlossen, das heißt, das Gelernte ist auf verschiedene Kontextbedingungen übertragbar.
Beispiel: Der Klient schafft es, nicht nur bei Präsentationen vor dem Vorstand ruhiger und gelassener zu reagieren, sondern auch bei Präsentationen vor Kunden.

Erhaltung: Das Gelernte wird nicht nur kurzfristig, sondern langfristig in die Praxis transferiert.
Beispiel: Der Klient schafft es nicht nur direkt nach dem Coaching, Präsentationen vor dem Vorstand gelassener vorzutragen, sondern auch einige Monate später. Die Wirkungen des Coachings bleiben langfristig erhalten.

Die erste Dimension bezieht sich darauf, wie gut die Klienten die Coachinginhalte in ihrer Berufspraxis anwenden konnten. Bei der zweiten Dimension musste bewertet werden, ob das Gelernte in verschiedene Bereiche des Berufslebens übertragen werden konnte (Generalisierung) und ob sich die Entwicklung langfristig erhalten hat (Erhaltung) oder die Effekte nach wenigen Wochen verpufft sind. Die Ergebnisse des Zusammenhangs zwischen den Persönlichkeitsdimensionen und dem Transfererfolg sind in Tabelle 5 dargestellt.

Tab. 5: Zusammenhang zwischen Persönlichkeitsfaktoren und Transfer (Zusammenhangsmaß = r)

	Anwendung	Generalisierung und Erhaltung
Gewissenhaftigkeit	.28**	.22**
Offenheit	.24*	.03
Neurotizismus	-.21*	-.13
Generelle Selbstwirksamkeit	.22*	.07

In Tabelle 5 finden Sie Sternchen. Psychologen sind ganz vernarrt in diesen kleinen Zeichen. Denn wenn ein Sternchen hinter einer Zahl steht, dann bedeutet das, dass die Ergebnisse signifikant sind. Falls das nicht der Fall ist, dann besteht kein statistisch abgesicherter Zusammenhang zwischen den Variablen. Generell sind die Zusammenhänge zwischen Persönlichkeitsfaktoren und Lerntransfer eher klein.

Wie Sie in Tabelle 5 erkennen können, haben die Persönlichkeitsfaktoren eher einen Effekt auf die Anwendung und weniger auf die Generalisierung und die Erhaltung des Gelernten. Nur die Gewissenhaftigkeitsdimension ist mit beiden Variablen signifikant assoziiert. Das bedeutet: Je stärker die Gewissenhaftigkeit bei Klienten ausgeprägt ist, desto mehr des im Coaching Erarbeiteten wenden sie an, aber auch umso mehr wird von ihnen generalisiert und langfristig erhalten. Die Gewissenhaften strengen sich nach den Coachings bei der Umsetzung mehr an, sodass die Ergebnisse langfristig erhalten bleiben und generalisiert werden. Im Umkehrschluss bedeutet das, dass Coaches vor allem bei wenig gewissenhaften Klienten aufpassen sollten, dass diese langfristig vom Coaching profitieren. Bei diesen Personen droht das Coaching schnell zu verpuffen, und Maßnahmen zur zusätzlichen Transfersicherung können wichtig werden. Dazu gehören z.B. Follow-up-Sitzungen, langfristige Aufgaben oder Lernsysteme, die auch nach dem Coaching noch eingesetzt werden.

Offenheit, generelle Selbstwirksamkeit und Neurotizismus haben laut der Studie zumindest einen kleinen Effekt auf die Anwendung des im Coaching Erarbeiteten. Der Effekt der generellen Selbstwirksamkeit des Klienten auf positive Effekte im Coaching wurde auch im Review von Bozer und Jones (2018) besonders betont und von de Haan (2016) in seiner internationalen Studie mit 1 895 Coachingdyaden nachgewiesen. Mit $r = .24$ ($p < .01$) hatte der Effekt sogar beinahe dieselbe Größe. Auch die Selbstwirksamkeit des Coachs war bei de Haan statistisch bedeutsam mit der Wirksamkeit des Coachings assoziiert, wobei der Effekt aber nur sehr klein ausfiel ($r = .12$, $p < .01$). Wenn Klienten und Coaches generell überzeugt sind, dass sie kompetent sind und Schwierigkeiten gut meistern können, dann fällt das Coaching wirksamer aus. Coaches sollten demnach besonders aufmerksam sein, wenn sie bemerken, dass Klienten sich nur wenig im Leben und Beruf zutrauen.

Noch ein Wort zum Einfluss des Neurotizismus auf die Wirksamkeit eines Coachings. Sehr hoher Neurotizismus bzw. sehr starke emotionale Instabilität ist mit psychischen Erkrankungen assoziiert. Auf die Probleme des Coachings mit Klienten, die eine psychische Vulnerabilität besitzen, weisen verschiedene Autoren hin. Menschen mit starken psychischen Beeinträchtigungen fehlen häufig die Selbstregulationsfähigkeiten, die für ein Coaching notwendig sind. Sie sollten nicht gecoacht, sondern therapiert werden. Dafür ist es wichtig, dass Coaches die notwendige diagnostische Kompetenz besitzen, um psychische Beeinträchtigungen korrekt einschätzen zu können. Ich gehe auf das Thema »Psychische Erkrankungen im Coaching« weiter unten noch einmal ein. Ein sehr relevantes Merkmal einer Person ist ihr Alter und damit die Generation, der sie angehört. In Infobox 6 stelle ich Ihnen Informationen zum Thema »Coaching von unterschiedlichen Generationen« vor.

Infobox 6: Verschiedene Generationen und Coaching

Das Alter ist ein durchaus relevantes persönliches Merkmal. Aus der Entwicklungspsychologie wissen wir, dass Menschen sich über die Zeit verändern können. Lois M. Tamir und Laura A. Finfer haben sich 2016 mit dem »Age Factor« im Coaching beschäftigt und untersucht, wie sich verschiedene Generationen in einem Coaching unterscheiden. Sie untersuchten 72 Coachings mit Führungskräften aus drei verschiedenen Alterskohorten: 30- bis 39-Jährige; 40- bis 49-Jährige und 50- bis 59-Jährige. Vor allem vier Dimensionen haben die Forscher untersucht:

Empfänglichkeit
Wie glücklich ist der Klient, an einem Coaching teilzunehmen? Wie stark wertschätzt der Klient die Einsichten und die Weiterentwicklung durch das Coaching?

Selbstreflexion
Wie stark stellt der Klient eigene Theorien, Werte und Vorurteile infrage? Wie stark ist der Klient in der Lage, die Idealvorstellung mit der Realität zu kontrastieren?

Nichtdefensivität
Wie emotional reagiert der Klient, wenn er mit ihm widerstrebenden Ideen konfrontiert wird?

Grad der Veränderung
Wie stark verändert sich der Klient merkbar durch das Coaching?

Die vier Variablen wurden von den Coaches eingeschätzt. Zusätzlich wurden Persönlichkeitstests eingesetzt (Hogan Personality Inventory, Hogan Development und der Mayer-Salovey-Caruso Emotional Intelligence Test). Den Ergebnissen nach zeigten die 30 bis 39-Jährigen ein geringeres Ausmaß an Selbstreflexion als die anderen Altersgruppen. Auch wurden bei ihnen weniger Veränderungen wahrgenommen. Vor allem jüngeren Generationen scheint es den Autoren zufolge an der Fähigkeit zur Introspektion zu mangeln und auch Änderungen fallen ihnen in einem Coaching schwerer. Das wird von den Autoren unter anderem auf die berufliche Situation zurückgeführt: Jüngere Führungskräfte können sich auf den unteren Karriereebenen, in denen sie sich in diesem Alter befinden, weniger Selbstreflexion und auch Fehler leisten. Zu den älteren Führungskräften, die sich in einem Coaching befinden, fassen die Autoren zusammen: »They exhibit greater flexibility, both emotional and intellectual. Already professionally established, they have less to prove and can, therefore, embrace new paradigms with greater curiosity and openness. They recognize that the world is messy and that there are no hard-and-fast rules. Shades of gray make sense to them« (Tamir & Finfer,

2016, S. 322). Die Wirksamkeit eines Coachings scheint also auch zumindest teilweise mit dem Alter zu tun zu haben. Vor allem mit jüngeren Führungskräften scheint ein Coaching mehr Herausforderungen zu bringen. Aber vielleicht können diese Führungskräfte auch besonders stark von einem Coaching profitieren.

Persönlichkeitsvariablen von Klienten scheinen einen kleinen Einfluss auf den Coachingerfolg zu besitzen. Coaches sollten dennoch auf die Gewissenhaftigkeit und die emotionale Stabilität achten. Bei geringer Ausprägung können die Coachingeffekte leiden. Offenheit und Selbstwirksamkeitserleben können ebenfalls in einem kleinen Umfang die positiven Wirkungen von Coaching beeinflussen.

7.4 Organisationsvariablen

Organisationen können über verschiedene Wege die Wirksamkeit eines Coachings unterstützen. Im Interview mit Dr. Böning erfahren Sie mehr darüber (siehe Infobox 7). Die Freiwilligkeit des Coachings ist eine solche Variable sowie die Gestaltung eines fördernden Transferumfelds. Auf das Thema »Freiwilligkeit des Coachings« gehe ich bei den Ursachen für Nebenwirkungen detaillierter ein (siehe Kapitel 10.5.3), denn ein erzwungenes Coaching verhindert nicht nur positive Wirkungen, sondern befördert auch negative Nebenwirkungen. Lassen Sie mich deswegen direkt auf das Transferumfeld eingehen.

7.4.1 Das Transferklima

Die beiden Dimensionen des Lerntransfers haben Sie bereits kennengelernt. Was können Organisationen tun, damit der Transfer gelingt? Rouiller und Goldstein (1993) haben das Lerntransferklima als wichtigen Einflussfaktor aufseiten der Organisation entdeckt, damit die Generalisierung und Aufrechterhaltung gelingt. Sie unterscheiden zwischen zwei Elementen des Lerntransferklimas. Dies sind zum einen die Bedingungen, die zur Anwendung der Lerninhalte anregen und auffordern, und zum anderen die positiven oder negativen Konsequenzen, die die Anwendung mit sich bringt (Solga, 2011). Das Transferklima ist natürlich auch davon abhängig, welches Coachingverständnis in der Organisation vorherrschend ist.

Starten wir mit den Bedingungen. Hier ist natürlich Zeit, die einem Klienten für den Transfer zur Verfügung steht, ein kritischer Faktor. Hat ein Klient in einem Coaching gelernt, dass ihm eine respektvollere Haltung in einem Mitarbeitergespräch helfen könnte und dass dazu gehört, sich auf das Mitarbeitergespräch vorzubereiten, dann muss in der Praxis Zeit zur Verfügung stehen, um diese Anpassung vorzunehmen. Ein weiterer gewichtiger Faktor ist, dass die Organisation den Klienten unterstützt, Gelegenheiten zu schaffen, bei denen das Gelernte angewendet werden kann. Wenn z. B. in den nächsten Monaten keine Mitarbeitergespräche durchgeführt werden können oder sollen, dann verpufft der Effekt in dem erwähnten Fall. Die Organisation kann weiterhin die Führungskräfte als Transferpaten nutzen und damit förderliche Transferbedingungen schaffen. Die Vorgesetzten nehmen sich Zeit für Gespräche und reflektieren mit den Klienten den Transfer des Gelernten. Sie geben Tipps, wie die Umsetzung besser gelingen könnte, und geben damit den Klienten auch das Gefühl, dass es für die Organisation ein Anliegen ist, dass die Coachinginhalte in die Praxis transferiert werden. Zusätzlich kann der Transfer auch ein Teil von Zielvereinbarungen werden. Das bedeutet, dass die Umsetzung der Coachingmaßnahmen ein Ziel von Mitarbeitern und Führungskräften wird. Auch dadurch erhält die Umsetzung einen höheren Grad der Verbindlichkeit (Rouiller & Goldstein, 1993; Solga, 2011).

Und dann fehlen noch die Konsequenzen. Hier sind zunächst die transferförderlichen Rückmeldungen zu nennen. Wenn der Mitarbeiter dafür gelobt wird, dass er die Mitarbeitergespräche nun vorbereitet und mit einer anderen Haltung angeht, dann wirkt das als Verstärkung und hilft der langfristigen Anwendung. Es kann aber auch zu transferhemmenden Rückmeldungen kommen. So könnte der Klient durch seine veränderten Mitarbeitergespräche indirekt Druck auf die Kollegen in derselben Führungsebene und den Vorgesetzten ausüben. Wenn der Klient nun die Mitarbeitergespräche anders angeht, dann könnten unter Umständen die anderen Mitarbeiter fordern, dass bei ihnen die Mitarbeitergespräche auch verändert werden. Das ist mit Mehraufwand verbunden, sodass das Umfeld sich kritisch über die Umsetzung äußern und versuchen könnte, den Transfer zu hemmen. Letztlich reichen aber auch schon fehlende Rückmeldungen vonseiten der Organisation aus, um das Transferklima zu verschlechtern. Wenn Klienten sich nach einem Coaching bemühen, ihr Arbeitshandeln zu verändern, und die Organisation und ihre Vertreter das ignorieren, dann wirkt das sich ungünstig auf die Transfermotivation aus (Rouiller & Goldstein, 1993; Solga, 2011).

Das Coachingverständnis ist eine weitere interessante Organisationsvariable, die das Potenzial besitzt, die Wirksamkeit eines Coachings zu beeinflussen. In diese Variable fließt die Coachingkultur eines Unternehmens ein. Lassen Sie mich diese Variable als Nächstes vorstellen.

Das Transferklima in einer Organisation kann die Wirksamkeit eines Coachings beeinflussen. Dazu gehören zum einen Bedingungen, die zur Anwendung der Lerninhalte anregen und auffordern, und zum anderen die positiven oder negativen Konsequenzen, die die Anwendung provoziert.

7.4.2 *Das Coachingverständnis in Organisationen*

Während der Recherche zu meinem Buch bin ich auf einen interessanten Ansatz von Thomas Bachmann zum Thema Coachingverständnis gestoßen, den er in der Zeitschrift OSC veröffentlicht hat. Eine Organisation, die wirksame Coachings durchführen möchte, sollte wissen, auf welcher Wertegrundlage sie diese Wirkungen erreichen möchte. Ich beginne mit zwei Fallbeispielen, um Sie in das Thema einzuführen.

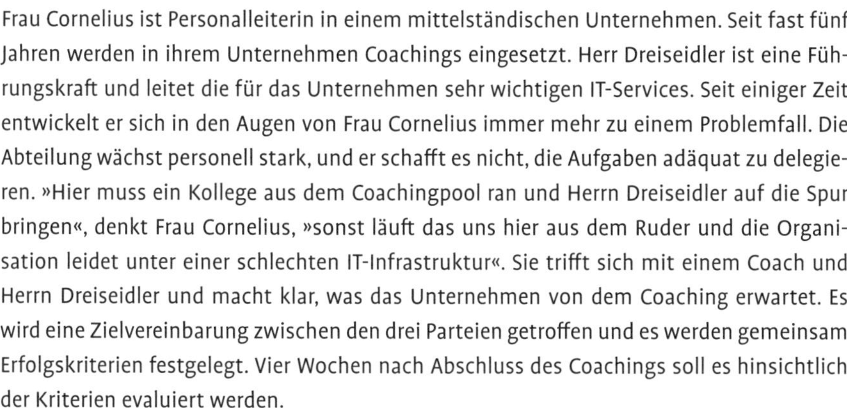

Fallbeispiel I

Frau Cornelius ist Personalleiterin in einem mittelständischen Unternehmen. Seit fast fünf Jahren werden in ihrem Unternehmen Coachings eingesetzt. Herr Dreiseidler ist eine Führungskraft und leitet die für das Unternehmen sehr wichtigen IT-Services. Seit einiger Zeit entwickelt er sich in den Augen von Frau Cornelius immer mehr zu einem Problemfall. Die Abteilung wächst personell stark, und er schafft es nicht, die Aufgaben adäquat zu delegieren. »Hier muss ein Kollege aus dem Coachingpool ran und Herrn Dreiseidler auf die Spur bringen«, denkt Frau Cornelius, »sonst läuft das uns hier aus dem Ruder und die Organisation leidet unter einer schlechten IT-Infrastruktur«. Sie trifft sich mit einem Coach und Herrn Dreiseidler und macht klar, was das Unternehmen von dem Coaching erwartet. Es wird eine Zielvereinbarung zwischen den drei Parteien getroffen und es werden gemeinsam Erfolgskriterien festgelegt. Vier Wochen nach Abschluss des Coachings soll es hinsichtlich der Kriterien evaluiert werden.

Fallbeispiel II

Frau Stenzel arbeitet in einem mittelständischen Unternehmen der metallverarbeitenden Branche. Seit zwei Jahren gibt es im Unternehmen von Frau Stenzel ein frei verfügbares Coachingbudget. Ihr Unternehmen ist davon überzeugt, dass Coaching jeder Führungskraft in ihrer persönlichen Entwicklung helfen kann. So hat jede Führungskraft die Möglichkeit, 3 000 Euro pro Jahr für Coachings abzurufen. Frau Stenzel muss dafür lediglich in der Personalabteilung den Bedarf anmelden und kann sich dann einen Coach aus dem Coachingpool auswählen. Dieses Mal wählt sie Herrn Rochus aus. Sie möchte mit ihm daran arbeiten, ihre Work-Life-Balance zu steigern. Zielvorgaben gibt es von ihrem Unternehmen nicht, und das Coaching wird auch nicht evaluiert. In drei Wochen startet sie mit dem ersten Coaching. Sie ist ganz aufgeregt und glaubt, dass während des Coachings bestimmt auch noch ganz andere Themen als die Work-Life-Balance zur Sprache kommen.

Wie Sie unschwer erkennen können, gehen die Unternehmen von Herrn Dreiseidler und Frau Stenzel sehr unterschiedlich mit dem Thema Coaching um. Bachmann (2016) vermutet hinter solch unterschiedlichen Praktiken verschiedene Coachingverständnisse und hat diese in deutschen Unternehmen untersucht. Laut Bachmann ist in deutschen Organisationen eine hohe Übereinstimmung hinsichtlich des Ablaufs von Coachings zu erkennen. Die meisten Organisationen definieren Zielgruppen und legen Anlässe für ein Coaching fest. Auch schlägt die Personalabteilung verschiedene Coaches vor, aus denen ein Klient wählen kann. Nach der Auswahl findet ein Auftaktgespräch statt (Bachmann, 2016). Hinsichtlich des Coachingverständnisses und der Coachingkultur sollen dagegen Unterschiede bestehen.

In der Studie wurden 96 Personalverantwortliche befragt. Bachmann gelingt es mit der Stichprobe und einer Faktorenanalyse, vier verschiedene Coachingverständnisse in Organisationen zu identifizieren, die sich aus zwei Dimensionen ergeben (siehe Abb. 5). Die erste Dimension betrifft die Frage, auf welcher Ebene das Coaching primär wirken soll. Sollen mit dem Coaching organisationale Ziele erreicht werden oder Ziele des Mitarbeiters? Stehen individuelle oder organisationale Wirkungen im Fokus der Maßnahme? Die zweite Dimension betrifft die Steuerung des Coachings. Arbeiten Coach und Klient autonom zusammen und wird ihnen ein hohes Maß an Vertrauen entgegengebracht oder ist es dem Unternehmen wichtig, das Coaching und die Beteiligten im »Griff« zu haben und den Prozess zu steuern? Hinter jedem Typen, der sich aus beiden Dimensionen ergibt, stehen implizite Änderungs- und Lerntheorien, die die Erwartungen an das Coaching ebenso beeinflussen wie die Auswahl der Coaches und die Steuerung der Prozesse seitens der Verantwortlichen. Die verschiedenen Coachingverständnisse sind von der generellen Organisationskultur der Unternehmen bestimmt und dem Menschenbild, das sich daraus entwickelt (Bachmann, 2016).

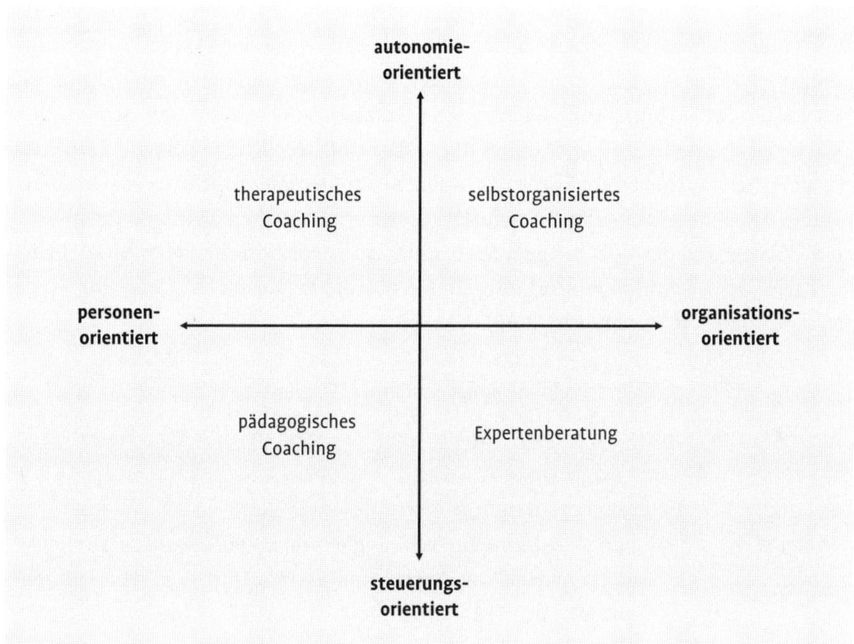

Abb. 6: Verschiedene Coachingverständnisse in Organisationen (angelehnt an Bachmann, 2016)

Liebe Personaler, mit welchem Coachingverständnis wird in Ihrer Organisation gearbeitet? Stehen die individuellen oder eher die organisationalen Ziele im Fokus? Liebe Coaches, wie sieht es in den Organisationen aus, mit denen Sie derzeit zusammenarbeiten? Erhalten Sie große Autonomie oder werden Sie und Ihr Klient eher an der kurzen Leine geführt?

Falls Sie sich noch nicht sicher sein sollten, dann schauen Sie doch einmal in Tabelle 6. Ich habe versucht, darin die Hauptkriterien zusammenzufassen. In der Studie von Bachmann (2016) trat der Typ am häufigsten auf, den er »Heilung« bzw. »Therapie« nennt. Ich finde die Bezeichnung »Heilung« und »Therapie« nicht ganz so treffend, weil es in Coachings nicht um klinische Anliegen geht. Es lenkt ein wenig davon ab, was damit konkret gemeint ist. Coach und Klient haben viel Autonomie und die Anliegen des Klienten stehen im Fokus. Diese sind aber nicht zwangsläufig klinischer Natur. Nach dem Heilungstyp folgte der Empowermenttyp (selbstorganisiertes Coaching). Bei beiden Typen gewähren die Organisationen der Arbeit von Klienten und Coaches viel Autonomie, doch stehen beim Empowermenttyp die Ziele der Organisation im Fokus. Statt persönlicher Entwicklung und emotionaler Entlastung stehen unter anderem die Optimierung der Zusammenarbeit und eine bessere Rollenerfüllung im Fokus. Die »Expertenberatung« landet auf dem dritten Platz. Gegenüber Heilung und Empowerment sind die Steuerungskomponenten sehr viel stärker ausgeprägt. Klare Ziele und der Return on Investment sind der Organisation wichtig. Die Organisation will wissen, was in dem Coaching geschieht und was dabei herauskommt. Der Klient soll die Erfüllung seiner Arbeitsaufgaben im Sinne der organisationalen Ziele optimieren. Organisationen, die dem letzten Typ (Erziehung) entsprechen, haben ähnliche Ansprüche an die Steuerung des Coachingprozesses. Unterschiede bestehen aber hinsichtlich der Ziele. Der Klient hat ein individuelles Problem, das durch das Coaching »repariert« werden soll (Bachmann, 2016).

Tab. 6: Die vier Coachingverständnisse (angelehnt an die Ergebnisse von Bachmann, 2016)

Verständnis	wesentliche Bestandteile
Heilung/ Therapie	○ »therapeutisches« Coachingverständnis ○ personenbezogene Wirkungen stehen im Fokus (Persönlichkeitsentwicklung, Erkenntnisgewinn, emotionale Entlastung und Work-Life-Balance) ○ Autonomie, Selbstverantwortung und Vertraulichkeit sind wichtig für den Veränderungsprozess ○ Return on Investment und klare Ziele sind weniger wichtig als Unterstützung und Selbstreflexion
Empowerment/Selbstorganisation	○ Förderung der Selbstorganisation ist wichtiger Bestandteil ○ organisationsbezogene Wirkungen stehen im Fokus (Stärkung der Aufgaben- und Rollenerfüllung, Optimierung der Zusammenarbeit mit anderen, höheres organisationales Commitment) ○ Vertraulichkeit und Selbstverantwortung sind wichtig für den Veränderungsprozess ○ Managementprobleme und Konflikte im Team sind häufige Themen ○ Coaching verläuft eher ergebnisoffen und ohne fixe Ziele
Erziehung/ Pädagogik	○ pädagogisches Coachingverständnis ○ ähnliche Wirkungen wie bei Heilung stehen im Fokus ○ Organisation greift steuernd in den Coachingprozess ein ○ Steigerung der Leistungsergebnisse und der Expertise des Klienten sind wichtig ○ es wird häufiger mit Zielvereinbarungen gearbeitet, und es finden vor dem Coaching Auftragsklärungsgespräche statt

Verständnis	wesentliche Bestandteile
Optimierung/ Expertenberatung	◦ Coaching wird als Expertenberatung verstanden ◦ organisationsbezogene Wirkungen stehen im Fokus (siehe auch Empowerment) ◦ Steigerung der Leistungsfähigkeit und Vermittlung von Expertise ◦ Vorgabe von Zielen und Transparenz der bearbeiteten Inhalte ◦ es werden häufiger Erstgespräche mit den Personalverantwortlichen geführt

Wie wirken die verschiedenen Coachingverständnisse? Welches ist das wirksamste? Dazu sagt Bachmann in einem Interview (2017, S. 7): »Jedes Verständnis hat seine Berechtigung. Jedes von diesen beschreibt Coaching, aber keines alleine beschreibt es hinreichend. Und genau das ist der Punkt: Die sehr spezifischen Verständnisse in den Unternehmen bedeuten nämlich, dass viele Facetten und Möglichkeiten von Coaching nicht gesehen werden, weshalb das Potenzial des Formats in den Unternehmen in aller Regel nur sehr begrenzt ausgeschöpft wird.«

Die Wirksamkeit von Coachings kann erhöht werden, wenn Organisationen beginnen, über den Tellerrand ihres traditionellen Coachingverständnisses zu blicken. »Therapeutisch« eingesetzte Coachings sollten sich auch den organisationalen Zielen öffnen. Sehr steuernd orientierte Organisationen sollten die Chancen sehen, die mit mehr Autonomie und Vertrauen gegenüber dem Coach, dem Klienten und dem Coachingprozess einhergehen. Organisationen, die auf Empowerment setzen, dürfen auch ihre Coachings evaluieren, um zu erfahren, wie es Klienten und Coaches während des Prozesses ergangen ist und was am Prozess verbessert werden kann. Um ihre Coachings wirksam zu gestalten, sollten Organisationen die Stärken ihres Coachingverständnisses bewahren und sich gleichzeitig von der Coachingkultur, die in anderen Unternehmen vorherrschend ist, stimulieren lassen.

Also, liebe Personaler, reflektieren Sie über Ihr Coachingverständnis und lassen Sie sich dabei helfen. Holen Sie sich eine Außensicht auf sich und das Thema Coaching in Ihrem Unternehmen ein. Treffen Sie sich mit Ihren externen Coaches oder mit Vertretern aus anderen Organisationen, die Sie gut kennen. Lassen Sie sich den Spiegel vorhalten und entwickeln Sie daraus neue Perspektiven für Ihre Coachings.

Liebe Coaches, wenn Sie mir eine kleine Hausaufgabe erlauben, dann machen Sie sich doch einmal Gedanken, welches organisationale Coachingverständnis am besten zu Ihnen passt. Versuchen Sie, Organisationen zu gewinnen, die besonders gut zu Ihrem Verständnis passen. Helfen Sie Ihren Kunden, sich in ihrem

Coachingverständnis zu entwickeln. Warum sollte sich daraus nicht ein neues Produkt entwickeln lassen? Beratung für Personaler zur Entwicklung eines neuen Coachingverständnisses. Legen Sie los.

Infobox 7: Wie können Organisationen die Wirksamkeit eines Coachings unterstützen?

Dr. Uwe Böning hat Psychologie, Philosophie und Soziologie studiert und in Psychologie promoviert. Seit 1979 arbeitet er als Führungskräfte-Trainer und Berater. Er gehört zu den Coachingpionieren in Deutschland und ist Gründer und Geschäftsführender Gesellschafter der Böning-Consult GmbH und Lehrbeauftragter an verschiedenen Hochschulen. Er hat den Deutschen Bundesverband Coaching (DBVC) mitbegründet und als Vorstandsvorsitzender geleitet. Herr Dr. Böning coacht vor allem Führungskräfte auf dem Topmanagement.

Interviewerin: Wir wollen mit Ihnen darüber sprechen, wie Organisationen die Wirksamkeit von Coaching vor, während und nach einem Coaching unterstützen können. Was ist Ihrer Meinung nach ein wirksames Coaching?

Dr. Uwe Böning: Ich glaube, man kann dann von einem wirksamen Coaching sprechen, wenn vorher vereinbarte Ziele im Coaching erreicht werden – und zwar die Ziele des Coaching-Partners. Manchmal kommt es aber auch zu nachgelieferten Zielen oder überraschenden Zielen, die während des Coachings entstehen. Und manchmal entsteht ein wirksames Coaching, wenn die Organisation Ziele hat und da ein Prozess stattfindet, der von der Seite der Organisation auftragsbezogen ist, um einer Führungskraft oder einem Mitarbeiter in einer schwierigen Situation Unterstützung zu geben. Das können auch Ziele sein.

Interviewerin: Als Nächstes würde ich gerne wissen, welche Rahmenbedingungen seitens der Organisation für ein wirksames Coaching geschaffen werden sollten?

Böning: Das Erste, was ich wichtig finde, ist Transparenz. Transparenz über Coaching-Angebote, Coaching-Aktivitäten, das Ziel und den Sinn von Coaching. Die Coaching-Arbeit im Unternehmen sollte transparent gemacht werden. Es sollte etwas über die Methodik vermittelt werden, etwas über Fortschritte und Erfolge, und auch empirische Belege für die Wirksamkeit von Coaching sollten angesprochen werden. Dass das Ganze nicht so eine Regenbogenaktivität darstellt, sondern eine wissenschaftliche und in der Zwischenzeit ganz gut grundierte Methode ist, um Personen oder auch Gruppen und Organisation weiterzuentwickeln. Außerdem gehört aus meiner Sicht zu den Rahmenbedingungen die Qualität des Eingangsinterviews.

Interviewerin: Wie meinen Sie das?

Böning: Es geht ja um die Wirksamkeit von Coaching, und da geht es nicht nur um Organisationstransparenz, sondern auch um die Sicherstellung, dass die relevanten Informationen vom Coaching-Partner oder von der Organisation geliefert werden. Ich meine damit die Sachfragen, die Beziehungsfragen, die Ziele, um zu wissen, welche Ausgangsbedingungen man hat. Es fällt vielleicht auf, dass wir in dem Zusammenhang auch immer wieder sagen, dass wir unsere Gesprächspartner nicht Coachees nennen. Das hat man bisher in Deutschland nicht weitgehend übernommen. Wir nennen unsere Kunden Coaching-Partner, weil es oft oder meistens Topmanager sind. »Coachee« klingt dagegen wie »Trainee«, also wie jemand, der erst am Anfang seiner beruflichen Karriere steht. Wenn Sie Leute haben, die 500, 1 000, 5 000, 10 000 oder 20 000 Leute führen oder noch größere Organisationen, dann können Sie die nicht mit einem Trainee sprachlich auf eine Stufe stellen, sondern dann müssen Sie einfach klarmachen, dass das Gesprächs-»Partner« sind. Deswegen heißen die bei uns Coaching-Partner. Auch das Namenslabeling gehört dazu, um Coaching aus einer verschwiegenen Angelegenheit oder einer Regenbogenaktivität esoterischer Art herauszuheben.

Interviewerin: Wie sollte weiterhin eine gute Auftragsklärung ablaufen?

Böning: Das Zielgespräch muss natürlich mit dem Coaching-Partner stattfinden. Ganz klar. Aber es kann sinnvoll sein, mit den Vorgesetzten oder mit Kollegen oder Mitarbeitern ein Gespräch zu führen, um eine Feedback-Runde zu haben. Denken Sie an Führungsthemen oder an Teamentwicklungsprobleme, die zu beheben sind, dann muss man nach Möglichkeit auch mit andern Leuten reden, die beteiligt sind, die etwas zur Situation sagen können, nicht nur mit dem Einzelnen.
Aus meiner Sicht wird Coaching viel zu stark individualisiert, immer wieder, aber es gibt Tandemsituationen, die schwierig sind. Es gibt Kollegen-Konstellationen, es gibt Vorgesetzten-Mitarbeiter-Konstellationen. Da kann man nicht nur mit einem reden, sondern muss mit wenigstens zweien reden, und dann muss man sinnvollerweise auch das Umfeld betrachten, es sei denn, die Thematik, um die es geht, könnte rufschädigend oder politisch problematisch sein. Da muss man ein bisschen vorsichtig sein. Und eine andere Partei ist noch zu berücksichtigen. Es gibt ja den HR-Bereich, der sinnvollerweise auch beteiligt sein sollte. Es geht ja nicht nur um finanzielle Fragen oder Termine, sondern es geht auch um die Frage der Entwicklung, und da können die verschiedenen Leute aus den verschiedenen Perspektiven Hilfreiches sagen. Es gibt Kulturen, die das zulassen, und es gibt Kulturen, die das verhindern, wo Coaching dann eher so ein Reparaturansatz ist, der nicht öffentlich gemacht werden darf, wo man kaum weiß, wer da etwas macht.

Interviewerin: Wie beziehungsweise wann entscheiden Sie, mit wem Sie sprechen?

Böning: Das entscheidet man nicht vorher, sondern wenn die ersten Gespräche laufen, stellt sich das in der Regel heraus.

Interviewerin: Wie können Organisationen ihre Vorstellungen und Ziele für das Coaching einfließen lassen?

Böning: Das hängt vom Thema ab, vom Thema und von der Position der jeweiligen Person. Das ist ja anders, wenn es sich um Mitarbeiter ohne Führungsfunktionen oder um den Topmanager handelt. Bei den Aktivitäten, die wir haben, wenn es sich um Topmanager handelt, ist in der Regel der HR-Bereich nur teilweise beteiligt oder hat Informationen dazu; meistens als Zulieferer, um einen guten Coach zu finden, oder für begrenzte Hintergrundinformationen. Das sieht im mittleren oder unteren Führungskräftebereich oder bei Mitarbeitern ohne Führungsfunktion anders aus. Hier ist es in vielen Fällen möglich, mit dem Vorgesetzten zu sprechen.

Interviewerin: Was kann eine Organisation während des Coaching-Prozesses tun, um die Wirksamkeit des Coachings zu erhöhen?

Böning: Feedback geben in einer systematisch geprüften Art und Weise. Feedback geben sowohl dem Coaching-Partner als auch unter Umständen den beteiligten Vorgesetzten.

Interviewerin: Und wie geht man während des Coachingprozesses zum Beispiel mit notwendigen Verlängerungen eines Coachings um?

Böning: Also das ist für uns eine normale Situation, weil wir in der Regel am Anfang ein Coaching-Konzept und ein Design vorschlagen, das so zwischen vier und sechs oder manchmal auch acht Sitzungen anläuft. Wir vereinbaren immer eine zeitliche Begrenzung und verhandeln dann nach dieser Anfangssituation weiter. Wir versuchen, auf der einen Seite auf Effizienz zu achten und auf der andern Seite auch auf die notwendige Nachhaltigkeit der Veränderung. Und unter Umständen dauern die Prozesse da nicht vier oder fünf Sitzungen, sondern ein oder zwei Jahre, und in manchen Fällen arbeiten wir auch mit Coaching-Partnern über viele Jahre zusammen. Das wird nicht mehr als Coaching-Fall, der Krankheit oder Sucht bedeutet, gesehen. Vielmehr sollen die Menschen weiterentwickelt werden, wie sie sich weiterentwickeln möchten, und von den Firmen entsprechend gefördert werden.

Interviewerin: Dann wären wir jetzt bei der Nachher-Phase. Wie kann eine Organisation die Wirksamkeit nach dem Coaching unterstützen?

Böning: Im Grunde genommen durch Nachfolgegespräche. Die Frage ist, wer von diesem Coaching-Prozess weiß. Wenn der Vorgesetzte bei mittleren oder unteren Führungskräften vom Coachingprozess weiß, dann kann er nachfragen und sollte nachfragen, wie die Nachhaltigkeit ist, damit sich das in den Alltag direkt überträgt. Es geht immer um Dialog mit anderen Leuten, die davon betroffen sind oder irgendwas beurteilen können. Es geht auch darum, dass der HR-Bereich nachfragt und der Coach sich dann einklinkt, wenn es irgendwelche Informationen gibt, die durch Nachgespräche entstanden sind und aus denen man die Wirksamkeit einschätzen kann.

Interviewerin: Welche konkreten Methoden empfehlen Sie, damit der Transfer der Coaching-Erkenntnisse unterstützt wird?

Böning: Also erst einmal finde ich es wichtig, dass die Ergebnisse vonseiten des Coaching-Partners gegenüber den verantwortlichen Stellen angesprochen werden; zum Beispiel dem Vorgesetzten gegenüber. Wenn es ein Vorstand oder ein Geschäftsführer ist, über dem niemand mehr direkt sitzt, dann wird das natürlich nicht weitergegeben. Das ist auch klar. Aber je weiter der HR-Bereich Einfluss hat und Einfluss nehmen kann für die Gestaltung des Prozesses, umso sinnvoller ist es, mit dem HR-Bereich darüber zu sprechen. Der Coaching-Partner muss nur wissen, dass das gemacht wird. Wir haben häufig die Situation, dass wir nicht nur mit Einzelpersonen, sondern mit Firmen längere Zeit arbeiten und dort Coaching machen, sodass es möglich ist, von Zeit zu Zeit ohne großen Aufwand und große Auffälligkeit den Coaching-Partner noch einmal zu befragen.

Interviewerin: Wie stehen Sie denn zu solchen Methoden wie Peer-Coaching?

Böning: Ich weiß, dass es Zielgruppen gibt, die das gerne machen. Das wird nach meiner Kenntnis überwiegend im Non-Führungs-Bereich oder bei unteren Führungskräften eingesetzt. Im mittleren Führungsbereich und dem oberen oder Topmanagement findet das nach meiner Kenntnis fast gar nicht statt.

Interviewerin: Aber erachten Sie es als sinnvoll?

Böning: Ich bin da sehr stark zurückhaltend, weil ich die Erfahrung gemacht habe, dass sich viele Leute glatt überschätzen, wenn sie Coaching machen. Manchmal gibt es in diesem Bereich eine deutliche Selbstüberschätzung. Deswegen ist meine Zustimmung begrenzt. Ich würde es nicht ausschließen, aber nur, wenn die Leute vorher ein entsprechendes Training oder eine Ausbildung haben. Zu kontrollierten Probierzwecken kann man das auch machen. Aber ohne Training oder ohne Supervision halte ich das für ein Unding.

Interviewerin: Dann kommen wir zu der letzten Frage: Wie kann eine Organisation Ihrer Meinung nach am besten die Wirksamkeit eines Coachings messen beziehungsweise überprüfen?

Böning: Ich denke, durch den Vergleich mit standardisierten Abfragen aus verschiedenen Perspektiven, aus verschiedenen Bezügen. Das heißt: Selbstbewertungen durch den Coaching-Partner, Bewertung durch den Coach, Befragen von Vorgesetzten, Kollegen oder Mitarbeitern. Manchmal kann man das auch im 360-Grad-Feedback oder in ähnlichen Prozessen machen. Ich finde die verschiedenen Perspektiven wichtig. Und ich finde es sinnvoll, dass das standardisierte Abfragen sind und dass man ganz klar unterscheiden muss: Sind es ganz intime persönlichkeitsrelevante Fragen oder sind das Organisationsthemen, die berührt werden? Oder sind es Prozessfragen? Das muss man, glaube ich, unterscheiden.

Interviewerin: Herr Dr. Böning, wir danken Ihnen für das Gespräch.

Die Interviewfragen wurden von Patrycja Urban im Rahmen des von Carsten C. Schermuly geleiteten Masterstudienprojekts »Wirksamkeit von Coaching« entwickelt. Das Interview führten Patrycja Urban und Tina Körsgen. Das Gespräch wurde von Carsten C. Schermuly für das Buch gekürzt.

7.5 Prozessvariablen

Bisher haben wir uns mit sogenannten Input-Variablen beschäftigt. Wir haben uns gemeinsam angeschaut, wie Coach-, Klienten- und Organisationsvariablen positive Wirkungen von Coaching stimulieren können. Nun möchte ich mich auf Variablen konzentrieren, die während des Coachings relevant für die Wirksamkeit sind. Wolfgang Looss und Christopher Rauen (2005) z. B. machen in einem Beitrag deutlich, dass nicht nur die Ergebnisqualität wichtig ist, sondern auch wie die Ergebnisse zustande kommen und damit die Prozessqualität. Sie schreiben (S. 174): »Sich mit einem ›Wer heilt hat Recht‹ zufriedenzugeben, ist daher nicht ausreichend, denn so können auch eher schlechten Strukturen und Prozessbedingungen gute Ergebnisse zugeordnet werden. Die Konzentration auf die Ergebnisqualität ist somit nicht ausreichend. Im Einzelfall mag der Klient sich damit zufriedengeben. Wer langfristig und über mehrere Beratungsprozesse hinweg auf Qualität ausgerichtet ist, dem wird dies jedoch nicht genügen.« Deswegen stelle ich Ihnen im Folgenden wichtige Prozessvariablen vor.

7.5.1 Beziehungsqualität zwischen Coach und Klient

Die Beziehungsqualität steht nicht nur im Modell von Greif (siehe Abb. 2) im Zentrum des Coachingprozesses. Auch viele andere Autoren weisen der Beziehungsqualität zwischen Coach und Klient eine besondere Wichtigkeit für die Wirksamkeit eines Coachings zu (siehe z. B. Bluckert, 2005; De Haan, Duckworth, Birch, & Jones, 2013; Graßmann, Schölmerich & Schermuly, in press; McKenna & Davis, 2009).

Die Beziehungsqualität wird manchmal auch Arbeitsbündnis genannt. Sie hat schon recht früh in der Coachingforschung Aufmerksamkeit erhalten. Das liegt wohl daran, dass man positive Effekte der Beziehungsqualität in anderen dyadischen Beziehungen bereits nachweisen konnte. Wir wissen zum Beispiel, dass die Beziehungsqualität zwischen Führungskraft und Mitarbeiter (häufig Leader Member Exchange genannt) positive Wirkungen auf die Arbeitszufriedenheit, die Bindung an das Unternehmen oder die Arbeitsleistung besitzt (Dulebohn, Bommer, Liden, Brouer, & Ferris, 2012). Auch aus der Psychotherapieforschung sind die fördernden Effekte eines positiven Arbeitsbündnisses zwischen Therapeut und Klient bekannt (Horvath, Del Re, Flückiger, & Symonds, 2011; Martin, Garske, & Davis, 2000). So kommt es bei vielen Behandlungen weniger auf die »Schule« oder die Methoden der Therapeuten an, sondern auf die Beziehung zwischen Klient und Therapeut. Funktioniert die Beziehungsgestaltung zum Patienten nicht, wird das schwer mit dem Gesundwerden; egal, was für eine tolle Ausbildung der Therapeut vorweisen kann. So ähnlich kann man die Lage auch im Coaching zusammenfassen, denn Coaching ist vor allem Beziehungsarbeit.

Die zentrale Stellung der Beziehungsqualität ist im sogenannten »Common Factor Approach« theoretisch verankert. Dieser Ansatz geht davon aus, dass es gemeinsame Faktoren gibt, die die verschiedenen Schulen wirksam werden lassen, obwohl sie sich in verschiedenen theoretischen Haltungen und praktischen Vorgehensweisen teilweise stark voneinander unterscheiden. Zu diesen gemeinsamen Faktoren, die nach und nach identifiziert werden konnten, gehören z. B. die Problemexposition, die Erwartung, dass die Behandlung wirkt, und vor allem die Beziehungsqualität zwischen Coach und Klient (Graßmann, Schölmerich & Schermuly, in press).

Es gibt ziemlich viele verschiedene Konzeptionen und Definitionen von Beziehungsqualität im Coaching. Vor allem drei Aspekte tauchen immer wieder auf, die eine gute Beziehungsqualität im Coaching ausmachen sollen. Diese wurden ursprünglich von Bordin (1979) postuliert und dann von Horvath und Greenberg (1989) in einem Instrumentarium (Work Alliance Inventory = WAI) verankert. Es handelt sich um:

- Übereinstimmung hinsichtlich der Ziele = Coach und Klient arbeiten an denselben Zielen
- Übereinstimmung hinsichtlich der Aufgaben = Coach und Klient sind sich einig, wie sie zusammenarbeiten möchten
- Psychologisches Band = Coach und Klient respektieren sich und empfinden Sympathie füreinander

Der WAI wird sowohl im psychotherapeutischen Kontext als auch im Coachingbereich sehr häufig eingesetzt. Mit Hilfe des WAI haben wir heute schon eine relativ solide empirische Basis zu den positiven Auswirkungen der Beziehungsqualität auf verschiedene Coachingeffekte. Es gibt sogar so viele Studien, dass in meiner Arbeitsgruppe kürzlich eine Metaanalyse zu diesem Thema durchgeführt werden konnte (Graßmann, Schölmerich & Schermuly, in press).

Die Beziehungsqualität wirkt nicht nur auf die Zufriedenheit mit dem Coaching. Sie hat auf viele verschiedene Coachingergebnisse, die wünschenswert sind, einen statistisch bedeutsamen Einfluss. Die Stärke des Zusammenhangs fällt aber unterschiedlich aus. Der stärkste Zusammenhang besteht mit der Zufriedenheit mit dem Coaching. Je höher die Beziehungsqualität wahrgenommen wird, desto höher fällt auch die Zufriedenheit aus. Ein starker Zusammenhang besteht auch mit der Leistung. Coachings, in denen eine hohe Beziehungsqualität herrscht, sind mit besserer Leistung der Klienten assoziiert. Aber auch die Selbstreflexion, die Zielerreichung und die Selbstwirksamkeit profitieren in einem mittelstarken Ausmaß von einer hohen Beziehungsqualität. Eine hohe Beziehungsqualität kann das Selbstvertrauen des Klienten in seine Fähigkeiten heben. Letztlich konnte in der Metaanalyse ein negativer Zusammenhang zwischen der Beziehungsqualität und der Anzahl an negativen Nebenwirkungen nachgewiesen werden. Je besser die Beziehungsqualität ausfällt, desto weniger Nebenwirkungen treten auf. Die Beziehungsqualität wirkt also in zwei Richtungen – und das ist ihre wahre Kraft. Sie befördert positive Effekte und kann gleichzeitig Nebenwirkungen einschränken (Graßmann, Schölmerich & Schermuly, in press).

In einem Coaching erleichtert eine positive Beziehungsqualität, dass der Klient dem Coach vertraut und sich öffnet. Daraus resultiert, dass die Klienten sich eher trauen, sensible Informationen im Coaching zu teilen und sich verletzbar zu machen. Es besteht eine Atmosphäre des Verständnisses, und so können Unsicherheiten und Ängste eher berichtet und bearbeitet werden. Selbstkritik wird im geschützten Rahmen einer positiven Beziehung erleichtert und Feedback besser angenommen und verarbeitet. Auch scheint es einfacher zu sein, sich zu verändern, wenn ein positiver Beziehungsrahmen vorherrscht. Die Beziehungsqualität schafft eine Atmosphäre, die bessere Lern- und Entwicklungsbedingungen für die Klienten schafft (Graßmann, Schölmerich & Schermuly, in press).

Ja, und wie lässt sich jetzt eine positive Beziehung gestalten? Dazu lassen sich ebenfalls ein paar Aussagen machen, die empirisch abgesichert sind. So wissen wir, dass die Empathie des Coachs einen Einfluss auf die Beziehungsqualität besitzt (Bluckert 2005; Gregory und Levy 2011). Coaches, die sich gut in ihren Klienten hineinversetzen können, gelingt es besser, den Beziehungsaufbau positiv zu gestalten. Dabei scheint es aber auch wichtig zu sein, dass diese Empathie für die Klienten erlebbar wird. Es reicht nicht, dass der Coach sich gut in den Klienten hineinversetzen kann und ihn in seinen Gefühlen und Gedanken versteht. Der Klient muss dieses Verständnis auch wahrnehmen.

Auch das nonverbale Verhalten scheint ein wichtiger Einflussfaktor zu sein. Weiter oben habe ich Ihnen bereits die Studie vorgestellt, die ich dazu mit meinen Braunschweiger Kolleginnen durchgeführt habe (Ianiro, Schermuly & Kauffeld, 2013). Das Mimikryverhalten, das heißt die Ähnlichkeit zwischen Coach und Klienten hinsichtlich des nonverbalen Verhaltens auf den Dimensionen Affiliation und Dominanz, beeinflusst die Entwicklung der Beziehungsqualität. Und das scheint ein Prozess zu sein, der sehr früh, das bedeutet in der allerersten Sitzung, angestoßen wird. Vor allem der erste Kontakt scheint die Beziehungsqualität zu prägen. Wenn in der ersten Sitzung die Chemie nicht stimmt, dann kann das starke Effekte auf den weiteren Coachingverlauf haben. Aber es gibt einige Aspekte mehr, die zu beachten sind, wenn man als Coach die Beziehungsqualität zu seinem Klienten positiv beeinflussen will. Davon weiß meine sehr geschätzte Kollegin Dr. Beate Fietze im Interview zu berichten (siehe Infobox 8).

Die Beziehungsqualität zwischen Coach und Klient ist eine sehr wichtige Prozessvariable. Sie beeinflusst nicht nur den Coachingerfolg, sondern kann auch negative Nebenwirkungen abmildern. Sie kann durch Empathie, aber auch nonverbales Verhalten (z. B. Mimikryverhalten) des Coachs erhöht werden.

Infobox 8: Wie kann ein Coach eine positive Beziehungsqualität für ein wirksames Coaching stimulieren?

Dr. Beate Fietze studierte Soziologie und Psychologie an der Freien Universität Berlin und promovierte an der Humboldt-Universität Berlin. Sie unterrichtete an verschiedenen Universitäten, zuletzt 2011/12 als Professorin am Fachbereich für Sozialwissenschaften an der Goethe-Universität Frankfurt am Main. Als Autorin und Expertin engagiert sie sich zu Fra-

gen der Professionalisierung von Beratung, ist wissenschaftliche Beirätin des Round Table der Coachingverbände und Mitherausgeberin der Zeitschrift OSC. Seit 2003 arbeitet sie als selbstständige Beraterin und Coach. 2008/2009 war sie Personalmanagerin des Ministeriums für ländliche Entwicklung, Umwelt und Verbraucherschutz des Landes Brandenburg, 2013/2016 Forschungsbeauftragte der Deutschen Gesellschaft für Supervision. Seit 2016 ist sie Beraterin bei Artop, Institut der Humboldt Universität Berlin.

Interviewerin: In unserem Interview soll es darum gehen, wie ein Coach eine positive Beziehungsqualität im Business-Coaching stimulieren kann. Als Einstiegsfrage haben wir uns überlegt, was denn für Sie eine positive Beziehungsqualität im Coaching ausmacht?

Dr. Beate Fietze: Die wesentlichen Elemente einer positiven Beziehungsqualität sind Offenheit und Vertrauen, das wird Sie nicht besonders überraschen. Der »Test« für eine gute Beziehungsqualität ist letztlich ihre Belastbarkeit. Eine Coachingbeziehung muss bisweilen auch durch Krisen gehen, in denen die Beratungsbeziehung – oder das Arbeitsbündnis, wie wir es auch nennen – gehalten werden muss – und zwar von beiden Seiten. Denn als Coach ist man ja nicht nur Feedbackgeber, sondern bekommt auch Rückmeldungen und sollte auch bei eigenen Infragestellungen und Irritationen die Beziehung halten können.

Interviewerin: Beim Thema »Gestaltung von Beziehung« ploppt bei mir das Thema Rollen auf, also die verschiedenen Rollen zu kennen und tatsächlich gewisse Rollenbilder auch trennen zu können. Sehen Sie das ähnlich?

Fietze: Ja genau. Es ist für mich als Coach ganz wichtig, dass ich meine Professionsrolle kenne und aus einer geklärten Professionsrolle heraus in den Kontakt gehe. In dem Moment, in dem ich als Coach angesprochen werde, bin ich Coach und nicht mehr Privatperson.

Interviewerin: Wie kann ich als Coach eine positive Beziehungsqualität aufbauen, auch wenn mir ein Klient oder eine Klientin nicht sofort sympathisch ist? Auch hinsichtlich der Professionsrolle. Wie machen Sie das?

Fietze: Auf die Entwicklung einer positiven Beziehungsqualität wirken verschiedene Dimensionen ein. Zunächst hat es im Coaching mit dem Matching zu tun. Kenne ich mich in dem beruflichen Feld aus und bin ich mit dem soziokulturellen Milieu vertraut, in dem sich der Klient/in bewegt? Verfüge ich also über das nötige Kontextwissen, über die für diese Person relevante Feldkompetenz und Kulturkompetenz? Ihre Frage nach der Sympathie zwischen Coach und Klient berührt aber darüber hinaus die Persönlichkeitsebene, die persönliche Passung zwischen Coach und Coachee. Auch hier ist meines Erachtens die Professionsrolle, genauer: die professionelle Identität als Coach, von großer Bedeutung. Zur professionellen und insbesondere professionsethischen Haltung des Coachs gehört eine prinzipielle Offenheit und Wertschätzung gegenüber jedem Coachee und seinem Anliegen. Letztendlich geht es um diese Haltung und nicht so sehr um Sympathie. Natürlich erleben wir aber auch im Coaching immer wieder, dass wir zu verschiedenen Menschen einen schnelleren oder weniger schnellen Zugang finden. Es ist wichtig, dass wir auch unsere Empfindungen im Verhältnis zu unseren Klienten nicht ausblenden – auch nicht unsere negativen Gefühle –, sondern die eigene emotionale Reaktion daraufhin befragen: Was hat dieses Gefühl bei mir ausgelöst? Was z. B. stört mich? Aber es müsste schon ziemlich viel zusammenkommen, bevor ich sagen würde, dass jetzt ein Punkt persönlicher Abneigung erreicht ist, den ich nicht überwinden kann. Das ist mir – offen gesagt – überhaupt noch nicht passiert. Umgekehrt sehe ich viel eher die Gefahr, dass man jemanden spontan ausgesprochen sympathisch findet und versucht ist, aus der professionellen Rollendistanz herauszutreten. Man muss sich daher immer bewusst bleiben, dass man dem Gesprächspartner im Coaching in einem bestimmten Beratungssetting und in einer bestimmten Rolle begegnet.

Interviewerin: Welche Fähigkeit oder Fähigkeiten des Coachs erachten Sie als besonders hilfreich zum Aufbau der Beziehungsqualität zwischen Coach und Klient?

Fietze: Die Beziehung beginnt auf beiden Seiten in den ersten Sekunden mit einer unbewussten Übertragung bereits vorhandener, biografisch entwickelter Objektbeziehungen und Gefühlsbildungen – wie es in der Psychoanalyse beschrieben ist. Je nach dem Charakter der Übertragung ist der Weg für den weiteren Beziehungsaufbau positiv gestimmt oder man muss der Beziehungsgestaltung mehr Aufmerksamkeit widmen. Eine wichtige – vielleicht sogar die wichtigste – Fähigkeit des Coachs für den Aufbau einer tragfähigen Beratungsbeziehung liegt in der Gestaltung einer Vertrauensbasis. Voraussetzung ist natürlich die eigene professionelle Seriosität. Dazu gehört auch, dass ich mögliche Fragen des Klienten zu den Grenzen meines Kompetenzprofils offen beantworte. Die Basis für den Aufbau der Beziehungsqualität zwischen Coach und Klient erscheint mir, dem Klienten in einem geschützten Reflexionsraum Sicherheit zu vermitteln. Dies gelingt, wenn wir dem Klienten mit einer wertschätzenden Haltung begegnen – und ihn trotz der unterschiedlichen Positionen und Rollen im Beratungssetting als gleichberechtigten und selbstverantwortlichen Dialogpartner ansprechen. Die Grundlage dafür ist das scheinbar Selbstverständliche, nämlich dass ich meinem Gesprächspartner unvoreingenommen und mit Interesse begegne, Fragen stelle, sehr aufmerksam zuhöre und mir seiner Person in allen ihren erfahrbaren Dimension »gewahr werde«, wie es in der gestalttherapeutischen Tradition beschrieben ist. Ich gebe dem Klienten z. B. häufig Feedback, stelle ihm meine Wahrnehmungen zur Verfügung oder wiederhole seine Aussagen mit meinen eigenen Worten. Dies ermöglicht dem Coachee, selbst abzuschätzen, wie weit mein Verständnis für seine Anliegen reicht, und fördert sein Gefühl von Sicherheit – mit der Intention, durch das wachsende Vertrauen Spielräume auch für unvorhergesehene Entwicklungen, überraschende Momente, Neues und den Umgang mit Unsicherheit zu öffnen oder zu erleichtern.

Interviewerin: Sie haben eben gesagt, dass Sie in den ersten Minuten merken, ob es klappt, und dann ist der Weg für die Beziehungsqualität geebnet, oder Sie merken, dass es sehr schwierig werden kann. Wie genau gehen Sie vor, wenn Sie merken, dass es eher schwierig werden kann?

Fietze: Ich merke, dass ich sozusagen wacher werde, wenn ich den Eindruck gewinne, dass etwas entgleisen könnte. So schaue ich beispielsweise genauer hin, wenn ich in meinem Tun infrage gestellt werde. Es gibt Menschen, die den Kontakt mit einer Provokation anfangen, um von Beginn an die Belastbarkeit der Beziehung zu testen. Oder wenn ich den Eindruck gewinne, dass im Hintergrund eine ernste psychische Problematik vorliegt, sodass ich mich frage, ob zum jetzigen Zeitpunkt ein Coaching das Richtige ist. Also immer, wenn ich den normalen Prozessablauf im Coaching infrage gestellt sehe, versuche ich, das für mich bewusst aufzunehmen und im Gespräch mit dem Klienten zu thematisieren.

Interviewerin: Wenn Sie aus Ihrer persönlichen Erfahrung berichten, wie wirkt sich dieses Verhalten auf den Beziehungsaufbau aus?

Fietze: Um einem möglichen Missverständnis vorzubeugen: Meine privaten Erfahrungen und Erlebnisse haben im Coaching nichts zu suchen. Wenn wir hier von meinen persönlichen Erfahrungen sprechen, dann sind damit meine Erfahrungen oder auch mein Erleben im Dialog mit dem Coachee gemeint. Mein Erleben dem Klienten als Feedback zur Verfügung zu stellen, ist ein wichtiges Vorgehen für den Beziehungsaufbau. Ich teile dem Klienten in geeigneter Weise mit, was bei mir ankommt, welchen Eindruck z. B. eine Situation bei mir hervorruft oder welche Gedanken mir zu seiner Fragestellung durch den Kopf gehen. Ich benenne auch die schwierigen Punkte oder meine Irritation, wenn auch weniger als »Problem«, sondern als Themen. Die Klienten kennen dann meine Wahrnehmung oder Einschätzung und wir können gemeinsam besprechen, ob und wie es im Coaching weitergehen kann. Mein Erleben und meine Einschätzungen im Rahmen der Coachingsituation dienen dem Klienten als Resonanzraum für seine eigene Entwicklung und Entscheidung.

Interviewerin: Wir haben im Rahmen dieses Interviews unseren Fokus auf Empathie gelegt. Nach Rogers Handlungsempfehlungen sollte die Beziehung zwischen Coach und Klient unter anderem durch Empathie gekennzeichnet sein. Jetzt haben Sie aber am Anfang für eine positive Stimulation der Beziehungsqualität von Vertrauen, Offenheit und Belastbarkeit gesprochen. Welche Rolle spielt Ihrer Meinung nach die Empathie?

Fietze: Ich sehe hier keinen Widerspruch. Im Gegenteil. Ich halte Empathie für unverzichtbar im Coaching. Und ich finde Ihre Frage wichtig und gut, denn sie gibt Gelegenheit, den Begriff der Empathie nochmal zu reflektieren. Empathie heißt mitfühlen und sich in die Situation des anderen hineinversetzen zu können.

Interviewerin: Und wie macht man das?

Fietze: Empathie bedeutet, sich auf den anderen, sein Situationserleben und seine Situationsdeutung einzulassen. Für den Coach ist damit immer die Frage verbunden, ob ich wirklich für den anderen offen bin oder ob ich meine eigenen Erfahrungen und Befindlichkeiten in die Darstellungen des Klienten hineinprojiziere. Empathie und Identifikation ist nicht dasselbe. Es gilt stets wachsam zu sein, sich nicht zu »infizieren«. Auch dabei gilt es, meine Vorstellungen über das Situationserleben des Coachees durch meine Spiegelung dem Klienten vorzulegen – also nicht bei den eigenen Fantasien stehenzubleiben, sondern diese stets durch konkrete Nachfrage zu überprüfen. Es geht also immer um den Abgleich von Wirklichkeitserleben: Nicht, was ich als Coach aus der Situation mitnehme, ist das Entscheidende für den Fortgang des Coachingprozesses, sondern das, was der Klient für sich aus dem Dialog mitnimmt. Dies ist oft sehr unterschiedlich und zum Teil gerade zu Beginn der beruflichen Praxis als Coach nicht immer nur eine lustige Erkenntnis. Wenn Sie zum Abschluss der Sitzung fragen, was dem Coachee wichtig war, bekommen Sie möglicherweise Antworten, von denen Sie denken: Wie kann es sein, dass der Coachee nur sehr oberflächliche Themen benennt, während Sie selbst den Eindruck hatten, tiefgründige Erfahrungen und Einsichten bewegt zu haben. Also das müssen wir schon den Klienten überlassen, was ihnen wichtig war.

Interviewerin: Gehe ich recht in der Annahme, dass Rogers dies die »Als-ob-Perspektive« genannt hat? Es geht schon darum, jemanden zu verstehen und sich hineinzuversetzen, aber sich nicht zu identifizieren.

Fietze: Das ist genau der Punkt. Ich nannte es eben »infizieren«, wie wenn man sich angesteckt hat – fast wie mit einem Virus. Aber es ist im Grunde genau das: sich nicht unbewusst und somit unverstanden zu identifizieren. Die »Als-ob-Perspektive« nähert sich dem Erleben und Denken des Klienten und bleibt sich dennoch der Differenz zwischen Selbst- und Fremderleben bewusst. Wenn man jedoch spürt, dass man sich mit dem Klienten identifiziert hat, ist das ein Alarmsignal. Es ist dann wichtig, sich den Grund für eine solche Identifikation klarzumachen. Wenn einem der eigene Hintergrund einer ähnlich gelagerten Erfahrung dann bewusst ist, kann dieser Umstand eine besonders hilfreiche Ressource für das Verständnis des Klienten sein.

Interviewerin: Was würden Sie sagen, wie kann man als Coach Empathie lernen?

Fietze: Empathie erlernt man durch die Reflexion von Selbsterfahrung. Empathiefähigkeit und Selbstreflexion gehören aufs Engste zusammen. Selbsterfahrung ist immer eine Reflexion und Aneignung der eigenen Biografie in ihren intim-privaten, aber auch sozialen, kultur- und zeitgebundenen Dimensionen. Sie ist eine unverzichtbare Voraussetzung, um die eigenen Identifizierungen und Projektionen zu erkennen, über die wir gerade sprachen. Selbsterfahrung sollte daher ein großes Gewicht in der Ausbildung einnehmen – sowohl im Einzelsetting als auch in Gruppen. Lehrcoaching oder Lehrsupervision sollten meiner Ansicht nach ein regelmäßiger Bestandteil der Qualifizierung zum Coach sein. Allerdings ist der Prozess der Selbsterfahrung nie abgeschlossen und hört nicht mit der Ausbildung auf, sondern sollte kontinuierlich z. B. in berufsbegleitenden Intervisionsgruppen weiter geübt und praktiziert werden.

Interviewerin: Um Empathie zu erlernen, ist also die Selbstkenntnis der erste Schritt. Welche weiteren Schritte oder Methoden würden Sie als wichtig erachten und empfehlen, um Empathie zu erlernen?

Fietze: Es hört sich möglicherweise etwas schlicht an, aber eine wichtige Methode ist das Erlernen des bewussten Wahrnehmens, Zuhörens und Fragens. Ich brauche z. B. Kenntnisse über die Wirksamkeit von bestimmten Formen des Fragens. So versucht gerade die Prozessforschung herauszufinden, wie die Wirkungsweise bestimmter Fragetypen in den verschiedenen Phasen des Coachingprozesses variiert. Empathie beschränkt sich dabei nicht auf kognitive Prozesse. Die Fähigkeit, sich in einen anderen hineinzuversetzen, schließt gerade emotionale und körperliche Ebenen des Erlebens und der Erfahrungen mit ein. Auch diese sollten in der Weiterbildung zum Coach integriert sein.

Interviewerin: Vielen Dank für das angenehme Interview, Frau Fietze.

Die Interviewfragen wurden von Marianna Balthes und Kristina Körsgen im Rahmen des von Carsten C. Schermuly geleiteten Masterstudienprojekts »Wirksamkeit von Coaching« entwickelt. Das Interview führten Marianna Balthes und Kristina Körsgen. Das Gespräch wurde von Carsten C. Schermuly für das Buch gekürzt.

7.5.2 Coachverhaltensweisen während des Coachings

Greif (2014, 2015) hat in seinem Modell verschiedene Verhaltensweisen von Coaches postuliert, die die Wirkung von Coaching beeinflussen können. Es sind Verhaltensweisen, die beobachtbar sind und direkt oder über vermittelnde Variablen (z. B. die Beziehungsqualität) die positiven Wirkungen in Coachings erzeugen. In Tabelle 7 sind die Variablen mit Beispielen aufgeführt. Diese Verhaltensweisen sind erlernbar und an den therapeutischen Wirkfaktoren von Grawe (2004) orientiert. Damit Sie verstehen, wie Sie im Coaching wirken, möchte ich Ihnen die Verhaltensweisen im Folgenden etwas genauer erläutern.

7.5.2.1 Wertschätzung und emotionale Unterstützung des Klienten durch den Coach

Wertschätzung und emotionale Unterstützung hat bereits Carl Rogers als Basisvariablen der Beratungstätigkeit postuliert (Greif, 2015). Streng genommen handelt es sich bei diesem Wirkfaktor um zwei Aspekte.

Unter Wertschätzung wird die positive Aufmerksamkeit und Beachtung einer Person verstanden. Wertschätzung bedeutet, den Wert des Gegenübers zu achten (Schermuly, 2016). Eigentlich würde das Wort Wert*achtung* besser passen, denn der Wert des Gegenübers wird weniger geschätzt, sondern eher geachtet. Es handelt sich um eine innere Haltung, die die Coaches den Klienten gegenüber einnehmen, unabhängig davon, welche Persönlichkeiten vor ihnen sitzen.

Emotionale Unterstützung bedeutet, dass der Coach seine eigenen Emotionen nutzt, um den Klienten zu stärken. Der Coach könnte zum Beispiel Trost spenden oder einem Klienten vermitteln, dass er eine bestimmte Emotion nachvollziehen kann. Ich weiß, es gibt auch Coachingschulen, die die emotionale Präsenz der Coaches im Prozess verbieten. Die vollständige emotionale Abstinenz halte ich in einem Coaching für nicht sinnvoll. Coaching ist keine Psychoanalyse auf dem Stand der zwanziger Jahre des vergangenen Jahrhunderts. Neutralität und Abstinenz sind kaum erreichbare Ziele, die auch wenig bringen (siehe Infobox 13). Denn durch Wertschätzung und emotionale Unterstützung drückt der Coach Wärme und Respekt aus. Fehlende Wertschätzung verunsichert Klienten und erlaubt keine positive Beziehungsgestaltung (Greif, 2015).

7.5.2.2 Affektaktivierung

Unter Affektaktivierung wird die Anregung von Gefühlen verstanden. Daraus können nach Greif (2015, S. 54) wichtige »Anstöße für die Selbstreflektion der Klient/innen über ihre Bedürfnisse und Motive sowie die spätere Zielklärung« gewonnen werden. Greif geht von einer Art kathartischen Wirkung aus. Wenn z.B. negative Gefühle angeregt und die Vermeidung oder Unzugänglichkeit aufgebrochen wurden, dann sollen die negativen Gefühle dadurch abnehmen. Zumindest können Gefühle, wenn sie aktiviert werden, bearbeitet werden. Sie können neu betrachtet und z.B. auf ihre Auslöser und Konsequenzen geprüft werden. Dadurch wird es einfacher, im weiteren Verlauf mehr rationale Einschätzungen und Verarbeitungen zu initiieren, die langfristig besser zur Rolle einer Führungskraft passen (Greif, 2015). Deswegen schlussfolgern Lai und McDowall zu den Emotionen von Coaches und Klienten (2014, S. 127): »Thus, managing these emotions and transferring them into positive insights for coachees to change is a crucial factor for an effective coaching relationship«.

Wie wir aus der Nebenwirkungsforschung wissen (siehe Kapitel 8), handelt es sich beim Anstoßen von Problemen, die im Coaching nicht mehr bewältigt werden können, um eine der häufigsten negativen Nebenwirkungen, die in Coachings auftreten. Diese Probleme haben häufig eine emotionale Färbung. Deswegen ist zur Affektaktivierung noch ein Aspekt wichtig, der mir bei Siegfried Greif gefehlt hat. Wenn Coaches negative Gefühle anregen, dann müssen sie das, was sie dort gezielt anregen, auch gemeinsam mit den Klienten bewältigen können. Wer Schubladen öffnet, der muss sie auch wieder schließen können. Das gehört zur Profession und zur Verantwortung von Coaches. Deswegen sollten Coaches über ihr Handeln in diesem Bereich reflektieren und abwägen, ob und in welcher Phase eines Coachings sie einen negativen Affekt aktivieren und wann sie das besser sein lassen. In Kapitel 10.3.3 gehe ich auf dieses Thema intensiver ein und stelle Ihnen eine Studie von Elaine Cox und Tatiana Bachkirova von der Oxford Brookes University zum Umgang mit schwierigen emotionalen Situationen in Coachings vor.

7.5.2.3 Durchführung von Problemanalysen

Klienten kommen in der Regel wegen eines Problems in das Coaching und nicht nur, um ein wenig Selbstreflexion und Nabelschau zu betreiben. Und auch die meisten Unternehmen zahlen nur für ein Coaching, wenn Probleme gelöst werden. Deswegen besitzt die Problemanalyse und die daraus resultierende Zielentwicklung eine besondere Prominenz im Coachingprozess (siehe z. B. auch im GROW-Modell von Whitmore, 2002).

Bei der Problemanalyse motivieren die Coaches die Klienten dazu, ein Problem oder eine Situation systematisch zu betrachten (Greif, 2015). Das Problem wird aus verschiedenen Perspektiven betrachtet. Es wird eine Analyse angestoßen, die zu einer Neubewertung der Situation führen soll. Häufig wird dabei die Ist-Situation mit der Soll-Situation verglichen. Dann wird darüber gemeinsam reflektiert, wie die Ist-Situation in die Soll-Situation überführt werden kann. Verschiedene Kommunikations- bzw. Fragetechniken können dabei zur Anwendung kommen. Dehner (2005, S. 365) schlägt z. B. folgende Fragen zur Problemanalyse vor:

»Warum soll das Problem gerade jetzt angegangen werden?«
»Für wen ist das Problem noch ein Problem?«
»Wie würden diese Personen das Problem definieren?«
»Wenn sich an dem Problem nichts ändert, was wird dann passieren?«
»Gibt es Situationen, in denen das Problem nicht auftaucht?«

Weiterhin kann z. B. mit der Verschlimmerungstechnik gearbeitet werden, um die Ursachen des Problems besser zu erkennen: »Was müssten Sie unternehmen, um die Situation zu verschlimmern?« Bei der Analyse des Soll-Zustands kann es helfen, mit der Wunderfrage zu arbeiten: »Stellen Sie sich vor, dass ein Wunder geschieht und das Problem gelöst ist. Was hat sich verändert?« Werner Vogelauer stellt in seinem Buch das Pentagon-Modell zur Problemklärung und Zielbindung vor. In fünf Phasen wird das Problem des Klienten analysiert. Auch dieser Ablauf kann Ihnen als Coach für eine adäquate Problemanalyse behilflich sein (siehe Abb. 7).

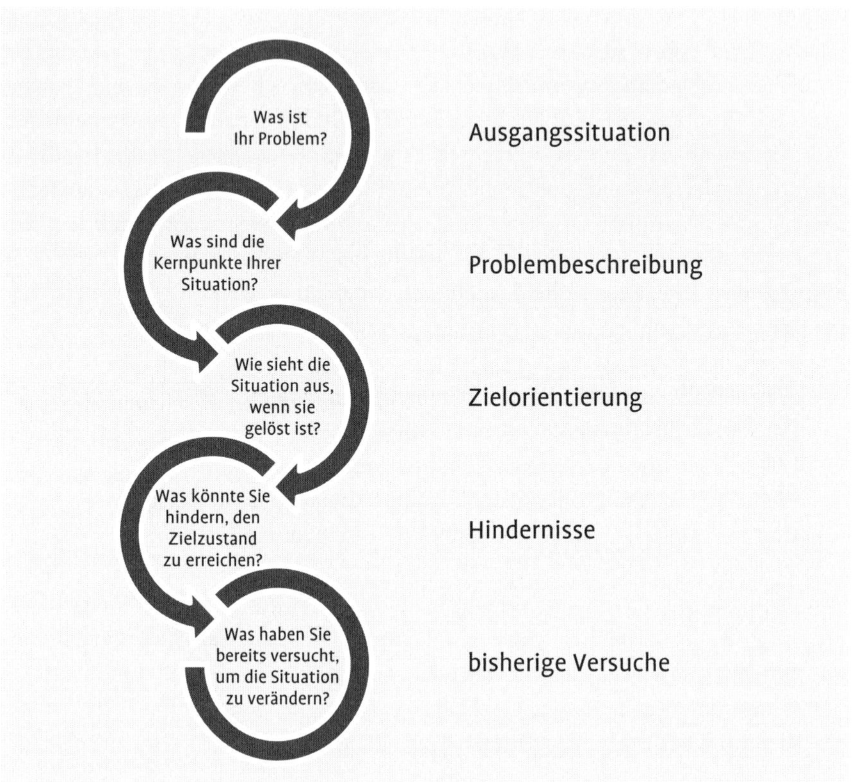

Abb. 7: Das Pentagon-Modell zur Problemklärung und Zielbildung (eigene Abbildung nach Vogelauer, 2001, S. 98)

Für den Erfolg eines zielorientierten Coachingstils spricht auch die Empirie. Grant (2014) untersuchte 49 Coachings, deren Vorgehen an dem GROW-Modell orientiert war. Die Klienten erreichten nach dem Coaching durchschnittlich mehr Zielerreichung und mehr Einsicht sowie geringere Stress- und Angstausprägungen verglichen mit den Werten, die vor dem Coaching gemessen wurden. Verantwortlich für diese Erfolge war ein zielorientierter Coachingstil und nicht der personenzentrierte Ansatz (Grant, 2014).

7.5.2.4 Förderung der ergebnisorientierten Selbstreflexion

Die Selbstreflexion ist wie die Problemanalyse ein wesentlicher Bestandteil eines Coachings. Problembearbeitung und Selbstreflexion sind wie Schwestern: Sie unterscheiden sich, aber sie sind auch eng verwandt miteinander und sie treten häufig gemeinsam auf. Denn das Nachdenken über ein Problem kann auch zu einem Nachdenken über sich selbst führen.

Während bei der Problemanalyse eine Problemreflexion stattfindet, regt der Coach bei der Selbstreflexion das Nachdenken und Nachfühlen der Klienten über sich selbst an. Coaching führt so zur Selbstkenntnis. Nicht ohne Grund stand auf dem Apollotempel in Delphi, zu dem die ganze griechische Welt pilgerte: Gnothi seauton = Erkenne dich selbst.

Platon, Antisthenes, Seneca und viele mehr haben sich an diesem Spruch abgearbeitet. Vielen Coaches dient er als Grundlage ihres Coachings. Coaches helfen ihren Klienten, über ihre Werte und Verhaltensweisen sowie über ihre Affekte, Bedürfnisse und Motive nachzudenken. Wer bin ich? Warum mache ich das und nicht etwas anderes? Welche Erwartungen habe ich? Warum werden meine Erwartungen enttäuscht? Was treibt mich an und was treibt mich weg? Auch können die Stärken und Schwächen sowie das Selbst- und Fremdbild zum Zwecke der ergebnisorientierten Selbstreflexion abgeglichen werden (Greif, 2015). Wichtig ist, dass nicht ein unkontrolliertes Grübeln, sondern eine Selbstreflexion, die ergebnisorientiert ist, angeregt wird. Ergebnisorientierte Selbstreflexion ist »daran erkennbar, dass die Selbstreflektionen mit daraus abgeleiteten, konkret benennbaren Ergebnissen, wie neuen Einsichten oder Plänen zur Veränderung des Empfindens und Handelns der Klient/innen verbunden sind« (Greif, 2015, S. 55).

Als Kommunikationstechnik, um neue lösungsorientierte Selbstreflexionen zu stimulieren, bietet es sich unter anderem an, hypothetische, zusätzliche Personen in das Gespräch zu involvieren: »Wie würden Ihre Mitarbeiter Ihren Führungsstil charakterisieren?« oder »Welche Fähigkeit schätzt Ihr Vorgesetzter an Ihnen am meisten?« Mehr Beispiele finden Sie in Tabelle 7. Auch kann der Coach in diesem Bereich mit Persönlichkeitstests arbeiten und die Ergebnisse den Klienten zurückmelden.

Tab. 7: Coachverhaltensweisen, die nach Greif (2014, 2015) die Wirkung eines Coachings im Prozess beeinflussen können

Verhaltensweise	Beispiele
Wertschätzung und emotionale Unterstützung	»Das kann ich gut nachvollziehen, dass Sie das geärgert hat.« »Wie ich das sehe, haben Sie sich durch diese Phase durchkämpfen müssen.«
Affektaktivierung	»Was haben Sie gefühlt, als Sie das Feedback erhalten haben?« »Was hat Sie beim Abschied bewegt?«

Verhaltensweise	Beispiele
Problemanalyse	»Wer ist an dem Problem beteiligt?« »Welche Nutzen haben Sie und die anderen Problembeteiligten, wenn alles so bleibt, wie es ist?«
Ergebnisorientierte Selbstreflexion	»Welche Ihrer Verhaltensweisen fördern den beruflichen Erfolg Ihrer Mitarbeiter? Welche verhindern diesen?« »Wer hat Sie als Führungskraft geprägt? Welche Verhaltensweisen möchten Sie von diesem Vorbild erhalten? Welche nicht?«
Zielklärung	»Welche Ziele wollen Sie mit dem Coaching erreichen?« »Woran merken Sie, aber auch Ihre Mitarbeiter, dass diese Ziele erreicht wurden?« »Was hat sich durch das Coaching verändert?«
Ressourcenaktivierung	»Was hat Ihnen in dieser Situation geholfen ruhig zu bleiben?« »Welche Stärken nehmen Ihre Vorgesetzten bei Ihnen wahr?« »Wer in Ihrem sozialen System könnte Sie bei dieser Aufgabe unterstützen?«
Umsetzungsunterstützung	»Was wollen Sie konkret ändern, wenn Sie wieder arbeiten?« »Wie kann das Coaching Ihnen dabei behilflich sein, diese Punkte auch wirklich in Ihrer beruflichen Praxis umzusetzen?«

7.5.2.5 Zielklärung und Zielorientierung

In verschiedenen Coachingprozessmodellen (z.B. Rauen, 2008; Whitmore, 2002) ist die Arbeit an den Zielen des Klienten ein wesentlicher Bestandteil der ersten Coachingsitzungen. So sieht das auch Greif (2015, S. 56): »Die Klärung der Ziele der Klient/innen gilt als eine der wichtigsten und grundlegenden Funktionen im Coaching-Prozess.«

Coach und Klient klären die Ziele und legen diese für den Coachingprozess fest. Die Zielsetzungstheorie (Locke & Latham, 1990) hilft zu verstehen, warum gut formulierte Ziele den Coachingprozess positiv beeinflussen können. Laut der Autoren dieser Theorie sind Ziele gut formuliert, wenn sie spezifisch und gleichzeitig herausfordernd ausgearbeitet worden sind. Herausfordernd bedeutet aber nicht, dass die Ziele unerreichbar sind. Sie sollten realistischen Charakter besitzen. Herausfordernde und spezifische Ziele motivieren laut Zielsetzungstheorie am stärksten. Hat am Anfang des Coachings eine passende Zielklärung stattgefunden, dann sollten die Klienten motivierter sein, im Coaching mitzuarbeiten und die Inhalte in die Praxis zu transferieren. Auch geben Ziele der Motivation eine Orientierung. Die investierte Kraft wird in eine wünschenswerte Richtung gelenkt. Zudem kann über Teilziele der Fortschritt während eines Coachings geprüft werden. Verschiedene Studien zeigen die positiven Effekte von Zielen im Coaching (z. B. Brauer, 2006; Jansen et al., 2004; Runde et al., 2005).

Dennoch gibt es immer wieder Coachings, in denen es aufgrund der Thematik entweder schwierig oder nicht sinnvoll ist, mit präzisen Zielformulierungen zu arbeiten (Greif, 2015). Auch ist ein Coaching ein dynamischer Prozess. Ziele, die noch am Anfang als lohnenswert festgelegt wurden, können in der Mitte des Coachings als nutzlos erscheinen. Hier benötigt der Coach viel Erfahrung und Fingerspitzengefühl. Er muss helfen, dass es zu einer Neubewertung der Ziele kommt. Flexibilität und Anpassung sind für ein wirksames Coaching sehr wichtig.

7.5.2.6 Ressourcenaktivierung

Klienten treten mit verschiedenen Ressourcen in ein Coaching ein und kennen ihre eigenen Ressourcen oft nur unzureichend. Sie wissen nicht, was ihnen alles zur Verfügung steht, um Ziele zu erreichen und Probleme zu bewältigen. Grob lassen sich nach Greif (2015) zwei Ressourcenarten unterscheiden: interne Ressourcen und externe Ressourcen. Die verschiedenen Ressourcenarten sind mit Beispielen in Tabelle 8 aufgeführt.

Tab. 8: Unterschiedliche Ressourcen von Klienten

Ressourcenart	Beispiele
Interne Ressourcen	Wissen Erfahrung Stressbewältigungsstrategien kognitive Leistungsfähigkeit Organisationsfähigkeit Motivation Rollenklarheit weitere berufsbezogene Fähigkeiten und Kompetenzen
Externe Ressourcen	Unterstützung durch Kollegen (z. B. Vorgesetzte oder Mitarbeiter) Unterstützung durch Freunde und Familie Expertenwissen regelmäßiges Feedback Coach und andere Berater Entwicklungsmöglichkeiten am Arbeitsplatz Autonomie am Arbeitsplatz sinnhafter Beruf

Aufgabe eines Coachs ist es nach Greif, den Fokus des Coachings auf die Ressourcen zu legen. Die Ressourcen sollen erkannt und aktiviert werden, sodass sie aktiv genutzt werden können. Das führt zu einer emotionalen Entlastung und spendet Sicherheit. Stresssituationen werden als weniger gefährlich erlebt, wenn Ressourcen wahrgenommen werden, um sie zu bewältigen. Ziel ist es, Ressourcen für die Klienten zuerst sichtbar, dann erlebbar und im letzten Schritt nutzbar zu machen.

7.5.2.7 Förderung der Umsetzungsunterstützung

Bei diesem Wirkfaktor geht es um den Transfer des Gelernten in die berufliche Realität des Klienten. Wenn Sie auch die Kapitel zuvor gelesen haben, dann müsste Ihnen nun sofort das Modell von Kirkpatrick in den Kopf kommen. Es ist schön, wenn sich Klienten und Coaches nett unterhalten. Aber das Ziel ist es in der Regel, dass sich das berufliche Handeln durch das Coaching verändert. Und das sollten Sie als Coach im Blick behalten. Greif (2015, S. 56) orientiert sich an der Therapieforschung und schlägt bei diesem Wirkfaktor drei Maßnahmen vor, die ein Coach beachten sollte:

1. Lösungsentwicklung und handlungsorientierte Bewältigung des Problems
2. Transfer konkreter Maßnahmen in die Praxis
3. Unterstützung bei der Zielerreichung

Coaches können also auf verschiedene Weisen den Transfer unterstützen. Sie sollten gemeinsam mit den Klienten möglichst konkrete, das heißt verhaltensnahe Lösungen für die Bewältigung des Problems entwickeln. Wenn Klienten wissen, was sie an ihrem Verhalten konkret ändern möchten, dann hilft das bei der Umsetzung. Weiterhin sollten konkrete Maßnahmen im Coaching erarbeitet werden. Dazu gehören z. B. Verhaltensexperimente und andere »Hausaufgaben« (»Beim nächsten Meeting werde ich als Führungskraft erst als Letzter meine Meinung offenbaren und beobachten, wie das den Entscheidungsprozess verändert«). Die Ergebnisse der Experimente können in der nächsten Coachingsitzung reflektiert werden. Wenn es zu Schwierigkeiten bei der Umsetzung kommt, sollten Coaches ihre Klienten dabei unterstützen, die Hindernisse zu überwinden.

Mit Wertschätzung und emotionaler Unterstützung, Affektaktivierung, Problemanalyse, ergebnisorientierter Selbstreflexion, Zielklärung, Ressourcenaktivierung und Umsetzungsunterstützung können Coaches die Wirksamkeit eines Coachings während des Coachingprozesses positiv beeinflussen.

Ich habe Ihnen dargestellt, welche positiven Wirkungen Coaching haben kann. In der Regel sind die positiven Wirkungen mittelstark und vielfältig. Dazu haben wir bereits viele Erkenntnisse. Zu den Wirkfaktoren gibt es weniger Forschung, doch zeichnen sich hier auf der Seite der Klienten, Coaches und Organisation sowie im Coachingprozess Faktoren ab, die auf diese Wirkungen Einfluss haben. Nun ist es an der Zeit, sich auch andere, als unerwünscht erlebte Wirkungen anzuschauen.

8. Negative Nebenwirkungen von Coaching für Klienten

Ihnen sind nun die vielfältigen positiven Wirkungen bekannt. Auch wissen Sie, wie auf diese positiven Wirkungen Einfluss genommen werden kann. Nun ist es an der Zeit, dass wir unser Blickfeld weiten. Ich begleite Sie nun zur unerwünschten Wirkungsseite von Coaching. Ich muss Sie aber enttäuschen, wenn Sie hier die dunkle Seite der Macht und eine »Abrechnung« mit der Coachingbranche suchen. Ich habe immer mal wieder von Verlagen das Angebot bekommen, eine solche Abrechnung zu schreiben. Aber bei mir sind dafür weder Material noch Motivation vorhanden. Coaching gehört auf die Seite von Lea und Luke und nicht auf die Seite von Darth Vader oder Snoke.

Mein Team und ich beschäftigen uns seit dem Jahr 2011 mit den negativen Nebenwirkungen von Coaching. Es handelt sich bei diesem Forschungsgegenstand um wissenschaftliches Neuland bzw. eine »frontier of research«. Bevor wir uns mit Nebenwirkungen beschäftigt haben, gab es relativ wenig Literatur in diesem Bereich. Kilburg (2002) beschrieb in einem Artikel mögliche negative Effekte von Coaching. Die Liste liest sich ziemlich erschreckend. So finden sich dort Effekte wie Arbeitsplatzverlust, psychische Probleme und finanzielle Probleme. Die Liste wurde aber nicht empirisch getestet. Seiger und Künzli (2011) erhoben in einer Marktbefragung in der Schweiz unerwünschte Coachingwirkungen. Die Coaches nannten z. B. Effekte wie »Neuerkenntnisse des Coachees lösen Probleme im sozialen Umfeld aus«, »Beziehungsprobleme zwischen Coach und Coachee« oder »Coaching als falsche Maßnahme«. In Deutschland waren es Eveline Mäthner, Anne Jansen und Thomas Bachmann, die in ihrer quantitativen Befragung erstmals auch negative Effekte von Coaching thematisierten. In einer Abbildung (Mäthner, Jansen & Bachmann, 2005, S. 63), die die Ergebnisse ihrer Befragung zusammenfasst, zeigen sie, dass 9 Prozent der Klienten und 6 Prozent der Coaches negative Effekte durch das Coaching erlebt hatten. Den Autoren gebührt Dank für ihre ersten Impulse zu diesem Thema.

Kelly-Irving (2014, zitiert nach Kotte et al., S. 27) definieren die Grenzen zwischen wissenschaftlichem Wissen und Neuland als »a place where innovative research pushes the boundaries of science or knowledge. It may also be an outpost, a remote or isolated place.« Und ja, ein Außenposten war es zunächst tatsächlich. Manchmal habe ich mich wie Jon Snow an der Mauer bei Game of Thrones gefühlt. Warum habe ich mir dieses Forschungsthema angetan? Dafür gibt es mehrere Gründe, die ich Ihnen gerne im Folgenden vorstellen möchte.

Bevor ich starte, noch zwei Hinweise vorab: Sie werden in diesen Abschnitten nicht nur einen inhaltlichen Wechsel spüren, sondern auch einen Wechsel in der Art und Weise, wie ich über das Thema berichte. Während ich oben in der Regel von Metaanalysen und der Forschung von Kollegen berichtet habe, lasse ich hier meine eigenen Forschungserfahrungen breit einfließen. Und dann bitte ich Sie noch Folgendes zu beachten: Wenn ich von Nebenwirkungen schreibe, dann spare ich mir ab und zu aus Platzgründen das Adjektiv »negativ«. In Kapitel 8 geht es ausschließlich um negative Nebenwirkungen. Dass es auch positive Nebenwirkungen geben kann, haben Sie in Kapitel 4 lesen können. Diese werden hier aber nicht behandelt.

8.1 Warum sollten sich die Praxis und die Wissenschaft mit dem Thema »Nebenwirkungen von Coaching« beschäftigen?

Ich kenne eine Führungskraft, die sich seit fünfzehn Jahren coachen lässt und in diesem Prozess ganze Generationen von Coaches »verschlissen« hat. Sie kennt alle Coachingkniffe und hat alle Ecken ihrer Berufsbiografie mit Scheinwerferbatterien ausgeleuchtet. Aber solche Klienten sind die Ausnahme. Die meisten sind »blutige« Anfänger. Der Begriff »blutiger Anfänger« stammt aus dem Handwerk. Die jungen Lehrlinge auf dem Bau hauen sich auch in Zeiten der Digitalisierung noch immer etwas häufiger mit dem Hammer gegen das Schienbein oder auf den Daumen als ihre Meister. Schaut sich ein Lehrling einen solchen Hammer etwas länger an, so weiß er, dass der wehtun kann. Schaut ein Klient zum ersten Mal in die treuen Augen eines Coachs, so ist ihm nicht sofort klar, dass ein Coaching auch schmerzhafte Veränderungen mit sich bringen kann. Ich empfinde es deshalb aus einem ethischen Blickwinkel als wichtig, dass Klienten darüber aufgeklärt werden, welche verschiedenen Wirkungen ein Coaching bei ihnen auslösen kann. Und für die Aufklärung ist die Erforschung von Nebenwirkungen notwendig. Wenn ein Mensch sich außerhalb seiner Familie und seines Freundeskreises einem anderen Menschen anvertraut, so sollte er darüber informiert werden, welche Konsequenzen das haben kann. Um Klienten das volle Spektrum an möglichen Wirkungen vorstellen zu können, ist es notwendig, dass wir uns in der Coachingforschung, aber auch in der Coachingpraxis mit dem Thema Nebenwirkungen beschäftigen.

Die Beschäftigung mit negativen Nebenwirkungen ist aber auch wichtig, um sie potenziell verhindern zu können. Wer nicht weiß, dass etwas Unerwünschtes in Coachingprozessen auftreten kann, der kann dieses Etwas auch schlecht verhindern. Es besteht ein »blinder Fleck«. Wenn Coaches wissen, dass Nebenwirkungen auftreten können, und gleichzeitig das Wissen über die Ursachen von Nebenwirkungen erarbeitet wurde, können diese präventiv eingeschränkt werden. In Kapitel 8.6 stelle ich Ihnen verschiedene Ursachen von Nebenwirkungen vor, die wir in unserer Forschung identifizieren konnten. Wirkungen von Coaching fallen nicht einfach vom Himmel. Das gilt für die positiven Wirkungen genauso wie für die negativen. Wirkungen werden bewirkt – und deswegen kann man auf sie Einfluss nehmen. Man muss nur wissen wie. Und dafür braucht man Forschung.

Doch die Beschäftigung mit Nebenwirkungen ist nicht nur wichtig für die Prävention, sondern auch für die Bewältigung von Nebenwirkungen. Wenn Coaches für Nebenwirkungen sensibilisiert sind, dann haben sie die Chance, diese während eines Coachings zu erkennen. Dies bietet die Chance, dass die Nebenwirkungen besser bearbeitet werden können. Die Nebenwirkung tritt aus dem Dunkel. Sie wird in das Licht gehoben und kann von Klient und Coach betrachtet und auch bearbeitet werden. Das macht es möglich, die negativen Konsequenzen abzufedern oder gar die Nebenwirkung für das Coaching positiv zu nutzen. Warum sollten zum Beispiel nicht einige tiefergehende Probleme, die durch das Coaching aufgedeckt worden sind, gelöst werden können, wenn der Coach und der Klient sie erkannt haben? Warum sollten Konflikte, die durch das Coaching ausgelöst werden, nicht eine Beziehung stärken, wenn sie im Coaching bearbeitet werden? Dafür müssen Coaches aber informiert und offen an das Thema »Nebenwirkungen von Coaching« herantreten.

Das Kapitel 9 habe ich dem Thema »Abbruch von Coaching« gewidmet. Dort werden Sie erfahren, dass Nebenwirkungen ein Hauptgrund für den Abbruch von Coachings durch Klienten sind. Durch Nebenwirkungen steigen die persönlichen Kosten eines Coachings, und manche Klienten sehen keine andere Option, als das Coaching zu beenden. Themen können zum Beispiel eine solche Intensität erreichen, dass die Klienten zum Coaching nicht mehr erscheinen. Coachingabbrüche kosten Coaches Geld und nehmen Klienten die Chance zu einem erfolgreichen Coaching. Um Abbrüche zu verhindern, ist die Beschäftigung mit Nebenwirkungen wichtig.

Wie Sie in Kapitel 10 erfahren werden, treten Nebenwirkungen nicht nur auf der Seite der Klienten, sondern auch auf der Seite der Coaches auf. Im Sinne ihrer persönlichen Selbstfürsorge sollten sich Coaches mit den Nebenwirkungen von Coaching beschäftigen. Das Thema ist wichtig für die Gesundheit und die Ausgeglichenheit der Coaches. Coaches sollten sich mit dem Thema beschäftigen, damit es ihnen gut geht. Und nicht nur das: Ich bin davon überzeugt, dass Coaches nur gut coachen können, wenn es ihnen selbst gut geht. Die Beschäftigung mit Nebenwirkungen lohnt sich, damit Coaches zufrieden, ausgeglichen und wirkungsvoll ihrer beruflichen Tätigkeit nachgehen können.

Auch die Coachingbranche als Ganzes profitiert von der Beschäftigung mit Nebenwirkungen von Coaching. Nebenwirkungen werden bereits in anderen Professionen seit längerer Zeit untersucht, und das Wissen wird in der Praxis genutzt. Coaching ist noch eine sehr junge Profession. Es ist voll und ganz nachvollziehbar, dass sich eine junge Disziplin zunächst darum kümmert, die positiven Wirkungen ihrer Arbeit in den Fokus zu stellen. Das war in der Psychotherapie nicht anders als in der Kernphysik. Will aber eine Profession den nächsten Reifegrad erlangen, so ist ein Schritt auf dem dornigen Weg zu einer professionellen Disziplin die Beschäftigung mit unerwünschten Konsequenzen des eigenen Handelns. Besitzt eine Disziplin genug Selbstbewusstsein und geht sie diesen Schritt, dann hilft das der Professionalisierung und damit der ganzen Branche. Das wird auch von anderen Professionen wahrgenommen. Und für viele Folgeschritte ist diese Beschäftigung sogar eine Notwendigkeit. Es gibt Krankenkassen, die darüber nachdenken, Coachings als Präventionsmaßnahme für arbeitsbezogenen Stress oder nach einer Rehabilitationsmaßnahme zur Wiedereingliederung in den Beruf einzusetzen. Nachdem die positiven Wirkungen recherchiert wurden, werden die Krankenkassen auch Erkenntnisse über etwaige Nebenwirkungen einfordern. Liegen hier keine Erkenntnisse vor, dann ist das Gedankenspiel schnell vorbei.

Zusammenfassend lässt sich sagen, dass Coaches und Klienten durch die Beschäftigung mit Nebenwirkungen einen blinden Fleck bezüglich der Wirkungen von Coaching verlieren. Dadurch weitet sich ihr Sichtfeld und sie sind Nebenwirkungen nicht unbewusst ausgesetzt, sondern können sie aktiv verhindern, bewältigen oder gar im Coachingprozess nutzen. Das hilft den Klienten, aber auch den Coaches selbst. Durch die Beschäftigung mit Nebenwirkungen können Abbrüche eingeschränkt werden, und es gewinnt auch die Coachingbranche. Der nächste Schritt zu einer anerkannten und professionellen Disziplin kann damit gegangen werden.

8.2 Überblick über die bisher durchgeführten Studien

In den nächsten Kapiteln berufe ich mich vor allem auf die Forschung, die ich seit 2011 durchgeführt habe. Mittlerweile kommt da eine zweistellige Anzahl von Studien zu den negativen Nebenwirkungen von Coaching für Klienten und Coaches zusammen. Ein Überblick über die Studien gibt Ihnen Tabelle 9. Zu dieser Tabelle können Sie immer wieder zurückkommen, wenn Sie noch einmal über die Stichprobe oder die Studienausrichtung Details wissen wollen, die ich nicht in jedem Kapitel wiederhole. Vertiefte Angaben zu den Studien und den Ergebnissen der Studien finden Sie im weiteren Verlauf des Buchs und in den Quellen, die ich Ihnen in der Tabelle vorstelle. In Tabelle 9 werden der Mittelwert mit *M* und die Standardabweichung mit *SD* abgekürzt.

Tab. 9: Studien zu Nebenwirkungen von Coaching

Studie 1: Qualitative Exploration von Nebenwirkungen für Klienten
Bei wissenschaftlichem Neuland bietet sich zunächst eine explorative Forschungsstrategie an (Bortz & Döring, 2006). Deshalb wurden in Studie 1 strukturierte Interviews mit 21 erfahrenen Coaches telefonisch geführt (Alter: M = 48,2 Jahre, SD = 10,4; Berufserfahrung: M = 13,7 Jahre, SD = 7,7; Arbeitszeit mit Coaching M = 36,2 %, SD = 23,5; Frauenanteil = 47,6 %). Nach der Vorstellung der Definition wurden die Coaches gefragt, welche negativen Nebenwirkungen Coachings haben können und welche Ursachen sie dafür wahrnehmen.
Quelle: Schermuly, C. C., Schermuly-Haupt, M.-L., Schölmerich, F. & Rauterberg, H. (2014). Zu Risiken und Nebenwirkungen lesen Sie ... Negative Effekte von Coaching. *Zeitschrift für Arbeits- und Organisationspsychologie, 58*, 17–33.
Studie 2: Quantitative Exploration von Nebenwirkungen für Klienten
Die Ergebnisse aus Studie 1 wurden in einen Onlinefragebogen überführt. 123 Coaches nahmen an der Studie teil und evaluierten das letzte von ihnen durchgeführte Coaching (Alter: M = 49,6 Jahre; SD = 9,0; Berufserfahrung: M = 10,8 Jahre; SD = 7,7; Arbeitszeit mit Coaching M = 37,5 %, SD = 25,5; Frauenanteil = 48,8 %). Die Coachings wurden durchschnittlich als sehr erfolgreich eingeschätzt. Dennoch wurde in 57,4 Prozent aller Coachings mindestens eine Nebenwirkung von den Coaches wahrgenommen. Insgesamt konnten über 25 verschiedene Nebenwirkungen und zahlreiche Ursachen nachgewiesen werden.
Quelle: Schermuly, C. C., Schermuly-Haupt, M.-L., Schölmerich, F. & Rauterberg, H. (2014). Zu Risiken und Nebenwirkungen lesen Sie ... Negative Effekte von Coaching. *Zeitschrift für Arbeits- und Organisationspsychologie, 58*, 17–33.
Studie 3: Qualitative Exploration von Nebenwirkungen für Coaches
Aufgrund der Neuartigkeit des Themas wurden erneut zunächst strukturierte Interviews mit 20 erfahrenen Coaches geführt (Alter: M = 51,5 Jahre, SD = 6,41; Berufserfahrung als Coaches: M = 13,4 Jahre, SD = 6,1; Arbeitszeit mit Coaching M = 48,3 %, SD = 23,2; Frauenanteil = 50 %). Es handelte sich um andere Coaches als diejenigen, die für die Klienteneffekte interviewt wurden. Die Coaches wurden sowohl zu Nebenwirkungen von Coaching als auch zu den Ursachen befragt.
Quelle: Schermuly, C. C., & Bohnhardt, F. (2014). Und wer coacht die Coaches? Negative Effekte von Business-Coachings für den Coach. *Organisationsberatung, Supervision, Coaching, 21*, 55–69.

Studie 4: Quantitative Exploration von Nebenwirkungen für Coaches

Die Ergebnisse von Studie 3 wurden in einen Onlinefragebogen überführt. Dieser wurde von 104 Coaches beantwortet, die das letzte von ihnen abgeschlossene Coaching evaluierten (Alter: M = 51,4 Jahre, SD = 7,9; Berufserfahrung: M = 11,2 Jahre, SD = 6,9; Arbeitszeit mit Coaching M = 36,1 %, SD = 24,6; Frauenanteil = 56 %). In 94,2 Prozent der Coachings nahmen die Coaches eine Nebenwirkung für sich wahr. Durchschnittlich waren es 5,9 Effekte pro Coaching. Bezogen auf ihre Karriere waren 99 Prozent der Coaches mindestens einmal mit einer Nebenwirkung konfrontiert. Durchschnittlich waren ihnen schon 14,7 verschiedene Nebenwirkungen in ihrer Karriere begegnet. Weiterhin wurde untersucht, wie die Nebenwirkungen mit Stress, emotionaler Erschöpfung und dem Erleben von psychologischem Empowerment assoziiert sind.

Quelle: Schermuly, C. C. (2014). Negative effects of coaching for coaches – An explorative study. *International Coaching Psychology Review, 9*, 165–180.

Studie 5: Nebenwirkungen für Klienten aus der Sicht von Klienten und ihre Ursachen

In dieser Studie wurden Nebenwirkungen von Coaching aus der Perspektive der Klienten erforscht. 111 Klienten wurden befragt, die innerhalb der vergangenen zwölf Monate ihr Coaching abgeschlossen hatten (Alter: M = 38,4 Jahre, SD = 10,9; Führungskräfte waren 39,6 %; Frauenanteil = 55 %). Nach weiteren acht Wochen nahmen noch einmal 42 Klienten an der Follow-up-Befragung teil. Die Auftrittshäufigkeiten der Nebenwirkungen lagen etwas höher als in der Befragung von Coaches (Studie 2). In 68 Prozent der Coachings trat mindestens eine Nebenwirkung auf. Vor allem eine niedrige Beziehungsqualität zwischen Coach und Klient war ein starker Prädiktor für das Auftreten von Nebenwirkungen.

Quelle: Graßmann, C., & Schermuly, C. C. (2016). Side effects of business coaching and their predictors from the coachees' perspective. *Journal of Personnel Psychology, 15*, 152–163.

Studie 6: Umgang mit Nebenwirkungen aus einer qualitativen Perspektive

Da die bisherige Forschung zu Nebenwirkungen stärker quantitativ geprägt war, wurde in dieser Studie eine qualitative Forschungsstrategie gewählt. Durch die Analyse von acht Coachingfällen war es möglich, detailliert im Einzelfall zu erfassen, wie Nebenwirkungen in Coachings konkret auftreten. Weiterhin wurden die kognitiven und vor allem affektiven Reaktionen der Coaches und Klienten auf die Nebenwirkungen sowie die Bewältigungsstrategien der Coaches analysiert. Die Klienten reagierten affektiv auf die Nebenwirkungen mit Ärger, Traurigkeit/ Niedergeschlagenheit, Verunsicherung, Überforderung, Unwohlsein, aber in einem Fall auch mit Stolz. Die Coaches erlebten Erstaunen, Selbstzweifel, waren hin- und hergerissen und teilweise froh über die Nebenwirkung. Mehrheitlich wurden die Nebenwirkungen als nicht notwendig für die Zielerreichung angesehen, doch konnten sie innerhalb des Coachings bewältigt werden.

Quelle: Schermuly, C. C., & Graßmann, C. (2016). Die Analyse von Nebenwirkungen von Coaching für Klienten aus einer qualitativen Perspektive. *Coaching Theorie & Praxis*, 2, 33–47.

Studie 7: Wechselwirkung zwischen Nebenwirkungen von Coaching für Klienten und Coaches

In dieser Studie wurden erstmals die Nebenwirkungen von Coaching sowohl für Klienten als auch für Coaches miteinander in Beziehung gesetzt. Durch eine Kooperation mit der International Coach Federation (ICF) war es möglich, eine internationale Stichprobe von 275 Coaches zu zwei Messzeitpunkten zu den Antezedenzien und Konsequenzen von Nebenwirkungen für Coaches zu befragen (Alter: M = 52,7 Jahre, SD = 8,0; Berufserfahrung als Coaches: M = 9,1 Jahre, SD = 6,0; Arbeitszeit mit Coaching M = 52,4 %, SD = 26,6; Frauenanteil = 72,7 %). Die Ergebnisse zeigen, dass Coaches viele Nebenwirkungen für sich selbst erlebten, wenn sie bei ihren Klienten ebenfalls Nebenwirkungen durch das Coaching wahrgenommen haben. Dieser Zusammenhang wurde teilweise über die wahrgenommene Kompetenz der Coaches vermittelt. Coaches haben sich demnach weniger kompetent gefühlt, wenn sie Nebenwirkungen bei ihren Klienten wahrgenommen haben, und haben dadurch selbst mehr Nebenwirkungen erlebt. Nach weiteren acht Wochen wurden 96 Coaches erneut zu ihrem Wohlbefinden befragt. Coaches, die viele Nebenwirkungen für sich berichtet hatten, erlebten zum zweiten Messzeitpunkt mehr Stress und litten unter schlechterer Schlafqualität.

Quelle: Graßmann, C., Schermuly, C. C., & Wach, D. (2018 advanced online). Potential antecedents and consequences of negative effects for coaches. *Coaching: An International Journal of Theory, Research and Practice.*

Studie 8: Supervision und Nebenwirkungen für Klienten und Coaches

Diese Studie untersucht tiefergehend den Zusammenhang zwischen Nebenwirkungen für Klienten und Coaches. Erstmals wurde ein experimentelles, randomisiertes Kontrollgruppendesign gewählt und wurden vollständige Coach-Klient-Dyaden befragt (N = 29). Masterstudenten (Alter M = 27,0; SD = 3,0; 93 % weiblich) wurden zu Coaches ausgebildet und führten Karrierecoachings mit Bachelorstudenten (Alter M = 23,1; SD = 3,64; 58,6 % weiblich) durch. Die Hälfte der Coaches erhielt während ihrer Coachings Supervision in einer Kleingruppe, die andere Hälfte der Coaches erhielt Supervision nach Abschluss der Coachings. Es konnte repliziert werden, dass Nebenwirkungen für Klienten und Coaches miteinander in Zusammenhang stehen, allerdings nur wenn die Nebenwirkungen für Klienten von den Coaches beurteilt wurden. Der Zusammenhang zwischen Nebenwirkungen für Klienten und Coaches war bei Coaches mit hohem Neurotizismus besonders ausgeprägt, wenn diese keine Supervision erhielten.

Quelle: Graßmann, C., & Schermuly, C. C. (2018). The role of neuroticism and supervision in the relationship between negative effects for clients and novice coaches. *Coaching: An International Journal of Theory, Research and Practice, 11*, 74–88.

Studie 9: Coachingabbrüche durch Klienten

Zunächst wurde eine Definition von Coachingabbrüchen entwickelt. Diese bekamen in der ersten Studie 19 erfahrene Coaches vorgelegt (Alter: M = 54,6 Jahre, SD = 5,4; Berufserfahrung: M = 14,9 Jahre, SD = 5,1; Arbeitszeit mit Coaching M = 30,9 %, SD = 23,6; Frauenanteil = 57,9 %), die bereits mindestens einen Coachingabbruch erlebt hatten. Die Coaches nannten Ursachen für die Coachingabbrüche, die in einen Onlinefragebogen überführt wurden. In der zweiten Studie wurden diese Ursachen quantitativ abgesichert und 66 Coachings, die abgebrochen wurden, mit 49 Coachings, die nicht abgebrochen wurden, verglichen. Die häufigsten Ursachen für Abbrüche, die wahrgenommen wurden, waren die Konfrontation mit Problemen, mit denen sich die Klienten nicht auseinandersetzen wollten, zu wenig Änderungsmotivation und die Enttäuschung von Erwartungen. Coachings, die nicht abgebrochen wurden, zeichneten sich gegenüber solchen, die abgebrochen wurden, durch eine höhere Veränderungsmotivation, eine höhere emotionale Stabilität der Klienten und eine höhere Beziehungsqualität sowie weniger Nebenwirkungen für den Klienten aus.

Quelle: Schermuly, C. C. (in press). Client dropout from business coaching. *Consulting Psychology Journal: Practice and Research, 70(3)*, 250–267.

Studie 10: Metaanalyse zu den Wirkungen der Beziehungsqualität

Die Beziehungsqualität zwischen Klient und Coach wurde schon oft als zentraler Wirkfaktor im Coaching vorgeschlagen. Einige empirische Studien haben diesen Zusammenhang untersucht, und diese Metaanalyse fasst die vorliegenden Studien systematisch zusammen. Es wurden 26 Stichproben in 22 Studien identifiziert. Die Analysen zeigen einen über alle Ergebniskategorien hinweg robusten mittelstarken Zusammenhang zwischen der Beziehungsqualität und den Coachingergebnissen für den Klienten. Am stärksten zeigte sich der Zusammenhang zur Zufriedenheit des Klienten und der wahrgenommenen Effektivität. Aber auch ein Zusammenhang zu höherer Zielerreichung und weniger Nebenwirkungen für Klienten konnte bestätigt werden.

Quelle: Graßmann, C., Schölmerich, F., & Schermuly, C. C. (in press). *The relationship between working alliance and client outcomes in coaching: A meta-analysis. Human Relations.*

8.3 Was sind negative Nebenwirkungen von Coaching für Klienten?

Fallbeispiel

Marianne B. ist seit sieben Jahren Führungskraft. Seit einem Jahr führt sie Führungskräfte in einem großen Unternehmen. Sie ist mit Trainings auf die neue Rolle vorbereitet worden, doch spürt sie immer stärker, dass diese ihr nicht geholfen haben, mit dem großen Arbeitsvolumen und den vielen Stresssituationen klarzukommen, die ihre neue Position mit sich bringt. Im Coaching lernt Marianne B. sich als Führungskraft besser kennen. In Stresssituationen schafft sie es, länger gelassen zu bleiben. Auch grenzt sie sich stärker durch das Coaching von ihrem Beruf ab und erhöht dadurch ihre Work-Life-Balance. Marianne B. geht es gut durch das Coaching und sie schätzt es als erfolgreich ein. Es sind aber auch Probleme durch das Coaching entstanden. Ihre Führungskraft in der Geschäftsführung ist ganz überrascht davon, dass sie Aufträge nicht mehr wie früher ohne Murren übernimmt, sondern häufiger »nein« sagt, wenn es ihr zu viel wird. Das führt zu Konflikten mit ihrem Geschäftsführer und das Verhältnis hat sich, seitdem sie sich coachen lässt, deutlich verschlechtert. Darüber hinaus fällt es Marianne B. immer schwerer, ohne ihren Coach Entscheidungen zu treffen. Sie überzeugt die Personalabteilung immer wieder, das Coaching zu verlängern, denn die acht Wochen Coachingpause, die sie um Weihnachten herum hatte, haben sie wirklich sehr nervös werden lassen. Das will sie unbedingt vermeiden.

Will man ein neues Forschungs- und Praxisfeld erschließen, so ist es ein notwendiger erster Schritt, das Phänomen möglichst exakt zu definieren. Die Namensgebung und die Definition von negativen Nebenwirkungen waren ein Prozess, der uns im ersten Jahr unserer Forschungen ausgiebig beschäftigt hat. Ich möchte Ihnen, bevor ich die Ergebnisse unserer Forschung vorstelle, beschreiben, was wir in meiner Arbeitsgruppe unter Nebenwirkungen verstehen. Ich möchte mich der Begriffsklärung auch etwas länger widmen, weil Sie mit dem Begriff Nebenwirkungen möglicherweise eigene Assoziationen verbinden, die mit den Männern und Frauen im weißen Kittel zu tun haben. Sonja Radatz (2000, S. 34) schreibt zur erfolgreichen Kommunikation im Coaching so treffend: »Solange wir an den Begriffen festhalten, werden wir keine erfolgreiche Kommunikation führen und keine Probleme lösen können. Wir müssen ein Stück hinter die Begriffswelt wandern und unseren Fokus darauf richten, was der jeweils andere mit dem meint, was er sagt.« Ich lade Sie nun zu einer Wanderung hinter die Begriffswelt ein und möchte Ihnen zeigen, was ich mit dem Begriff der Nebenwirkung meine.

Negative Nebenwirkungen von Coaching werden von uns definiert als »alle für den Klienten schädlichen oder unerwünschten Folgen, die unmittelbar durch das Coaching verursacht werden und parallel dazu oder im Anschluss daran auftreten. Diese Effekte sind unbeabsichtigt, schädlich und direkt verbunden mit dem Coachingprozess« (Schermuly et al. 2014, S. 19).

Zunächst ist es wichtig, die Perspektive bei dieser Definition zu beachten. Die Definition bezieht sich auf negative Nebenwirkungen auf der Seite des Klienten. Auch Nebenwirkungen für den Coach können entstehen und werden in Kapitel 10 behandelt. Besonders wichtige Elemente der Definition sind die Schädlichkeit, Unerwünschtheit und Unmittelbarkeit der Wirkung. Um von einer negativen Nebenwirkung sprechen zu können, muss der Klient den Effekt als aktuell negativ erleben. Dass auch positive Nebenwirkungen auftreten können, hatte ich Ihnen in Kapitel 4 erläutert. Im Fallbeispiel tritt z. B. eine negative Nebenwirkung auf: Marianne B. erlebt die Konflikte mit ihrer Führungskraft als unangenehm. Wirkungen, die der Klient als angenehm oder hilfreich einschätzt, werden nicht von dieser Definition abgedeckt.

Die Wirkung muss weiterhin für den Klienten unerwünscht sein. Sie darf z. B. nicht durch den Klienten oder den Coach gezielt hergestellt worden sein, um damit andere Coachingziele zu erreichen. Das Abhängigkeitsverhältnis von Marianne B. zu ihrem Coach wurde nicht vom Coach gezielt hergestellt, um andere Ziele zu erreichen. Auch wurden die Konflikte von Coach und Klient nicht willentlich provoziert, damit Marianne B. daran ihre Konfliktfähigkeit erproben kann.

Unmittelbarkeit liegt vor, wenn der Effekt auf das Coaching zurückführbar ist. Wenn die Arbeitsleistung schwankt, weil die Führungskraft gerade in eine neue Arbeitsposition gewechselt ist und nicht das Coaching der Auslöser ist, dann handelt es sich laut der vorgestellten Definition nicht um eine Nebenwirkung. Im Fall von Marianne B. waren die Auslöser der Konflikte mit der Führungskraft die im

Coaching neu erlernten Verhaltensweisen. Diese stellten etablierte Beziehungsmuster infrage und führten zu Problemen, da die Führungskraft nicht Teil des Coachings war und nicht wusste, warum sich Marianne B. auf einmal anders verhielt. Es muss demnach immer ein direkter Zusammenhang zum Coaching vorliegen, auch wenn der Nachweis überaus schwierig sein kann und andere Parameter die kritische Situation bewirken können (Schermuly, 2016).

Bewusst haben wir die Definition an die von Nebenwirkungen in der Medizin bzw. in der Pharmazie angelehnt. Damit sehen wir Coaching keineswegs als eine Art Medikament, das der Behandlung einer Krankheit dient. Wir wollten den Begriff mit dieser Ausrichtung gezielt von dem Gedanken befreien, dass diese unerwünschten Wirkungen mit Misserfolg gleichzusetzen sind, und grenzen uns damit von der Konzeption von Kilburg (2002) ab. Negative Nebenwirkungen sind nicht dasselbe wie Misserfolg. Das Auftreten von negativen Nebenwirkungen bedeutet nicht, dass das Coaching nicht erfolgreich gewesen sein kann. Ein Medikament kann hervorragend wirken, und trotzdem können unerwünschte Wirkungen auftreten. Wir sind überzeugt und können es auch empirisch nachweisen (siehe z. B. Schermuly et al., 2014), dass dies auch für Nebenwirkungen von Coaching gilt. Ein Klient kann alle seine Ziele durch das Coaching erreichen und zum Beispiel mehr Klarheit über seine nächsten Karriereschritte erhalten. Dennoch erlebt er für eine Übergangszeit weniger Arbeitszufriedenheit oder Bedeutsamkeit in seinem Beruf. Auch für Marianne B. gilt das. Sie erreicht ihre Ziele im Coaching und ist zufrieden. Dennoch hat sie mit Nebenwirkungen zu kämpfen. Dadurch dass die Nebenwirkungen nicht mit Misserfolg gleichgesetzt werden, kann mit dieser theoretischen Verankerung ein aktuell als negativ erlebter Effekt unter Umständen langfristig auch positive Auswirkungen haben. Die durch das Coaching ausgelöste niedrige Arbeitszufriedenheit kann z. B. zum Auslöser für die nächsten Karriereschritte des Klienten werden. Die Konflikte mit der Führungskraft können Marianne B. helfen, ihre Konflikthandhabungsstile zu verbessern (Schermuly, 2016).

Noch eine Abgrenzung ist mir wichtig: Nebenwirkungen sind ebenso wenig gleichzusetzen mit Behandlungsfehlern. Manchmal werden diese auch in der Medizin als Kunstfehler benannt. Ein Behandlungsfehler ist in der Medizin »eine nicht ordnungsgemäße, das heißt eine zu diesem Zeitpunkt der Behandlung falsche Behandlung, welche nicht den medizinischen Standards entspricht« (Juraforum, 2017). Wie bereits erläutert, ist Coaching keine Medizin oder gar Behandlung. Es existieren keine Diagnosen, aus denen man wissenschaftlich geprüfte Interventionsstandards ableiten könnte. Im Coaching gibt es nicht wie in der Psychotherapie Behandlungsrichtlinien, aus denen abgeleitet werden kann, was in einer Coachingsitzung getan werden muss. Es existiert auch keine Institution, wie eine Krankenkasse oder ein Expertenrat, die Regeln festlegt, wie z. B. eine Führungskraft, die häufig in Konflikte mit ihren Mitarbeitern gerät, gecoacht werden sollte.

Ich denke auch nicht, dass sich aufgrund der Komplexität von Coachingdienstleistungen solche Richtlinien jemals entwickeln lassen. Damit ist das Konzept des Behandlungsfehlers auf den Coachingbereich nicht übertragbar. Es macht einfach in diesem Kontext nicht viel Sinn. Das bedeutet aber nicht, dass es keine Coaches gibt, die z. B. ethische Grenzen überschreiten und dem Klienten bewusst schaden. Die Analyse von Schreyögg und Rauen zum Thema »Missbrauch im Coaching« habe ich Ihnen bereits in Kapitel 4 vorgestellt.

Indem wir Nebenwirkungen nicht zu Behandlungsfehlern machen, rutscht die Schuldfrage aus dem Fokus – und das tut der Bearbeitung des Themas in der Praxis wie Wissenschaft gut. Bei Behandlungsfehlern ist klar, wer die Schuld trägt. Per Definition sind es die Behandler, und sie werden gegebenenfalls strafrechtlich verfolgt. Für unsere Nebenwirkungskonzeption ist die Schuldfrage irrelevant. Ich sehe Nebenwirkungen als einen natürlichen Begleitprozess an, wenn Menschen in einem Coaching zusammentreffen und sich dabei wechselseitig beeinflussen. Die Ursachenerforschung ist wichtig (siehe Kapitel 8.6). Es bedarf aber keiner Schuldigen für das Verständnis von Nebenwirkungen. Die brauchen wir nicht. Es geht nicht um richtig und falsch und nicht um böse und gut. Es geht um unerwünschte Effekte, die nun mal auftreten, wenn zwei Menschen in einer intimen Beziehung zusammentreffen, und um die Herausforderungen und Schmerzen, wenn ein Mensch die Reise zu einer Veränderung bestreitet. Solche Effekte treten in allen professionellen Beziehungen auf (z. B. Psychotherapie, Supervision oder Mentoring), in denen Menschen auf die Reise gehen. Die »Reiseübelkeit« ist nicht nur Coaching vorbehalten.

Negative Nebenwirkungen von Coaching für Klienten sind schädlich, unerwünscht und durch das Coaching verursacht worden. Sie sind nicht gleichzusetzen mit Misserfolg oder einem »Behandlungsfehler«, sondern ein natürlicher Begleiteffekt von Coaching.

8.4 Häufigkeiten von negativen Nebenwirkungen für Klienten

In Tabelle 9 habe ich Ihnen die verschiedenen Studien vorgestellt, die wir im Bereich Nebenwirkungen durchgeführt haben. Das soll Ihnen helfen, die Orientierung zu behalten, denn ich werde immer wieder auf diese Studien zurückgreifen, um Ihnen das Thema »Nebenwirkungen von Coaching für Klienten« zu erläutern. Ich starte mit der ersten Studie, die ich mit meinem Team durchgeführt habe, nachdem wir wussten, was wir da überhaupt erforschen. Ich bin ein großer Freund der Methodenvielfalt und schätze sowohl quantitative als auch qualitative Vorgehensweisen. Der erste Schritt war eine qualitative Vorstudie. Weil wir nicht im Elfenbeinturm alleine entscheiden wollten, welche Nebenwirkungen in Coachings auftreten können, führten wir Interviews mit 21 erfahrenen Coaches durch

(Stichprobenbeschreibung siehe Tabelle 9). Wir stellten ihnen unsere Nebenwirkungsdefinition vor und baten sie, uns Auskunft darüber zu geben, welche Nebenwirkungen sie bereits in ihren Coachings kennengelernt haben oder welche sie für vorstellbar hielten. Dabei wurden z. B. folgende Aussagen gemacht:

- »Der Coachee wird abhängig, ohne Coach geht nichts mehr.«
- »Der Coachee wird durch das Coaching so gepusht, dass er den Respekt gegenüber dem Vorgesetzten verliert und Konflikte entstehen.«
- »Durch das Erkennen der eigenen Muster kann es zu einer Art Kurzschlussreaktion kommen. Ich habe das in einer Situation mit einer Klientin erlebt. Diese hat relativ kopflos den Job gekündigt.«
- »Psychische Störungen des Coachees ... werden durch den Trigger-Effekt aktiviert.«

Im nächsten Schritt (siehe Schermuly et al., 2014; Studie 2 in Tabelle 9) wurden die Antworten der Experten in einen Online-Fragebogen überführt. Dieser wurde von 123 Coaches beantwortet, die das Coaching evaluieren mussten, das sie als letztes abgeschlossen hatten. Damit besaßen die Coaches keine Freiheit, ein besonders erfolgreiches oder nicht erfolgreiches Coaching als Evaluationsobjekt auszuwählen. Auch wurde so das Coaching evaluiert, für das die Coaches die beste Erinnerungsleistung besaßen. Der gleiche Fragebogen wurde in Studie 5 (Graßmann & Schermuly, 2016) von einer Gruppe von 111 Klienten beantwortet. In Tabelle 10 haben ich Ihnen die Ergebnisse der beiden Studien gegenübergestellt.

Tab. 10: Häufigkeit und Intensität von Nebenwirkungen aus der Perspektive von Coaches und Klienten

	Coaches (Schermuly et al., 2014)	**Klienten (Graßmann & Schermuly, 2016)**
Anteil Coachings mit mindestens einer Nebenwirkung	57,4 %	67,6 %
Durchschnittliche Anzahl pro Coaching	2,1 (*SD* = 2,7)	3,5 (*SD* = 4,2)
Intensität der Effekte	1,3 (*SD* = 0,4)	1,7 (*SD* = 0,9)
Durchschnittliche Erfolgseinschätzung des Coachings (von 1 = überhaupt nicht erfolgreich bis 5 = voll und ganz erfolgreich)	4,1 (*SD* = 0,7)	–

Sowohl aus der Perspektive der Coaches als auch aus der der Klienten scheinen Nebenwirkungen von Coaching für Klienten ein regelmäßiger Bestandteil der Zusammenarbeit zu sein. In mehr als 50 Prozent der Coachings tritt eine Nebenwirkung auf. Klienten nehmen sogar in mehr als zwei Dritteln der Coachings eine Nebenwirkung wahr (siehe Tabelle 10). Im Durchschnitt sind es 2,1 Nebenwirkungen pro Coaching aus der Coachperspektive und 3,5 aus der Klientenperspektive. Wenn Nebenwirkungen auftreten, dann treten in der Regel mehrere gleichzeitig auf. Wichtig für die korrekte Interpretation der Ergebnisse ist der Punkt, dass sowohl die Coaches als auch die Klienten die Nebenwirkungen als eher niedrig bis mittel intensiv wahrnehmen (die Intensität wurde über eine vierstufige Skala von 1 bis 4 ermittelt). In der Coachstudie konnte auch gezeigt werden, dass die meisten Nebenwirkungen einen eher kurzfristigen Charakter besaßen. Sie hatten für weniger als vier Wochen Bestand. Eine Ausnahme bildete z. B. das Anstoßen von tiefergehenden Problemen, die im Coaching nicht mehr bewältigt werden konnten. Dieser Effekt hatte in der Regel einen langfristigen Charakter.

Wie Sie in Tabelle 10 sehen können, scheinen Klienten häufiger Nebenwirkungen wahrzunehmen als Coaches. Das könnte an den unterschiedlichen Stichproben liegen. Es bieten sich aber auch Erklärungen an, warum Coaches gegebenenfalls Nebenwirkungen bei Klienten eher unterschätzen. Coaches besitzen keine direkte Innenansicht ihrer Klienten. Sie können nicht in das Gehirn ihrer Klienten blicken und wissen daher weniger genau als die Klienten selbst, welche Gedanken und Gefühle ein Thema auslöst. Aber nicht nur bei den Effekten, die das psychische Wohlbefinden betreffen, haben Coaches weniger Einblick. Dies gilt auch für die Kategorien, die einen Bezug zum sozialen System des Klienten haben. Coaches begleiten in der Regel die Klienten nicht bei ihren täglichen Interaktionen und können daher nicht direkt erfahren, wie sich Beziehungen durch ein Coaching verändern und Konflikte entstehen. Coaches sind auf die Berichte ihrer Klienten angewiesen, um etwas darüber zu erfahren. Es besteht aber auch die Möglichkeit eines sogenannten Self-Serving Bias (auf Deutsch: selbstwertdienliche Verzerrungen). Menschen sind bestrebt, einen positiven Selbstwert zu erhalten, und verarbeiten Informationen entsprechend. Kilburg (2002) sprach von unerwünschten Coachingeffekten als Tabuthema. Auch ich erlebe immer wieder, wie selbstwertgefährdend viele Coaches das Thema Nebenwirkungen erleben. Manche Coaches haben schlicht und einfach Angst davor, dass ihr berufliches Handeln auch unerwünschte Wirkungen produzieren könnte. Diese Anpassung der Wahrnehmung als Selbstschutz könnte ebenfalls ein Grund für die niedrigeren Einschätzungen der Coaches sein.

Tabelle 11 zeigt die häufigsten Effekte aus der Perspektive von Coaches und Klienten (für eine Übersicht über alle Nebenwirkungen siehe Tabelle 12). Unter den Top Ten landen in beiden Studien ungefähr dieselben Nebenwirkungen. Berechnet man eine Rangkorrelation zwischen den Einschätzungen der Coaches und Klienten, so fällt diese sehr hoch aus. Die beiden Datensätze sind unabhängig voneinander erhoben worden. Es handelt sich nicht um Coaches und Klienten, die zusammengearbeitet haben und daher dasselbe Coaching bewerten konnten. Dennoch treten Nebenwirkungen für Klienten, die häufig von Coaches wahrgenommen werden, auch häufig bei den Klienten auf.

Tab. 11: Häufige Nebenwirkungen aus der Perspektive von Coaches und Klienten

Coaches (Schermuly et al., 2014)	Häufigkeit in %	Intensität	Klienten (Graßmann & Schermuly, 2016)	Häufigkeit in %	Intensität
Anstoßen von Problemen, die nicht bearbeitet werden konnten	26,0	1,5	Reduktion Arbeitszufriedenheit	31,5	1,9
Abwandlung von Zielen gegen den Willen des Klienten	17,1	1,7	Bedeutsamkeitsverlust gegenüber der Arbeit	28,8	1,7
Bedeutsamkeitsverlust gegenüber der Arbeit	17,1	1,5	Abwandlung von Zielen gegen den Willen des Klienten	23,4	1,5
Verschlechterung der Beziehung: Vorgesetzte	13,8	1,1	Anstoßen von Problemen, die nicht bearbeitet werden konnten	22,5	1,7
Reduktion Arbeitszufriedenheit	13,0	1,4	Reduktion Lebenszufriedenheit	21,6	1,7
Schwankungen der Arbeitsleistung	13,0	1,1	Reduktion Arbeitsmotivation	21,6	1,9
Abhängigkeitsverhältnis gegenüber dem Coach	12,2	1,1	Verschlechterung der Work-Life-Balance	19,8	1,5
Reduktion Lebenszufriedenheit	9,8	1,5	Schwankungen der Arbeitsleistung	19,8	1,8
Reduktion Kompetenzerleben	9,8	1,3	Verschlechterung der Beziehung: Vorgesetzte	18,0	1,9
Reduktion Arbeitsmotivation	8,9	1,4	Reduktion Kompetenzerleben	17,1	1,3

Häufig bemerken Coaches und Klienten, dass Probleme bei den Klienten angestoßen werden, die im Coaching nicht bewältigt werden können, oder dass die Arbeitszufriedenheit durch das Coaching leidet. Auch wird regelmäßig von Coaches und Klienten wahrgenommen, dass Ziele gegen den Willen des Klienten abgewandelt werden, dass sich die Beziehung zu Vorgesetzten verschlechtert oder dass die Arbeitsleistung schwankt.

Wertvoll ist auch der Blick auf die Nebenwirkungen, die nur sehr selten auftreten (siehe Tabelle 12). In seinem Positionspapier hat Kilburg (2002) verschiedene, mehrheitlich dramatische unerwünschte Effekte aufgezählt, die durch Coaching provoziert werden können. Man bekommt es mit der Angst zu tun, wenn man die Liste von Kilburg anschaut, und möchte lieber keiner Führungskraft mehr ein Coaching empfehlen. Er postuliert z. B. Arbeitsplatzverlust, Entgleisung der Karriere, monetäre Verluste, Eheschwierigkeiten, psychische und physische Probleme als mögliche negative Effekte. Manche dieser schwerwiegenden Effekte wurden auch in unserer qualitativen Vorstudie benannt und rutschten damit mit in die Befragung. Sie sind sogar quantitativ nachweisbar, aber nur selten. So treten Effekte wie Arbeitsplatzverlust, finanzielle Probleme aufgrund des Coachings oder auch die Entwicklung oder die Verschlimmerung von psychischen Problemen in weniger als 3 Prozent der Coachings auf. Es handelt sich bei diesen schwerwiegenden Nebenwirkungen eher um Einzelfälle. Puh, Gott sei Dank, so schlimm scheint das mit den Nebenwirkungen nicht zu sein. Dennoch ist jede psychische Störung, die gegebenenfalls durch ein Coaching angefacht wird, eine psychische Störung zu viel. Und dasselbe gilt natürlich auch für Arbeitsplatzverluste.

Es lässt sich ein durchaus positives Bild der Häufigkeiten von negativen Nebenwirkungen von Coaching für Klienten zeichnen. Nebenwirkungen scheinen ein regelmäßiger Bestandteil von Coachingprozessen zu sein. Sie sind normale Begleitprozesse, wenn zwei Menschen zusammenarbeiten und es zu einer Entwicklung und damit Veränderung kommt. Drei Ergebnisse dürfen bei der Zusammenfassung des Kapitels zu den Häufigkeiten von Nebenwirkungen nicht fehlen. Und diese sollten durchaus das Potenzial besitzen, die Angst der Coaches vor dem Thema zu verringern. Zwar treten die Nebenwirkungen regelmäßig auf, doch sind sie erstens von nur niedriger bis mittlerer Intensität und besitzen zweitens nur eine eher kurzfristige Dauer. Drittens treten schwerwiegende Nebenwirkungen nur selten auf. Das sind sehr positive Ergebnisse, die ein günstiges Bild der Coachingprofession zeichnen.

Nebenwirkungen von Coaching für Klienten treten regelmäßig in Coachings auf. Sie sind aber eher von niedriger bis mittlerer Intensität und von kürzerer Dauer. Schwerwiegende negative Effekte treten selten auf. Klienten nehmen mehr Nebenwirkungen wahr als Coaches.

8.5 Kategorien und Fälle

Jetzt wissen Sie schon einmal, wie häufig Nebenwirkungen von Coaching für Klienten auftreten. Jetzt will ich Ihnen die einzelnen Nebenwirkungen etwas ausführlicher vorstellen, sie sollen verständlicher und lebendiger für Sie werden. Die Nebenwirkungen kann man in inhaltlichen Kategorien zusammenfassen (Schermuly, 2016). Dabei haben sich die folgenden Kategorien als Ordnungssystem bewährt (siehe Tabelle 12): Wirkungen auf das psychische Wohlbefinden, Soziale Integration, Leistungsfähigkeit, Bewertung der Arbeitsrolle, Materielle Verluste und Sonstige.

Tab. 12: Kategorien negativer Effekte von Coaching für Klienten (Schermuly, 2016)

Psychisches Wohlbefinden	Soziale Integration	Leistungsfähigkeit	Bewertung der Arbeitsrolle	Materielle Verluste	Sonstige
Anstoßen von Problemen, die nicht bearbeitet werden konnten (C: 26 %; K: 23%)	Verschlechterung der Beziehung: Vorgesetzte (C: 14 %; K: 18%)	Schwankungen der Arbeitsleistung (C: 13 %; K: 20%)	Bedeutsamkeitsverlust gegenüber der Arbeit (C: 17 %; K: 29%)	Arbeitgeberwechsel mit schlechteren Arbeitsbedingungen (C: 3 %; K: 5%)	Abwandlung von Zielen gegen den Willen des Klienten (C: 17 %; K: 23%)
Reduktion Lebenszufriedenheit (C: 10 %; K: 22%)	Abhängigkeitsverhältnis gegenüber Coach (C: 12 %; K: 10%)	Reduktion Arbeitsmotivation (C: 9 %; K: 22%)	Reduktion Arbeitszufriedenheit (C: 13 %; K: 32%)	Arbeitsplatzverlust (C: 2 %; K: 4%)	Rechtsstreit mit Coach (C: 1 %; K: 0%)
Verschlechterung der Work-Life-Balance (C: 9 %; K: 20%)	Verschlechterung der Beziehung: Ehepartner (C: 6 %; K: 6%)	Verschlechterung der Arbeitsleistung (C: 4 %; K: 15%)	Reduktion Kompetenzerleben (C: 10 %; K: 17%)	finanziell bedrohliche Situation (C: 2 %; K: 5%)	persönliche Informationen an Dritte (C: 1 %; K: 6%)

Psychisches Wohlbefinden	Soziale Integration	Leistungsfähigkeit	Bewertung der Arbeitsrolle	Materielle Verluste	Sonstige
Arbeitsplatzangst (C: 7 %; K: 5%)	Verschlechterung der Beziehung: andere Familienmitglieder (C: 6 %; K: 10%)		Reduktion Einflusserleben (C: 4 %; K: 7%)		
Verschlimmerung psychische Störung (C: 2 %; K: 5%)	Verschlechterung der Beziehung: Kollegen (C: 5 %; K: 16%)		Reduktion Selbstbestimmungserleben (C: 4 %; K: 6%)		
Entwicklung psychische Störung (C: 2 %; K: 2%)	Verschlechterung der Beziehung: Mitarbeiter (C: 2 %; K: 13%)				
mehr Konsum von Zigaretten, Alkohol oder Medikamenten (C: 2 %; K: 5%)					

C = Häufigkeit der Nebenwirkung aus der Perspektive der Coaches (Schermuly et al., 2014)
K = Häufigkeit der Nebenwirkung aus der Perspektive der Klienten (Graßmann & Schermuly, 2016)

8.5.1 Psychisches Wohlbefinden

Backhausen und Thommen schrieben bereits im Jahr 2003, als es noch keine Forschung zu Nebenwirkungen von Coaching gab, über negative Gefühle, die im Coaching auftreten können (S. 140): »Neben der Entdeckerfreude und den neuen Möglichkeiten ist daher Lernen häufig auch mit einem Gefühl der Kränkung verbunden. Hinzu kommt eine bisweilen schmerzliche Vergangenheitsbewältigung, wenn der Coachee an die zurückliegenden Mühen und Entbehrungen denkt, die unter einer neugefundenen Perspektive rückblickend oft als überflüssig und vermeidbar erscheinen.«

Coaching kann wehtun. Lassen Sie mich deswegen mit einem eigenen Fall beginnen, der aus einer qualitativen Studie von uns stammt (siehe Schermuly & Graßmann, 2016; Pogge 2015). Das Unternehmen des Klienten führte weitreichende Umstrukturierungen durch, und der Klient sollte innerhalb von acht Sitzungen in seine neue Position gecoacht werden. In der vorletzten Sitzung treten beim Thema Kommunikation tiefergehende Probleme auf, wie der Coach berichtet:

»Wir sind an ein Thema gekommen, das ähm, also ganz deutlich bearbeitet werden musste und dann war der vorher vereinbarte, also mit seiner Führungsetage vereinbarte, Zeit- und Budgetrahmen ausgeschöpft und dann musste ich ihn mit diesen Themen im Grunde alleine lassen« (Pogge, 2015, S. 185). Der Coach spürt die Verantwortung, als er mit der Situation konfrontiert wird: »Ich will ja auch keine großen Wunden reißen oder so etwas und den Coachee dann noch mehr alleine, sag ich mal, als vorher gehen lassen« (Pogge, 2015, S. 187). Der Klient reagiert auf die Situation mit starken negativen Gefühlen, von denen der Coach nicht unbeeindruckt bleibt: »Er war sehr betroffen. Sehr traurig, mitgenommen. Hat auch geweint. Also für ihn war das dann schon sehr intensiv. Das hat es dann für mich natürlich auch nicht gerade besser gemacht« (Pogge, 2015, S. 187). Im weiteren Verlauf des Coachings gelingt es dem Coach nicht, den Effekt zu reduzieren. Eine Verlängerung des Coachings ist nicht möglich und das Coaching endet. Der Coach empfiehlt dem Klienten im Abschlussgespräch: »da nochmal ran zu gehen. Aber was daraus dann geworden ist, weiß ich leider nicht« (Pogge, 2015, S. 188).

Es gab keine Follow-up-Sitzung. Mehr als eine Empfehlung, »da noch mal ranzugehen«, bleibt dem Coach nicht. An was genau der Klient arbeiten soll, aber auch wie und warum bleibt offen. Coach und Klient gehen getrennte Wege. Das Coaching ist vorbei und dennoch für Klient und Coach noch nicht abgeschlossen.

Ein Coach aus einem anderen Interview nutzt eine interessante Metapher für einen ähnlich gelagerten Fall: »Wir haben quasi einen Zahn geöffnet und dann die Karies nicht behandelt. Das ist dann also für beide, für mich genauso wie eben für den Klienten, echt unangenehm« (Pogge, 2015, S. 225). Auch hier wird wieder deutlich, dass Coaches von solchen Situationen nicht unbeeindruckt bleiben. Über die Wechselwirkungen zwischen Nebenwirkungen für Klienten und Coaches erfahren Sie in Kapitel 10.5 mehr.

Wie Sie in diesem Buch gelernt haben, ist Coaching ein wirksames Instrument der Personalentwicklung; für vieles und für viele. Mit einem Coaching öffnen sich Schubladen, deren Inhalt häufig unbekannt ist. Doch nicht immer lassen sich diese wieder verschließen, was sowohl vom Klienten als auch vom Coach als unangenehm erlebt wird. Es ist ein wenig wie mit der Büchse der Pandora. Laut griechischer Mythologie enthielt diese das Übel der Welt, vor allem Arbeit, Tod und Krankheit. Diese entwichen in die Welt, als Pandora die Büchse öffnete. Niemand war in der Lage, die drei Übel einzufangen. Der Mensch musste lernen, mit Arbeit, Tod und Krankheit zu leben. Aber die Büchse konnte zumindest noch geschlossen werden, bevor die Hoffnung entwich. Nietzsche sieht zwar in der Hoffnung das schlimmste Übel, aber ich denke, dass Hoffnung für ein Coaching durchaus hilfreich ist. Liebe Coaches, machen Sie sich bewusst, dass Sie in einem Coaching Menschen öffnen und dass diese Öffnung Unbekanntes ins Licht heben kann. Wenn Sie öffnen, dann benötigen Sie noch genügend Zeit, um das Geöffnete zu bearbeiten, neu abzulegen und das Thema zu schließen. Oder Sie benötigen Zeit, um den Klienten an andere, geeignete Stellen weiterzuleiten.

Das Anstoßen von tiefergehenden Problemen ist die häufigste Nebenwirkung von Coaching im Bereich »Psychisches Wohlbefinden«. Danach folgt die Reduktion der Lebenszufriedenheit. Wie in Tabelle 12 ersichtlich, nehmen diese vor allem Klienten sehr häufig wahr. Es ist anzunehmen, dass die beiden Effekte miteinander assoziiert sind. Um in der Metapher des Coachs zu bleiben: Der offene Zahn tut auch privat weh. Aber auch die Verschärfung und die Entwicklung von psychischen Störungen gehören in diese Kategorie. Christopher Rauen, der Vorsitzende des DBVC, äußerte sich in einem Interview zum Thema »Psychische Störungen« wie folgt: »Es ist riskant, wenn ein Klient im Coachingprozess eine psychische Störung entwickelt und der Coach dies erst zu spät bemerkt. Hier muss sich ein professioneller Coach seiner Grenzen bewusst sein und gegebenenfalls einen Spezialisten empfehlen« (Tenzer, 2014, S. 34).

Zumindest kurzfristig scheinen Coachings das Wohlbefinden von Klienten negativ beeinflussen zu können. Ein Coach stößt Reflexionsprozesse an und fordert vertraute Verhaltens- und Denkmuster heraus (Schermuly, 2016). Dabei trifft er auf Gefühle und Widerstände, was normale Begleitprozesse eines menschlichen Entwicklungsprozesses sind. Sich zu verändern kann ein schmerzhafter Prozess sein. Zu Komplikationen scheint es vor allem zu kommen, wenn das Zeitbudget es nicht zulässt, tiefergehende Probleme, die angestoßen wurden, zu bearbeiten. Einer der Coaches, der uns für ein Interview zur Verfügung stand, beschrieb beeindruckend (Pogge, 2015, S. 226), dass dann die Probleme in der Luft hängen bleiben würden und die Gewitterwolken den Klienten durch den Alltag begleiten. Auch scheint es mit erheblichen Komplikationen einherzugehen, wenn den Problemen des Klienten psychische Probleme zugrunde liegen. Diese können sich durch ein Coaching verschlimmern. Grant, Green und Rynsaardt (2007, zitiert nach Grant, 2007) dokumentierten in ihren Studien, dass bei den von ihnen untersuchten Business-Coachings 4,2 Prozent der Klienten im Depressions- und 21,9 Prozent im Angstbereich klinische Auffälligkeiten zeigten. Coaches sollten sich bewusst sein, dass sie auch auf Klienten treffen können, die psychisch erkrankt sind. Ich werde in den unteren Kapiteln noch einmal auf das Thema »Psychische Störungen« eingehen.

Coachings stoßen regelmäßig schmerzhafte Prozesse an, die das psychische Wohlbefinden von Klienten beeinträchtigen. Es ist wichtig, dass genügend Zeit und Kompetenz zur Verfügung steht, um diese Beeinträchtigungen erfolgreich zu erkennen und zu bearbeiten.

8.5.2 Soziale Integration

In diese Kategorie fallen Effekte, die sich negativ auf das soziale System des Klienten am Arbeitsplatz oder im Privaten beziehen. Es geht um negative soziale Konsequenzen durch ein Coaching. Sie haben diese Wirkung schon im Fallbeispiel mit Marianne B. kennengelernt. Uns berichtete ein Coach:

»Ich habe mal mit einem Coachee gearbeitet, bei der sich im Laufe des Coachings mehr oder minder leider gezeigt hat, dass sich die Beziehung zu ihrem Chef verschlechtert hat. Und ich denke, dass das an dem Punkt sehr deutlich auf das Coaching zurückzuführen war« (Pogge, 2015, S. 191). Das Thema des Coachings war eine Neuorientierung der Klientin im Beruf. Sie litt unter verstärktem Stress und wollte mehr Arbeitszufriedenheit erleben. Durch das Coaching wollte die Klientin ausgeglichener werden und damit langfristig auch eine bessere Work-Life-Balance erreichen. Die Klientin lernte tatsächlich, sich in ihrer beruflichen Rolle besser abzugrenzen. Das führte aber zu Konflikten mit dem Vorgesetzten: »Sie hat gelernt sich abzugrenzen, ihre eigenen Prioritäten zu setzen und die dann auch zu halten. Naja, das war neu für ihren Chef und nicht unbedingt angenehm. Da hat es dann mehr Reiberein gegeben als zuvor« (Pogge, 2015, S. 191). Der Coach kannte solche Situationen bereits und berichtete: »Ich habe so etwas schon vorher mal bei Coachees erlebt. Also dass sie selber sich besser fühlten, aber dann die Beziehung zu anderen gelitten hat. Manchmal war das gut für die Klienten, manchmal sind dann daraus aber auch neue Streitigkeiten entstanden bzw. Themen, die dann noch viel größer waren als das eigentliche Problem am Anfang« (Pogge, 2015, S. 192).

In diesem Fall ging die Situation gut aus. Die Klientin sprach mit ihrem Vorgesetzten, und dieser reagierte positiv: »Er [der Vorgesetzte] war da dann schon kooperativ. Die zwei werden wohl nie die besten Freunde und da sind auch immer wieder Themen hochgekommen, die eben etwas kontroverser diskutiert werden müssen oder müssten, aber es ist keine laute Auseinandersetzung, bei der man Schlimmeres fürchten muss oder so« (Pogge, 2015, S. 195).

In einem anderen Fall entstanden die Konflikte nicht mit dem Vorgesetzten, sondern mit Kollegen. Der Coach schilderte uns den Fall wie folgt: »... wir haben dann stark an ihrem Zutrauen und ihrem Auftreten etc. gearbeitet und anfangs war sie da auch sehr froh und dankbar und angetan und so, aber irgendwann ist es dann gekippt und sie hat dann eben auch, naja, eher mieses Feedback von den Kollegen bekommen. Also in dem Sinne, dass sie eben zu selbstbewusst auftreten würde« (Pogge, 2015, S. 159f.). Die Klientin wirkte auf den Coach überfordert von der Situation. Im Abschlussgespräch machte sie ihn für die Situation verantwortlich: »Sie war dann einfach, ja doch schon, also richtig böse auf mich« (Pogge, 2015, S. 160). »Das war das wohl unangenehmste Abschlussgespräch, das ich je hatte«, fasst der Coach zusammen (Pogge, 2015, S. 159). Das Gespräch wird er wahrscheinlich nicht vergessen. Aber auch die Klientin wird mit diesem Coaching nicht schnell abgeschlossen haben.

Wie schon mehrmals in diesem Buch betont, verändern sich Menschen durch ein Coaching. Die meisten kommen auch mit der Intention in ein Coaching, sich selbst und ihr Verhalten zu ändern. Diese Veränderung findet zunächst im Kopf der Klienten statt und wird häufig im Gespräch mit dem Coach reflektiert. Das soziale System der Klienten weiß von diesen Veränderungen nicht viel. Die Inhalte des Coachings sind vertraulich. Nicht selten wissen Vorgesetzte und Kollegen nicht einmal, dass ihre Kollegen gecoacht werden. Menschen verändern ihr Verhalten durch ein Coaching. Dieses neue Verhalten trifft auf Beziehungen, die in vielen Jahren gewachsen sind und ausgehandelt wurden. Diese Beziehungen sind definiert und haben sich praktisch als mehr oder weniger tauglich erwiesen; es bestehen feste Rollenerwartungen. Die Führungskraft glaubt, dass alles wie immer läuft: »Die Mitarbeiterin übernimmt die Zusatzaufgaben, wenn ich sie nett darum bitte. Ich lächele sie lieb an, und alles ist gut.« Doch auf einmal funktioniert das liebe Lächeln nicht mehr und die Mitarbeiterin sagt »Nein«. Die Führungskraft weiß nicht, warum (»Ich habe doch ganz lieb gelächelt«), und ist verärgert (»Nie wieder Lächeln!«). Die Beziehung muss durch das Coaching neu ausgehandelt werden, und auch das kann wehtun. Die Schmerzen bleiben dabei nicht auf den Klienten beschränkt.

Wolfgang Looss und Christopher Rauen (2005, S. 172) schreiben zusammenfassend zu diesem Thema: »Der Klient kann und muss mit den neuen und daher auch teils irritierenden Erkenntnissen und Lernerfahrungen der einzelnen Coachingsitzungen in seiner Umwelt experimentieren, um herauszufinden, ob ihm das Neue bei der Bewältigung seiner Berufsrolle letztendlich hilfreich sein kann. Solche Experimentierphasen des Klienten können von seiner Umwelt auch mit Befremden aufgenommen werden, da sie gewohnte Verhaltensmuster durchbrechen. Dies ist besonders dann der Fall, wenn das Umfeld des Klienten nichts von dem Coaching weiß und auch nicht wissen soll.«

In einem weiteren Fall fasst der Coach den Sachverhalt wie folgt zusammen: »Veränderungen sind ja eigentlich nie frei von irgendwelchen, sagen wir mal, ungemütlichen Dingen, und also meine Lebenserfahrung hat mir eigentlich also beigebracht, dass wenn sich etwas verändert, die Reaktionen sich auch verändern. Also so gesehen ist das ja ganz natürlich. Ich bin da dann, ähm, also ganz und gar nicht erstaunt, wenn so eine Sache passiert. Also da ist Ihre Nebenwirkung, wie Sie es nennen, schon ein sehr passendes Wort. Alles hat eben Nebenwirkungen« (Pogge, 2015, S. 233).

Alles hat eben seine Nebenwirkungen. Den Satz finde ich sehr passend. Konflikte müssen nicht auf das soziale System des Klienten beschränkt bleiben. Auch das familiäre System kann sich durch einen Partner verändern, der in einem Coaching zum Beispiel neue Kommunikationsstrategien gelernt hat und diese zu Hause anwendet. Ein Coach berichtete mir von einem Fall, in dem die Tochter durch das Coaching zu selbstbewusst für die Weltsicht des patriarchalischen Vaters wurde und dadurch Konflikte in der Familie entstanden.

Eine häufige Nebenwirkung im Bereich »Soziale Integration« ist die Entwicklung eines Abhängigkeitsverhältnisses zum Coach. Ein Coach berichtete uns von folgendem Fall: »Die Klientin ist nicht gut aus dem Coaching raus gekommen. Während des Coachings war es eigentlich sehr gut alles. Und zwischen dem Abschlussgespräch und der letzten Sitzung lag einige Zeit, das mache ich in einigen Fällen dann durchaus sehr bewusst. Je länger die Zeit, desto mehr kann man reflektieren, so meine Meinung. In diesem Fall hat sie leider, eine Art, nun ja, eine Art, ich möchte schon fast sagen Abhängigkeit oder Ähnliches entwickelt. Definitiv war sie, nachdem das Coaching vorbei war, sehr unsicher, verunsichert« (Pogge, 2015, S. 220). Für die Klientin war es schwierig geworden, ohne ihren Coach Entscheidungen zu treffen – und das hatte Folgen. Ihre Leistungsfähigkeit litt unter der Situation: »Ihre Leistung ist abgefallen. Sie hat es beschrieben, als würde ihr die Krücke genommen worden sein. Sie war unsicher. Dabei muss ich sagen, also sie war ausgesprochen reflektiert. Ich denke, sie hat sich unsicher gefühlt. Unsicherer sogar als vor dem Coaching. Das passiert manchmal, ist unschön, aber nun, so läuft es eben hin und wieder« (Pogge, 2015, S. 220).

Christopher Rauen, Vorsitzender des DBVC, schlussfolgert bezogen auf die Entstehung von Abhängigkeitsverhältnissen: »Ein großes Risiko liegt darin, dass sich Coach und Klient aneinander gewöhnen und das Coaching dann nicht mehr endet. Zunächst scheint das für beide Seiten sehr praktisch zu sein: Der Klient hat einen Reflexionspartner, den er kennt und dem er vertraut, und der Coach hat einen ›sicheren‹ Klienten« (Tenzer, 2014, S. 35). Doch langfristig können Klienten durch ein Abhängigkeitsverhältnis verunsichert werden, und es kann sogar zu einem Leistungsabfall kommen. Coaching ist ein Personalentwicklungsinstrument, das auf Augenhöhe praktiziert wird. Durch ein Abhängigkeitsverhältnis geht diese Augenhöhe verloren. Intakte Feedbackprozesse der Klienten können dadurch verkümmern und der Coach kann die Funktion einer »grauen Eminenz« einnehmen, die bei jeder Entscheidung als Beratungsinstanz konsultiert werden muss (Tenzer, 2014).

In einem Coaching verändern sich Menschen. Diese Veränderungen können im sozialen Umfeld als unangenehm und unpassend erlebt werden. Etablierte Beziehungen werden auf die Probe gestellt und es können Konflikte entstehen. Auch entwickeln Klienten gelegentlich Abhängigkeitsverhältnisse zu ihren Coaches.

8.5.3 Leistungsfähigkeit

Viele Klienten setzen sich das Ziel, durch ein Coaching leistungsfähiger zu werden. Viele Organisationen möchten deswegen ihre Mitarbeiter coachen lassen. Manchmal scheint aber zumindest kurzfristig genau das Gegenteil aufzutreten. Schon im letzten Fall ist uns ein Leistungsabfall begegnet. Dieser Abfall wurde durch das Abhängigkeitsverhältnis ausgelöst. Ich darf Sie bitten, noch einmal in Tabelle 12 zu schauen. Wie Sie dort erkennen können, ist solch eine Verringerung der Leistungsfähigkeit eher ein seltener Fall. Viel öfter kommt es zu Leistungsschwankungen. Die Leistungen der Klienten können durch ein Coaching für einen bestimmten Zeitraum absacken und dann steigern sie sich wieder. Dann wiederholt sich der Vorgang. Ein Coach berichtete uns: »Ich versuche das jetzt mal ganz prägnant zu formulieren, ... meine Klientin hat vor dem Coaching sehr gute Leistungen gebracht und danach auch. Nur während des Coachings ist das, also ihre Leistungsfähigkeit, sehr, sehr schwankend gewesen« (Pogge, 2015, S. 245). Die Klientin scheint dadurch verunsichert worden zu sein. Der Coach hatte auch eine Hypothese, warum es zu diesen Schwankungen gekommen ist: »Vielleicht hat sie sich eben zu sehr auf das, äh, die Themen aus dem Coaching konzentriert und dann darüber eben den Fokus bei anderen Dingen verloren« (Pogge, 2015, S. 247).

Coaching wirkt. Bei manchen Menschen wirkt es sehr stark und beschäftigt die Klienten auch nach den Sitzungen. Das ist gewünscht und gut so. Diese Beschäftigung kann aber ablenken und zu Leistungsschwankungen führen. Auch kommt es immer wieder zu Leistungsschwankungen, weil der Transfer von Coachinginhalten manchmal schwierig ist. Wenn ein Klient durch ein Coaching z. B. seinen Führungsstil verändern möchte, dann kann es im Berufsalltag zunächst zu Anpassungsschwierigkeiten kommen. Wenn Neues ausprobiert wird, dann werden auch Fehler begangen, die dazu führen, dass die Führungskraft ihr Verhalten noch einmal anpassen und vielleicht korrigieren muss. Dies kann Schwankungen auslösen.

Aber selbst die Zeit, die für ein intensives Coaching aufgebracht werden muss, kann die Leistungsfähigkeit kurzfristig beeinträchtigen. Gelegentlich sind die Probleme so drängend, dass Sie als Coach für eine Übergangszeit auch mehrere Sitzungen pro Woche durchführen müssen. Während der Klient zum Beispiel in seinem Vertriebscoaching sitzt, kann er nicht draußen beim Kunden sein und muss gegebenenfalls unter höherem Zeitdruck seine übrigen Termine angehen, was sich in Leistungsschwankungen bemerkbar machen kann.

Klienten können durch ein Coaching vor allem Leistungsschwankungen erleben. Diese resultieren z. B. aus Ablenkungen und Anpassungsschwierigkeiten.

8.5.4 Bewertung der Arbeitsrolle

Auch die kognitiven und affektiven Bewertungen der Arbeitsrolle können durch Coachings negativ beeinflusst werden. In der organisationspsychologischen Forschung haben sich vor allem vier Bewertungen der Arbeitsrolle als besonders wichtig für »gute« Arbeit herauskristallisiert. Diese vier Bewertungen erzeugen gemeinsam das Gefühl von psychologischem Empowerment und werden gerade intensiv in der weltweiten Organisationspsychologie beforscht (Spreitzer, 1995; Seibert, 2011; Schermuly, 2016). Sie gelten vielen Wissenschaftlern und Praktikern als die Fundamente guter Arbeit. Es handelt sich um das Erleben von Bedeutsamkeit, Kompetenz, Selbstbestimmung und Einfluss während der Arbeit.

Bedeutsamkeit meint, dass der Klient Sinn in seiner Arbeit sieht. Die Werte, die für die Arbeit notwendig sind, stimmen mit den persönlichen Werten überein. Beim Kompetenzerleben geht es um die Selbstwirksamkeit der Klienten. Sie haben das Konstrukt schon weiter oben bei den Persönlichkeitsvariablen, die den Coachingerfolg beeinflussen können, kennengelernt. Menschen mit hoher Selbstwirksamkeit trauen sich die Aufgaben zu, die ihnen im Beruf gestellt werden. Selbstbestimmung meint, dass die Klienten bei der Verrichtung ihrer Aufgaben im Beruf höhere Freiheitsgrade besitzen. Sie können z. B. selbst entscheiden, wie und wann sie ihre Aufgaben verrichten. Einfluss bedeutet, dass die Klienten sich in ihrer Berufsrolle mächtig fühlen. Sie können z. B. die Ziele und Strategien in ihrem Arbeitsumfeld maßgeblich beeinflussen (Spreitzer, 1995; Schermuly, 2016).

Mitarbeiter, die viel psychologisches Empowerment in ihrem Beruf erfahren, handeln besonders proaktiv. Doch das ist nicht das einzige positive Resultat. Psychologisches Empowerment führt noch zu vielen anderen positiven Konsequenzen wie höherer Leistungsfähigkeit, mehr Innovationsverhalten, weniger psychischer Belastung und mehr Arbeitszufriedenheit. In eigenen Studien konnten wir unter anderem auch Zusammenhänge mit verringerter Depressionsneigung, mehr Flow-Erleben und späterem Renteneintrittswunsch nachweisen (siehe z. B. Schermuly & Meyer, 2016; Schermuly, Büsch & Graßmann, 2017; Schermuly & Meyer, resubm.).

Das Bedeutsamkeits-, Kompetenz-, Selbstbestimmungs- und Einflusserleben scheint auch von Coachings beeinflusst werden zu können. Ein Coach berichtete uns von einer Klientin, mit der er vor allem die Vereinbarkeit von Familie und Beruf im Coaching bearbeitete. Die Klientin arbeitete in einem Krankenhaus. Durch das Coaching verringerte sich überraschend ihr Bedeutsamkeitserleben gegenüber ihrem Beruf: »Also sie hat im Laufe des Coachings irgendwie ein bisschen, naja wie soll ich das sagen, so als hätte sie irgendwie die Bedeutung verloren. Sie war eigentlich sehr gewissenhaft und auch irgendwie stolz auf das, was sie so getan hat, also ich denke schon, ja doch, das kann man so sagen. Und das ging dann irgendwie ein bisschen verloren. Ich konnte das dann schon auch wieder ein bisschen auffangen am Ende. Aber, na ja, ganz zurück zu der Motivation ist sie dann eben leider nicht mehr gekommen ... Das klingt jetzt aber schon wirklich sehr dramatisch ... aber doch so war es. Ihre Arbeitsmoral ist da deutlich den Bach runter gegangen, sie ist auch weniger gerne zur Arbeit gegangen und so« (Pogge, 2015, S. 179 f.).

Auf die Klientin wirkt die Erkenntnis, dass ihr die Arbeit weniger bedeutet als erwartet, sehr stark. Sie reagiert mit einer starken Desillusionierung, wie der Coach berichtete: »Und dann eben das, was da mitkommt, also traurig, niedergeschlagen, enttäuscht, unsicher ... naja sie hatte eben das Gefühl, dass das, was sie tut, gar nicht so wichtig war, wie sie vorher immer dachte. Das kann einen Menschen schon ganz schön runter ziehen« (Pogge, 2015, S. 181).

Ein Coaching bringt neue Perspektiven auf das eigene Handeln und die eigenen Werte: Für wen engagiere ich mich eigentlich in meinem Beruf? Passen meine Werte (noch) zu meinem Arbeitgeber? Bin ich eine gute Führungskraft? Bin ich glücklich in meinem Beruf und bei meinem Arbeitgeber? Bekomme ich das von meinem Beruf zurück, was ich glaube verdient zu haben? In einem Coaching können die »großen Fragen« des (beruflichen) Lebens in den Fokus rücken. Und die Antworten auf die großen Fragen fallen nicht für jeden Klienten wunschgemäß aus. Wie in dem beschriebenen Fall wird aus mancher Illusion die Luft herausgelassen. Und leere Illusionen fühlen sich bitter an. Coaching hat Einfluss auf zentrale Bewertungen der Arbeitsrolle, positiv wie negativ.

Dazu gehört auch das Kompetenzerleben. Coaching kann Menschen in ihrer Selbstwirksamkeit stärken. Sie trauen sich mehr zu, ihre beruflichen Aufgaben erfolgreich zu bewältigen. Bei manchen Klienten kann aber ein Coaching auch vorübergehend Verunsicherung auslösen. Verhaltensweisen und Persönlichkeitsmerkmale, von denen Klienten glaubten, dass sie zum Erfolg führen, sind vielleicht weniger wichtig für den Erfolg als gedacht. In manchen Coachings entdecken die Klienten aber auch, dass sie mehr Defizite haben, als sie eigentlich dachten. In mancher Führungskraft reift die Erkenntnis, dass die Mitarbeiter nicht ihre Vorschläge annehmen, weil sie so genial sind, sondern weil die Führungskraft die Führungskraft ist. Andere bemerken, dass sie weniger beliebt sind, als sie vermuteten (auch die Witze sind vielleicht gar nicht so lustig und das Lachen der Mitarbeiter ist gar nicht so ehrlich wie gedacht). Menschen können häufig nur schlecht zwischen den Reaktionen auf ihre Position und den Reaktionen auf ihre Person unterscheiden. Besonders für Führungskräfte, die nur noch wenig Feedback aus ihrem sozialen System erhalten, kann solch eine im Coaching gereifte Erkenntnis schockierend sein und das Kompetenzerleben senken. Je höher die Hierarchieebene, desto weniger ehrliches Feedback erhalten die Positionsinhaber. Es kommt zu sogenannten Informationspathologien (Scholl, 2004). Informationen über die eigenen Fähigkeiten werden von Mitarbeitern oder Kunden gar nicht oder nicht mehr korrekt übermittelt. Sie werden positionsgefiltert gesendet (Scholl, 2004). So vergrößert sich der blinde Fleck, bis in einem Coaching das erste ehrliche Feedback seit Jahren kommuniziert wird. Das kann wehtun. Wie bei vielen Nebenwirkungen kann dieser Effekt unter Umständen langfristig auch positive Wirkungen haben. Aber erst einmal tut das weh – und zwar ganz schön dolle!

Coaching kann zu vorübergehend unangenehm erlebten Erkenntnissen bezüglich der Wahrnehmung der eigenen Arbeitsrolle führen. Klienten erleben unter Umständen weniger Bedeutsamkeit und Kompetenz in ihrem Beruf.

8.5.5 Materielle Verluste

Wie Sie in Kapitel 6.2 gelernt haben, kann ein Coaching einen starken ROI bewirken. Das gilt auch für die überwiegende Mehrheit der vielen Coachingfälle, die ich untersucht habe. In wenigen Coachings scheint aber auch das Gegenteil der Fall zu sein. Zum Beispiel wechseln Klienten manchmal aufgrund des Coachings den Arbeitgeber und es resultieren daraus schlechtere Arbeitsbedingungen. Der alte Job war doch nicht so schlecht wie gedacht. Mist; das Leben kann manchmal unerwartete Wendungen nehmen. Manche Selbstzahler geben für ein Coaching mehr aus, als sie es sich eigentlich leisten können. Besonders den Selbstzahlern, die ein Abhängigkeitsverhältnis zu ihrem Coach besitzen, kann unter Umständen ein solches Szenario drohen.

In seltenen Fällen kommt es zu materiellen Verlusten durch ein Coaching.

8.5.6 Sonstige Effekte

In der Kategorie »Sonstige Effekte« sind drei negative Nebenwirkungen gelandet. Einer dieser Effekte wird ganz schön häufig von Klienten und Coaches wahrgenommen. Es handelt sich um die Abwandlung von Zielen gegen den Willen des Klienten. Ich bin immer wieder verwundert über dieses Ergebnis. Diese Nebenwirkung wird häufig berichtet und scheint in ihrem Auftreten sehr robust und verbreitet zu sein. 23 Prozent der Klienten haben im letzten Coaching diesen Effekt wahrgenommen. Wie kann das mit einem Personalentwicklungsinstrument geschehen, das so stark auf Augenhöhe setzt? Ich kann derzeit nur mutmaßen. Diese Nebenwirkung hat eine eigene Studie verdient.

Vielleicht ist die angebotene Augenhöhe des Coachs in manchen Coachings nur angetäuscht und der Coach verfolgt eine eigene Agenda. Es gibt in der Organisationspsychologie das Phänomen der Pseudopartizipation. Führungskräfte deuten Partizipation an, drücken am Ende des Tages aber ihre eigene Linie durch. Die Mitarbeiter werden dann an Stellen involviert, an denen längst die wesentlichen Entscheidungen getroffen sind, oder in Bereichen, die bedeutungslos sind. Im Coachingbereich, vermute ich, könnten manchen Coaches die Ziele der Organisationen wichtiger sein als die Ziele der Klienten. Wenn zwischen beiden Partnern eine Diskrepanz besteht, könnten Coaches geneigt sein, die Ziele bewusst oder unbewusst so abzuwandeln, dass die Organisationen als Auftraggeber im Hintergrund zufrieden sind. Aber natürlich könnte auch ein anderes Problem für diese Nebenwirkungen ursächlich sein. Wenn Coaches zu wenig Zielklärung betreiben oder wenn ein Missverständnis vorliegt, auf welche Ziele man sich geeinigt hat, dann können Situationen entstehen, in denen Coaches, ohne dass ihnen das konkret bewusst ist, die Ziele gegen den Willen der Klienten verändern. Dasselbe kann geschehen, wenn sich während eines Coachings die Ziele beim Klienten wandeln und Coach und Klient nicht darüber sprechen.

Die anderen beiden Nebenwirkungen in dieser Kategorie scheinen sehr selten aufzutreten. Rechtsstreitigkeiten scheinen so gut wie gar nicht zwischen Coach und Klienten vorzukommen. Ein wenig anders sieht es beim Thema Vertraulichkeit aus. Während nur 1 Prozent der Coaches angibt, Informationen aus dem Coaching an Dritte kommuniziert zu haben, sind es 6 Prozent der Klienten, die diese Erfahrung gemacht haben. Mir liegen keine genaueren Informationen über diesen Effekt vor, doch mutmaße ich, dass vor allem die auftragserteilenden Organisationen Empfänger dieser Informationen sind. Jeder Coach kennt Personaler und Führungskräfte, die einen als Coach auf dem Flur abfangen und nur mal schnell wissen wollen, wie das Coaching gelaufen ist. Da braucht es Selbstbewusstsein und eine gute Auftragsklärung vor dem Coaching (»Frau Müller, können wir uns darauf einigen, dass nach der Auftragsklärung absolute Vertraulichkeit zwischen mir und dem Klienten herrscht? Wenn nicht, kann ich den Auftrag leider nicht übernehmen«). Gerade für die Förderung der Beziehungsqualität ist Vertraulichkeit ein absolutes Muss. Und für Psychologen gilt sowieso §203 des Strafgesetzbuchs. Psychologen sind verpflichtet, über alle ihnen in Ausübung ihrer Berufstätigkeit anvertrauten und bekannt gewordenen Tatsachen zu schweigen. Sie dürfen nur über diese Tatsachen sprechen, wenn das Gesetz Ausnahmen vorsieht oder ein bedrohtes Rechtsgut überwiegt. Eine weitere Ausnahme gibt es für die Supervision von Fällen. Hier darf über Klienten gesprochen werden. Da aber auch der Supervisor an die Schweigepflicht gebunden ist, wird die Vertraulichkeit dadurch gesichert. Coaches, die keine Psychologen sind, dürfen indes auch nicht machen, was wie wollen. Sie sind in der Regel an die Ethikrichtlinien der Coachingverbände gebunden. Handeln sie nicht im Einklang damit, dann werden sie aus dem Verband ausgeschlossen. Und das ist gut so.

Coaches wandeln gelegentlich die Ziele gegen den Willen des Klienten ab. Mutmaßlich rücken dadurch die Ziele der Organisation in den Fokus.

Nun haben Sie Nebenwirkungen von Coaching für Klienten anhand von Zahlen, aber auch durch Fallbeispiele kennengelernt. Wenn Sie Coach sind, welche Nebenwirkungen sind in den letzten drei Coachings bei Ihren Klienten aufgetreten? Ich habe Ihnen zur Reflexion ein wenig Platz an dieser Stelle reserviert.

Welche Nebenwirkungen haben Ihre Coachings in den letzten drei Monaten bei Ihren Klienten ausgelöst?
Psychisches Wohlbefinden
Soziale Integration
Leistungsfähigkeit
Bewertung der Arbeitsrolle
Materielle Verluste
Sonstige

8.6 Ursachen für negative Nebenwirkungen

Fallbeispiel

Martina S. möchte, dass es möglichst schnell zur Sache geht in ihrem Coaching. Sie hat Konflikte mit einer Mitarbeiterin und möchte das Thema vom Tisch bekommen. Nach einer der ersten Sitzungen hat sie eine Hausaufgabe von ihrem Coach erhalten, um ihre Kommunikation mit den Mitarbeitern besser gestalten zu können. In der nächsten Sitzung kommen dann aber eher ihre fehlenden Karriereperspektiven als Selbstständige zur Sprache. Am liebsten möchte sie auch noch ihre Work-Life-Balance optimieren. Sie ist Selbstzahlerin und das Coaching soll sich lohnen. Nach der Hälfte der vereinbarten Sitzungen merkt sie, wie sehr sie das Coaching beschäftigt. Die Themen wollen ihr nicht mehr aus dem Kopf gehen. Sie hat schon den zweiten Termin mit einem Mitarbeiter vergessen und schafft es nicht, sich auf das Kundenangebot zu konzentrieren, das sie bis nächste Woche abzugeben hat. Ihren Coach findet sie eher unsympathisch und wenig emphatisch. Er ist ihr von einer Freundin aus dem Unternehmerinnennetzwerk empfohlen worden. Am liebsten würde sie das Coaching abbrechen.

In den vorherigen Kapiteln habe ich an verschiedenen Stellen die Frage nach den Ursachen für eine Nebenwirkung angerissen. In diesem Kapitel soll dieses Thema vertieft werden. Warum treten Nebenwirkungen von Coaching bei Martina S. und anderen Klienten auf? Lassen sie sich verhindern? Sollen sie verhindert werden? Und wenn ja, wie? Überall wo es möglich ist, versuche ich wieder auf empirisches Material zurückzugreifen, um Ihnen Antworten auf die Fragen zu geben. Doch erwarten Sie bitte keine Ergebnisse, die zweifelsfreie kausale Aussagen zulassen. Wir dürfen aus ethischen Gründen keine Experimente durchführen, in denen wir bewusst negative Nebenwirkungen herstellen.

In Studie 2 (Schermuly et al., 2014) haben wir Coaches gefragt, welche Ursachen sie für das Auftreten der Nebenwirkungen verantwortlich machen. Wenn mindestens eine Nebenwirkung in einem Coaching aufgetreten war, dann folgte die Bitte, Auskünfte über die Ursachen zu erteilen. Die Coaches bekamen eine Liste mit Ursachen präsentiert und konnten bewerten, inwieweit sie die jeweilige Ursache als wichtig für die Entstehung der Nebenwirkungen wahrgenommen haben.

Die Ergebnisse finden Sie in Tabelle 14. Die wahrgenommenen Ursachen sind in die Bereiche »Coach«, »Klient«, »Organisation« und »Sonstige« unterteilt. Manche Variablen wurden bereits bei den Ursachen für die positiven Effekte diskutiert. Um Dopplungen zu vermeiden und das Buch nicht künstlich aufzublähen, verzichte ich auf eine Wiederholung dieser Wirkfaktoren. Dazu gehört auch das Thema Beziehungsqualität. Wie Sie in Kapitel 7.5.1 erfahren haben, kann man sogar metaanalytisch nachweisen, dass die Beziehungsqualität nicht nur mit positiven Wirkungen assoziiert ist, sondern auch mit Nebenwirkungen.

Ich beginne erneut mit den Coachvariablen, um dieselbe Ordnung wie in Kapitel 7 beizubehalten. Wie Sie in Tabelle 14 sehen können, sehen die Coaches die Ursachen der negativen Nebenwirkungen eher auf der Seite der Klienten. Dies könnte ein weiterer Beleg für den bereits genannten Self-Serving Bias sein. Es mag sich für manchen Coach besser anfühlen, wenn der Klient als Quelle der Nebenwirkung wahrgenommen wird und nicht man selbst.

8.6.1 Coachvariablen

Die Top Five der Ursachen auf der Seite der Coaches sind in Tabelle 14 ersichtlich. Coaches sehen als Ursachen für die Entstehung von Nebenwirkungen fehlende Supervision, zu wenig Wissen über die Organisation und die Arbeit des Klienten, zu wenig fachliche Expertise, eigene Überarbeitung sowie den Versuch, psychische Störungen zu behandeln.

Auf das Thema »Behandlung einer psychischen Störung« gehe ich weiter unten noch einmal ein. Deswegen an dieser Stelle nur ein paar wenige Sätze. Coaching ist einfach nicht das richtige Setting zur *Behandlung von psychischen Störungen.* Auch Therapeuten, die als Coach arbeiten, sollten dem widerstehen. Diese Gruppe scheint mir besonders gefährdet zu sein, ein Coaching in eine Therapie zu verwandeln (»Das ist doch eine soziale Phobie und keine Kommunikationsschwierigkeit. Da gehe ich jetzt mal ran«). Die Profession des Coachings und die Profession der Psychotherapie sollten personell und inhaltlich getrennt bleiben. Investieren Sie in ein gutes klinisches Netzwerk und vermitteln Sie den Klienten an einen psychotherapeutischen Kollegen. In einigen Coachingausbildungen ist diese Vernetzung Teil der Ausbildung. Die Vermittlung an den psychotherapeutischen Kollegen spricht für Ihre Professionalität, und Sie müssen dadurch den Klienten nicht verlieren. Es beginnt eine Arbeitsteilung, wenn der Klient wieder die nötigen Selbstregulationsfähigkeiten zurückerlangt hat. Der Therapeut kümmert sich um die klinischen Anliegen, und Sie können sich gemeinsam mit dem Klienten um die nicht pathologischen und berufsbezogenen Themen kümmern.

Lassen Sie uns mit dem Thema *Supervision* weitermachen. Supervision ist ein professioneller Unterstützungsprozess zwischen einem Coach und einem Supervisor, der die kontinuierliche Entwicklung des Coachs und die Effektivität seiner Coachingpraxis sicherstellt. Dies geschieht durch gemeinsames Reflektieren, Interpretieren und das Teilen von Expertise (Bachkirova, Stevens & Willis, 2005).

Während Therapeuten häufig an Supervisionen teilnehmen, gilt das nicht für Coaches. Nur eine absolute Minderheit der Coaches lassen sich von einem Supervisor unterstützen (Jepson, 2016). Gerade bei schwierigen Coachingfällen scheint es wichtig zu sein, sich mit einem erfahrenen Kollegen austauschen zu können und gemeinsam über den Fall zu reflektieren. Supervision eröffnet neue Perspektiven und bietet Halt. Das führt zu mehr Wissen über einen Fall und zu mehr Selbstvertrauen. Und nicht nur der Klient profitiert von Supervision durch die etwaige Prävention von Nebenwirkungen. Wir haben eine Studie durchgeführt (Graßmann & Schermuly, 2018; Studie 8), in der wir untersuchten, wie sich Nebenwirkungen von Coaching für Klienten auf die Nebenwirkungen der Coaches auswirken (siehe auch Infobox 12). Es wurden Karrierecoachings von Coachingnovizen durchgeführt. Die eine Hälfte der Coaches erhielt eine Gruppensupervision, während die andere Hälfte ohne Unterstützung auskommen musste. Die Anzahl der Nebenwirkungen, die die Coaches bei ihren Klienten wahrnahmen, beeinflusste das Auftreten von Nebenwirkungen auf der Seite der Coaches. Interessant wird es, wenn man den Neurotizismus und den Einsatz von Supervision berücksichtigt. Coaches, die stärker neurotisch waren (das heißt wenig emotionale Stabilität besaßen), ließen sich besonders von den wahrgenommenen Nebenwirkungen ihrer Klienten anstecken. Dieser Effekt konnte aber durch eine Supervision abgepuffert werden. Vor allem die emotional instabilen Coaches, die keine Supervision erhielten, entwickelten mehr eigene Nebenwirkungen, wenn sie Nebenwirkungen bei ihren Klienten beobachteten.

Kommen wir zur nächsten Ursache, die von den Coaches benannt wurde. Die *fachliche Expertise* haben Sie bereits in Kapitel 7.2.1 als Wirkfaktor für positive Effekte kennengelernt. Lassen Sie mich an dieser Stelle diese wichtige Variable noch einmal aufgreifen und den Zusammenhang zu den Nebenwirkungen verdeutlichen. Genug Wissen über die Organisation und die Arbeit des Klienten sowie fachliche Expertise können hilfreich sein, um sich besser in die Situation des Klienten hineinversetzen zu können. Ein Fallbeispiel, das das Problem mangelnden Wissens über die Organisation und die Arbeit des Klienten illustriert, soll das verdeutlichen:

Fallbeispiel

Knut B. ist Führungskraft in einem Berliner Start-up. Ständig verändern sich die Arbeitsbedingungen in seinem Arbeitsbereich. Ungeplant landen häufig neue Projekte auf seinem Tisch, und er muss seine Führungsrolle immer wieder neu definieren. Er hat Probleme, die dynamischen Veränderungen seiner Führungsrolle zu bewältigen und sein Team dabei mitzunehmen. Die Fluktuation in seinem Team ist hoch. Knut B. empfindet das aber als normal. Seine Informatiker bekommen nun einmal jede Woche einen Anruf von einem Headhunter, der mit den Euroscheinen wedelt. Gerade steht eine erneute Umstrukturierung an, weil das Unternehmen nun über 200 Mitarbeiter hat und die Geschäftsführung die neuen Herausforderungen mit »erwachsenen Strukturen« bewältigen möchte. Bisher hat Knut B.

mit einem weiblichen Coach zusammengearbeitet, der selbst einmal Gründerin war und die stressige Aufbauphase eines Start-ups gut kannte. Auch hatte diese Person Branchenerfahrung. Leider hat sie ihre Tagessätze erhöht und ist deswegen aus dem Coachingpool geflogen. Nun sitzt Knut B. vor einem neuen Coach, der das Unternehmen nicht kennt und auch nur wenig Branchenerfahrung hat. Knut hat das Gefühl, dass er seinem Coach viel erklären muss und dass die acht genehmigten Sitzungen dazu nicht ausreichen. Manches scheint der Coach auch trotz langer Erklärungen nicht zu verstehen; in einer Sitzung haben sie sich seiner Meinung nach darüber gestritten, was eine »normale« Fluktuation in seiner Branche sei. Er will auch nicht mehr über das Fluktuationsthema reden, sondern darüber, wie er mit Anforderungen klarkommt, die durch die neuen Strukturen an ihn gestellt werden. Er empfindet es als anstrengend, dem Coach erklären zu müssen, dass Organisationsentwicklung bei ihnen anders abläuft als in den großen Versicherungskonzernen, in denen der Coach sonst coacht. Die vereinbarte Anzahl der Sitzungen ist erreicht. Knut B. hat sie zum Schluss nur noch abgesessen. Er hat das Gefühl, nicht viel erreicht zu haben. Er fühlt sich frustrierter als zuvor. Und die Sache mit der Fluktuation geht ihm nicht aus dem Kopf. Er ist doch kein schlechter Chef, oder? »Die gehen doch nicht wegen mir?«, fragt er sich.

Fehlendes Wissen über die Arbeit, die Organisation oder die Branche führte im Fallbeispiel dazu, dass ein hoher Klärungsbedarf bezüglich der aktuellen Arbeitssituation des Klienten entstand. Wird diese Zeit nicht investiert, droht die Gefahr, dass der Coach an den Problemen und Anliegen des Klienten vorbei coacht. Investiert der Coach die Zeit für ein ausführliches Verständnis des Klienten, dann kann diese Zeit am Ende des Coachings für andere Themen fehlen. Viele Organisationen sind durchaus rigoros, was die Beschränkung der Anzahl an Coachingsitzungen angeht. Vielleicht hätte die Fluktuation im Team ein wichtiger Punkt für die Weiterentwicklung von Knut B. als Führungskraft sein können. Weder Coach noch Klient werden es je erfahren, weil das Thema nicht in der ausreichenden Tiefe bearbeitet werden konnte. Zum Schluss hing es besetzt mit negativen Emotionen in der Luft und Knut bleibt verunsichert zurück. Darüber hinaus besteht die Möglichkeit, dass fehlendes Wissen über die Arbeit, die Organisation oder die Branche des Klienten zu Missverständnissen führt. Auch leidet die fachliche Glaubwürdigkeit der Coaches, wenn sie nicht die notwendige Expertise für die Lebensrealität des Klienten mitbringen. Das kann verhindern, dass Klienten ihren Coaches vertrauen und sich eine positive Beziehungsqualität entwickelt.

Kommen wir zum Schluss zur *Überarbeitung der Coaches*, die zumindest in 9,4 Prozent der Fälle, wenn eine Nebenwirkung auftrat, als Ursache von den Coaches ausgewählt wurde. Ich war zunächst überrascht, dass doch so viele Kollegen diese Kategorie ausgewählt hatten. Der Coachberuf ist ein Job, der mit besonderen psychosozialen Herausforderungen einhergeht (Schermuly & Bohnhardt, 2014). Wir wissen aus der Burnout-Forschung, dass vor allem Arbeitnehmer mit einem intensiven zwischenmenschlichen Kontakt unter emotionaler Erschöpfung, Depersonalisation und verminderter Leistungsfähigkeit leiden (Maslach & Leitner, 2008). Dazu kommt ein sehr kompetitiver Coachingmarkt. Christopher Rauen hat in seiner Doktorarbeit sage und schreibe 420 Coachingausbildungen im deutschsprachigen Raum identifizieren können (Rauen, 2017). Gehen wir davon aus, dass eine Coachingausbildung mit zehn Kandidaten startet, dann produzieren diese vielen Coachingausbildungen in Deutschland, Österreich und der Schweiz jährlich über 4 000 neue Coaches. Natürlich wollen nicht alle davon als Coaches arbeiten, sondern haben manchmal Lust, neue Skills z. B. für die Arbeit als Personalleiter oder HR-Businesspartner zu erwerben. Doch kommen statt dieser ausgebildeten Coaches, die dem Markt fernbleiben, die vielen anderen Personen auf den Markt, die sich ohne Ausbildung selbst zum Coach ernennen. In meinen Studien geben die Coaches in der Regel an, nur etwa ein Drittel ihrer Arbeitszeit mit Coaching zu verbringen. Und um die Aufträge überhaupt zu bekommen, müssen sich viele sehr anstrengen. Überarbeitung, Stress oder im Extremfall ein Burnout kann zu einem Abfall der Leistung des Coachs führen. Konzentrationsprobleme können es einem Coach schwer machen, dem Klienten adäquat zu folgen, gute Fragen zu stellen oder aktiv zuzuhören.

Aus den Ergebnissen zur Überarbeitung der Coaches lässt sich schlussfolgern, dass Coachings nicht ohne Spuren an Coaches vorbeiziehen. Zu coachen kann ein anstrengender Job sein. Die meisten Coaches, die dieses Buch lesen, wissen das, und die Personaler, die die Coachingdienstleistungen einkaufen, haben manch müde Augen bei den Coaches auch schon bemerkt (und vielleicht ein erschöpftes Stöhnen, wenn der Coachingsatz noch einmal gedrückt werden soll). Das Thema ist mir so wichtig, dass ich mich in meiner Forschung auch mit den Nebenwirkungen von Coaching für Coaches beschäftigt habe. Das Thema und damit das Wohlbefinden der Coaches haben an dieser Stelle mehr als ein paar nette Zeilen verdient. In Kapitel 10 gehe ich deswegen intensiv auf die Nebenwirkungen von Coaching für Coaches ein.

Fehlende Supervision, zu wenig Wissen über die Organisation und die Arbeit des Klienten, zu wenig fachliche Expertise, eigene Überarbeitung sowie der Versuch, eine psychische Störung zu behandeln, können in der Wahrnehmung von Coaches die Entstehung von Nebenwirkungen befördern.

8.6.2 *Klientenvariablen*

Wechseln wir wieder die Perspektive und kommen wir zu den Ursachen für Nebenwirkungen, die die Coaches auf der Seite der Klienten sehen. Fünf Ursachen wurden in mehr als 10 Prozent der Fälle ausgewählt, wenn eine Nebenwirkung im Coaching aufgetreten war. Als Ursachen für Nebenwirkungen nehmen Coaches vor allem an, dass der Klient zu wenig Problembewusstsein hatte, falsche Erwartungen bezüglich des Coachings besaß, bereits vor dem Coaching psychisch erkrankt war, kein konkretes Coachingziel hatte oder dem Coach wichtige Informationen vorenthalten hat.

Alle Ursachen stellen besondere Herausforderungen für den Coachingprozess dar. Es ist schwierig, mit Klienten zu arbeiten, die wenig Einsicht in ihre Probleme haben oder die keine Ziele für das Coaching besitzen. Schon bei Seneca heißt es, dass die Einsicht zum glücklichen Leben genügt (zitiert nach Helferich, 2012, S. 55). In Coachings scheint Einsicht zumindest zu weniger negativen Nebenwirkungen zu führen. Aus zu wenig Problemeinsicht resultieren Coachings, in denen ein persönliches Anliegen des Klienten für das Coaching nicht entsteht oder (noch) nicht wahrgenommen werden kann. In solchen Situationen fällt es den Klienten schwer, ein affektives Commitment zum Coach, aber auch zum Coaching als Instrument der persönlichen Weiterentwicklung aufzubauen. Daraus resultieren motivationale Schwierigkeiten. Auf die Veränderungsmotivation als wichtigen Wirkfaktor bin ich bei den Ursachen für die positiven Wirkungen bereits eingegangen (siehe Kapitel 7.3.1). Aber auch die Beziehungsgestaltung zwischen Coach und Klienten kann darunter leiden, wenn die Klienten wenig Problemeinsicht oder keine Ziele für das Coaching besitzen.

Auch falsche Erwartungen werden relativ häufig von den Coaches als Ursachen für Nebenwirkungen genannt. Klienten sind im Gegensatz zu ihren Coaches in der Regel Coachingnovizen. Sie haben wenig Erfahrung, was Coaching ist, was in einem Coaching geschieht und welche Wirkungen damit erzielt werden können. Manche Klienten haben Vorstellungen davon, was von einem Coaching zu erwarten ist, aber diese Vorstellungen müssen nicht notwendigerweise realistisch sein. Falsche Erwartungen gegenüber dem Coaching können zu Frustration und Verunsicherung führen und damit das psychische Wohlbefinden des Klienten beeinflussen. Auch die Beziehung zum Coach leidet, wenn die Erwartungen des Klienten unerfüllt bleiben. In Tabelle 13 stelle ich Ihnen verschiedene Erwartungen vor, die Klienten bezogen auf ein Coaching haben können. Sie alle haben das Potenzial, eher dysfunktionale Prozesse auszulösen, die zu Nebenwirkungen führen können. Es ist ungemein wichtig, dass Coaches frühzeitig die Erwartungen ihrer Klienten bezüglich des Coachings thematisieren. Dafür sollte am Anfang des Coachings genügend Zeit reserviert werden. Besonders wenn die Erwartungen nicht zum Coachingangebot passen, muss der Coach noch einmal Zeitreserven besitzen, um an solchen Erwartungen, wie in Tabelle 13 aufgeführt, arbeiten zu können.

Tab. 13: Dysfunktionale Erwartungen von Klienten; die ersten drei Erwartungen sind an Dehner (2005, S. 361) angelehnt

Dysfunktionale Erwartungen von Klienten	Erläuterung
»Da kommt der verlängerte Arm des Chefs.«	Klient misstraut dem Coach und glaubt, dass dieser dafür da ist, die Unternehmenspolitik durchzusetzen.
»Der Coach wird mir sagen, was ich tun soll.«	Klient sieht Coaching als Expertenberatung und möchte vom Coach Lösungen für seine Probleme mitgeteilt bekommen, anstatt diese selbst zu erarbeiten.
»Jetzt werde ich beurteilt.«	Klient erwartet, dass der Coach ihm sagt, was er generell falsch macht, und gerät dadurch in eine Abwehr- und Verteidigungshaltung.
»Der Coach wird mich retten.«	Klient sieht den Coach als Erlöser für seine Probleme. Möchte vom Coach seine Probleme abgenommen bekommen und nicht selbst aktiv werden.
»Der Coach wird mich heilen.«	Klient sieht das Coaching als Therapieersatz und erwartet Heilung seiner psychischen Probleme durch das Coaching.

Fehlende Coachingziele, unzureichendes Problembewusstsein und falsche Erwartungen sind Ursachen, die der Klientenseite zugeordnet worden sind. Bei allen tragen aber auch die Coaches Verantwortung. Coaches sind in den ersten Sitzungen mitverantwortlich dafür, dass Klienten Ziele und ein Problembewusstsein entwickeln. Auch ist es die Aufgabe des Coachs, Erwartungsmanagement zu betreiben und zu beschreiben, was ein Coaching leisten kann und was nicht. Entwickeln Klienten keine Ziele, die selbstkongruent sind, das heißt die sie akzeptieren können, oder liegt kein Problem vor, für das ein Bewusstsein entwickelt werden könnte, dann sollte der Coach das Coaching nicht fortsetzen. Das erfordert den Mut, auch auf Einnahmen zu verzichten.

Psychische Vorerkrankungen scheinen in fast einem Fünftel der Coachings, in denen eine Nebenwirkung aufgetreten ist, einen Einfluss auf deren Entwicklung genommen zu haben. Dieses Ergebnis hat mich und meine Kollegen durchaus überrascht. Coaching gilt als ein Format, das für psychische Erkrankungen ungeeignet ist (Greif, 2008; Rauen, 2008). Es existieren aber Fälle, in denen ein psychisch erkrankter Mensch gecoacht wird. Dann werden nicht die psychischen Probleme mit Krankheitswert behandelt, sondern die nicht klinischen Probleme, die sich auf den Arbeitskontext beziehen. Eine Führungskraft ist wegen einer Depression in Behandlung bei einem Psychotherapeuten. Der Psychotherapeut übernimmt die therapeutische Behandlung, während der Coach mit dem Klienten an seinem Führungsstil arbeitet. Das ist ok, denn auch ein Mensch mit einer psychischen Erkrankung kann von einem Coaching profitieren. Aber die Durchführung und die klare Trennung der beiden Aufträge sind nicht einfach. Anthony Grant von der Universität Sydney weist auf die Herausforderungen hin, die auf Coaches zukommen, wenn sie mit Klienten zusammenarbeiten, die psychisch erkrankt sind. Dafür seien hohe Expertise, eine ausführliche Diagnostik, eine enge Abstimmung mit dem Psychotherapeuten sowie eine begleitende Supervision notwendig (Grant, 2007).

Gerade aber beim Thema Diagnostik scheinen einige Coaches Fortbildungsbedarf zu haben. Frederik Werner und Thomas Webers haben sich in einer Studie die Frage gestellt, ob Coaches den Psychotherapiebedarf von Klienten erkennen können (Werner & Webers, 2016). In der Studie wurden den teilnehmenden Coaches fünf fiktive Coachingfälle präsentiert. Bitte lesen Sie sich den Fall in Infobox 9 durch: Hätten Sie das Coaching übernommen oder hätten Sie den Klienten an einen Psychotherapeuten verwiesen?

Infobox 9: Fallgeschichte (Werner & Webers, 2016)

»Der Jurist Dietrich A. ist in einem Verlag angestellt. Neben seiner eigenen Arbeit übernimmt er seit einem halben Jahr auch die Arbeit einer Kollegin, die ein Sabbatical nimmt, was ihm sehr auf die Stimmung schlägt. Dietrich A. arbeitet deshalb nicht selten zwölf Stunden am Tag und weiß dennoch nicht, wie er alles schaffen soll. Er ist ständig erschöpft, schläft kaum noch durch. Sein Vorgesetzter lässt nicht mit sich reden und erkennt die Mehrbelastung nicht an, Besserung scheint nicht in Sicht. [...] So hat Dietrich A. das Gefühl, gegen das Übermaß an Arbeit machtlos zu sein. Seine Arbeit weist immer häufiger Fehler auf, alles wird zunehmend chaotisch und er macht sich Vorwürfe. Er reagiert immer öfter gereizt, was auch Auswirkung auf seine Ehe zeigt, und fühlt sich überfordert« (Werner & Webers, 2016, S. 52).

Drei der Fälle von Werner und Webers wiesen einen klaren psychotherapeutischen Bedarf auf. In die Fallgeschichte von Infobox 9 wurden z. B. die Kriterien für eine Depression nach dem international anerkannten Klassifikationssystem ICD 10 in die Beschreibung integriert. In den beiden anderen Fällen waren es die Kriterien für eine Anpassungsstörung und eine Angststörung. In den restlichen Fällen der Studie gab es keine Hinweise auf eine psychische Störung des potenziellen Klienten.

Haben Sie erkannt, dass Dietrich A. die Kriterien für eine Depression aufweist und deswegen eher eine psychotherapeutische Behandlung benötigt hätte? Wenn nein, dann sind Sie damit nicht allein. Elf Coaches nahmen an der Studie teil. Sie waren im Durchschnitt 51 Jahre alt und hatten 16 Jahre Berufserfahrung. 73 Prozent hatten studiert. Das häufigste Fach war Psychologie. Die Ergebnisse sind überraschend: Keiner der elf Coaches lehnte das Coaching mit dem depressiven Klienten ab und kein Coach erkannte den therapeutischen Behandlungsbedarf. Drei bzw. vier der elf Coaches sahen bei den anderen beiden klinischen Fällen den Therapiebedarf. Nur ein einziger Coach lehnte den Auftrag ab. Werner und Webers (2016, S. 53) schlussfolgern: »Ein Ratsuchender mit Psychotherapiebedarf kann sich offenbar nicht darauf verlassen, dass ein Coach seinen Bedarf in jedem Fall erkennt, deswegen seine Anfrage ablehnt und ihn an einen fachkundigen Psychotherapeuten verweist. Auch das Wissen um die alltäglich anzutreffenden psychischen Störungen ist nicht in der Form vorhanden, dass es sich in Handlungen umsetzen ließe«. Sie fordern daher, dass Grundkenntnisse im Bereich Psychopathologie zu einem Standard in den Coachingausbildungen werden. Dies könnte auch der Prävention von Nebenwirkungen dienlich sein.

Zu wenig Problembewusstsein, falsche Erwartungen bezüglich des Coachings, keine konkreten Coachingziele und eine psychische Vorerkrankung auf der Seite der Klienten können aus Sicht der Coaches die Entwicklung von Nebenwirkungen befördern.

Tab. 14: Wahrgenommene Ursachen für Nebenwirkungen für Klienten (Schermuly et al., 2014, S. 24)

Coach **Der negative Effekt/die negativen Effekte waren darauf zurückzuführen, dass ich…**	**Häufigkeit in Prozent**
keine begleitende Supervision hatte	10,7
kein ausführliches Wissen über die Organisation/Arbeit des Klienten/der Klientin hatte	10,6
zu wenig fachliche Expertise hatte	10,5
überarbeitet war	9,4
versucht habe, eine psychische Störung im Coaching zu behandeln	9,2
zu wenig methodische Expertise hatte	7,2
den Klienten/die Klientin zu wenig darüber aufgeklärt habe was ihn/sie im Coachingprozess erwartet	6,1
eine psychische Störung übersehen habe	4,5
selbst psychisch belastet war	3,1
dem Klienten/der Klientin intellektuell zu weit überlegen war	3,0
mich schlecht in den Klienten/die Klientin hineinversetzen konnte	3,0
meine Kompetenzen überschritten habe	1,5
wenig motiviert war	1,5
wenig Sympathie für den Klienten/die Klientin besaß	1,5
dem Klienten/der Klientin intellektuell nicht gewachsen war	0,0
Der negative Effekt/die negativen Effekte waren darauf zurückzuführen, dass der Klient/die Klientin…	
wenig Problembewusstsein hatte	22,7
falsche Erwartungen bezüglich des Coachings besaß	19,7
bereits vor dem Coaching psychisch erkrankt war	18,1
kein konkretes Coachingziel hatte	16,4
mir wichtige Informationen vorenthalten hat	12,1

nur wenig motiviert war	6,2
nur wenig Sympathie für mich hatte	3,1
Der negative Effekt/die negativen Effekte konnten sich weiterhin zeigen, weil die Organisation des Klienten/der Klientin…	
keine Möglichkeiten bereit stellte, das Gelernte anzuwenden (Transfer)	16,4
mich beim Coaching nicht unterstützte	9,6
den Klienten/die Klientin zum Coaching gezwungen hat	9,5
das Coaching als Legitimation für eine Kündigung missbrauchte	4,1
häufig in den Coachingprozess eingriff	4,1
Sonstiges: Der negative Effekt/die negativen Effekte waren darauf zurückzuführen, dass…	
nicht genügend Zeit zur Verfügung stand	24,1
nicht genügend finanzielle Mittel zur Verfügung standen	17,9
zu wenig oder zu unpräzise Diagnostik betrieben wurde	16,7
Coach und Klient/Klientin sich zu unähnlich waren	2,6
die Beziehungsqualität zwischen Coach und Klient/Klientin schlecht war	2,5

8.6.3 Organisationsvariablen

Auf der Organisationsseite weisen drei Variablen in Tabelle 14 höhere Prozentwerte auf. Die Coaches bemerkten, dass die Organisation keine Möglichkeiten bereitstellte, das Gelernte anzuwenden. Auch sahen die Coaches als weitere Gründe, dass sie zu wenig von der Organisation unterstützt oder dass Klienten zum Coaching gezwungen wurden. Auf das Thema Transfer bin ich bereits weiter oben eingegangen. Im Interview mit Herrn Böning haben Sie bereits einige Punkte genannt bekommen, was Unternehmen tun können, um Coachings zu unterstützen. Deswegen widme ich mich nun vor allem den erzwungenen Coachings.

Ein erzwungenes Coaching ist eine schwer zu bewältigende Bürde für die Zusammenarbeit zwischen Coach und Klient. Viele Coaches kennen die Situation, dass sie vor einem Menschen sitzen, der gar nicht oder eingeschränkt freiwillig an dem Coaching teilnimmt. Es gibt zwei interessante Theorien, die vorhersagen, wie Menschen auf Zwang und den damit einhergehenden Freiheitsverlust reagieren. Martin Seligman hat in den siebziger Jahren des letzten Jahrhunderts die Theorie der erlernten Hilflosigkeit entwickelt. Seligman (1975) geht davon aus, dass Menschen durch Zwang, dem sie sich nicht entziehen können, hilflos und langfristig depressiv werden. Sie sehen keinen Zusammenhang mehr zwischen dem eigenen Handeln und den Reaktionen in ihrem Umfeld. Egal wie sich ein Mensch verhält, es ändert sich nichts. Für ein Coaching bedeutet das, dass der Klient aufgibt und das Coaching über sich ergehen lässt. Die Reaktanztheorie von Brehm (Brehm, 1966) sagt dagegen, dass Menschen eher aggressiv auf Zwang reagieren. Sie lehnen sich auf und wollen ihre Freiheit durch Aggression wiederherstellen. Auch kommt es im Lichte dieser Theorie im Prozess dazu, dass Menschen die durch den Zwang entstandene Situation abwerten und Alternativen positiv verklären. Für ein Coaching würde das bedeuten, dass die zum Coaching gezwungenen Klienten streitlustig auftreten. Weiterhin ist es aus dem Blickwinkel der Theorie wahrscheinlich, dass die Klienten das Coaching als Methode und den Coach mit seiner Expertise abwerten (»Der hat ja keine Ahnung von meiner Branche«). Gleichzeitig sollten die Alternativtätigkeiten durch die gezwungenen Klienten aufgewertet werden (»Ach wäre es schön, wenn ich jetzt in Ruhe noch ein Kundengespräch führen könnte, anstatt mich mit dem Typen unterhalten zu müssen«). Wer hat nun Recht? Werden die Klienten durch ein erzwungenes Coaching eher hilflos oder aggressiv? Dafür gibt es tatsächlich auch eine Theorie! Unterschätzen Sie niemals die Macht der Wissenschaft.

Wortmann und Brehm (1975) haben in ihrem Modell Bedingungen postuliert und erfolgreich getestet, die den Ausschlag in die eine (Hilflosigkeit) oder andere Richtung (Reaktanz) geben. Es handelt sich um den Grad der Kontrollierbarkeit und die Bedeutsamkeit der Situation. Ich übertrage diese Erkenntnisse nun wieder auf den Coachingbereich. Wenn Klienten sich zutrauen, noch Einfluss ausüben zu können (z. B. auf die Länge des Coachings und die Inhalte), und ihnen die Zeit, die sie im Coaching verbringen müssen, wichtig ist, dann beginnen sie zu kämpfen. Wenn sie aber keine Kontrolle wahrnehmen und es ihnen relativ egal ist, was sie während ihrer Arbeitszeit tun, dann werden sie laut Wortman und Brehm das Coaching hilflos über sich ergehen lassen.

Transferbehinderungen, fehlende Unterstützung und ein erzwungenes Coaching sehen Coaches als Ursachen für Nebenwirkungen auf der Seite der Organisationen.

8.6.4 Sonstige Ursachen

In dieser Kategorie sind drei Effekte von den Coaches besonders häufig als Ursache ausgewählt worden: zu wenig Zeit, zu wenig Mittel und zu wenig oder zu unpräzise Diagnostik.

Zeit und Mittelknappheit sind eng miteinander verknüpft, denn in der Regel wird mit den eingesetzten Mitteln Zeit für die Arbeit von Coach und Klient eingekauft und nicht ein Flipchart. Im Durchschnitt dauern Coachings etwa acht Sitzungen (Standardabweichung = 5,4; Schermuly et al., 2014). Die Standardabweichung gibt Auskunft über die Streuung der Variablen – und sie ist in diesem Fall nicht klein. Manche Coachings sind sehr kurz und manche lang. In Kapitel 7.1.1 haben Sie gelernt, dass kurze Coachings nicht unbedingt weniger positive Effekte produzieren. Es besteht aber die Möglichkeit, dass sie zu mehr Nebenwirkungen führen. Besonders die Nebenwirkung, dass Themen angestoßen werden, die im Coaching nicht mehr bewältigt werden können, scheint hier ein Kandidat zu sein. Das Coaching ist zu kurz, um das Thema ausreichend bearbeiten zu können, und der Klient nimmt es mit nach Hause und muss dann alleine damit klarkommen.

Es kann aber auch sein, dass die Zeitknappheit durch eine ungünstige Dynamik zustande kommt, die ihre Ursache im Coachingprozess selbst hat. Schauen Sie sich das Fallbeispiel mit der Selbstzahlerin Martina S. noch einmal genauer an. Sie will, dass sich das Coaching lohnt, und so sollen möglichst viele Themen auf einmal in einem Coaching bearbeitet werden (Kommunikation, Karriereperspektiven, Work-Life-Balance). Dieses Themenhopping kann Nebenwirkungen produzieren. In Studie 2 (Schermuly et al., 2014) haben wir die Anzahl der Themen, die in einem Coaching besprochen wurden, mit der Anzahl an Nebenwirkungen in Bezug gesetzt. Im Durchschnitt wurden 6,3 Themen (Standardabweichung = 2,7) in den acht Sitzungen angegangen. Zieht man eine Kennenlern- und eine Abschlusssitzung ab, dann wurde durchschnittlich jede Sitzung ein anderes Thema bearbeitet. Es gab auch Fälle, in denen pro Sitzung durchschnittlich zwei oder drei Themen angerissen wurden. Es zeigte sich eine signifikante mittelstarke positive Korrelation von .34 zwischen der Anzahl der Themen und den Nebenwirkungen. Je mehr Themen bearbeitet wurden, desto mehr Nebenwirkungen traten auch auf. Um Nebenwirkungen zu vermeiden, scheint es sinnvoll zu sein, sich auf wenige Themen zu konzentrieren, diese aber intensiv zu bearbeiten. Viele Klienten und auch Organisationen haben wie Martina S. den Wunsch, dass das Coaching möglichst viel bringen muss, und packen es mit Themen voll. Andere Klienten kommen mit wirklich vielen Themen ins Coaching, ohne zu wissen, wie diese zusammenhängen und welche Themen wichtig oder weniger wichtig sind.

Themenhopping provoziert Nebenwirkungen, weshalb Coaches dem Wunsch von Klienten nach der Bearbeitung möglichst vieler Themen nicht nachgegeben sollten. Coaches sollten ihren Klienten darlegen, warum es ungünstig ist, zu viele Themen in einem Coaching zu bearbeiten, und ihnen eine Fokussierung vorschlagen. Wenn Klienten mit sehr vielen Themen in das Coaching eintreten, dann sollten Coaches versuchen, gemeinsam mit ihren Klienten hinter *das* Thema der Themen zu blicken. Gibt es ein Thema, das die Themen verbindet? Steht hinter der Schwierigkeit, Aufgaben zu delegieren, hinter dem Konflikt mit den Mitarbeitern über Arbeitszeiten und hinter der Frustration, keine klaren Ansagen von Vorgesetzten zu bekommen, ein Kontrollwunsch, der in der komplexen Arbeitswelt der Führungskraft schwer erfüllbar ist? Dann sollte am Thema »Kontrolle und Komplexität« gearbeitet werden. Wenn die Themen unabhängig voneinander sind, dann sollte eine Priorisierung vorgenommen werden. Welche Themen drängen am stärksten? Welches Thema erzeugt den höchsten Leidensdruck? Dafür ist Diagnostik wichtig, auf die ich im Folgenden etwas genauer eingehen möchte.

Diagnostik ist bei einigen Coaches ein Reizbegriff. Mir scheint aber, dass es sich hier um ein Missverständnis handelt. Viele Coaches verorten den Begriff im medizinischen Kontext und meinen, dass ein Klient durch eine Diagnostik klinisch bewertet werden soll. Sie assoziieren mit Diagnostik sowohl Etikettierungen als auch Stigmatisierungen. Das ist aber nicht das, was man in der Arbeits- und Organisationspsychologie und im Coaching unter Diagnostik versteht.

Diagnostik im Coaching meint die systematische Informationssammlung über die Klienten, ihre Anliegen und ihre Organisation. Diese findet vor allem am Anfang eines Coachings statt, um daran das beraterische Handeln zu orientieren (Möller & Kotte, 2014). Die Ausgangsituation des Klienten, seine berufliche und organisationale Situation wird erfasst, um eine gemeinsame Arbeitsgrundlage im Coaching zu schaffen. Jeder professionelle Coach betreibt Diagnostik, auch wenn er das vielleicht anders nennen mag (z. B. Situationsanalyse). Coaches beobachten in den ersten Sitzungen bewusst oder unbewusst ihre Klienten, stellen Fragen, um sie zu verstehen, und ziehen ihre bewussten oder unbewussten Schlüsse daraus. Der Unterschied besteht darin, ob diese Informationssammlung systematisch und professionell abläuft oder eher willkürlich und unbewusst. Letzteres öffnet die Türen für all die schönen Wahrnehmungsverzerrungen und Beobachterfehler, die seit vielen Jahren in der psychologischen Forschung bekannt sind (siehe für eine Übersicht Schermuly & Scholl, 2011).

»Ist es nicht besser, schnell ins Handeln zu kommen, statt zu viele Ressourcen auf das Diagnostizieren zu ver(sch)wenden?«, fragen Möller und Kotte (2014, S. 321). Sie beantworten im Vorwort ihres Buchs »Diagnostik im Coaching« selbst diese Frage: »Ohne saubere Diagnostik … kann kein guter Coachingprozess gelingen«. Es lassen sich ohne Diagnostik schlecht die positiven Effekte aus Kapitel 7 erreichen. Wie in Tabelle 14 ersichtlich, sehen Coaches aber auch eine unzureichende Diagnostik als wichtigen Grund für das Auftreten von Nebenwirkungen an. In

16,7 Prozent der Fälle, in denen eine Nebenwirkung in ihrem Coaching auftrat, wählten sie diesen Grund aus. Ohne systematische Diagnostik droht ein Coaching ohne positive Effekte, aber mit vielen Nebenwirkungen.

Warum hilft Diagnostik, positive Effekte zu fördern und Nebenwirkungen zu vermeiden? Ich beziehe mich in diesem Abschnitt erneut auf die Expertinnen aus Kassel (Möller & Kotte, 2014, S. 322 f.):

1. Diagnostik ist auch eine Intervention. Sie regt den Klienten zum Nachdenken und Reflektieren an. Dadurch entsteht eine erste Arbeitsgrundlage, aber in vielen Fällen auch ein Problembewusstsein. Wie ich Ihnen bereits vorgestellt habe, wird mangelndes Problembewusstsein auf der Klientenseite als eine Ursache von Nebenwirkungen angenommen.
2. Durch eine strukturierte Informationssammlung am Anfang des Coachingprozesses wird die Gefahr gebannt, dass das wesentliche Anliegen des Klienten sowie wichtige Hintergrundinformationen zu seiner Problemstellung übersehen werden. Wie ich Ihnen zuvor dargestellt habe, besteht ein Zusammenhang zwischen der Anzahl der Themen und dem Auftreten von Nebenwirkungen. Wurden durch eine professionelle Diagnostik die Anliegen des Klienten geklärt, dann droht weniger Gefahr, während des Coachings im Trüben zu fischen und »falsche« Themen anzureißen, sondern frühzeitig an den wesentlichen Themen des Klienten zu arbeiten.
3. Weiterhin kann Diagnostik helfen, Wahrnehmungsverzerrungen einzuschränken. Coaches können die Klienten verstärkt so sehen, wie sie tatsächlich sind, und nicht so, wie sie sie sehen wollen oder aufgrund ihrer Vorerfahrung sehen müssen. Auch droht in einem Coaching ohne Diagnostik viel eher die Gefahr, dass die Wirklichkeitskonstruktion des Klienten ungefiltert übernommen wird. Durch Diagnostik können objektivere Informationen gesammelt werden.
4. Weiterhin hilft Diagnostik laut Möller und Kotte (2013) der Kompetenzdarstellung der Coaches. Es hilft ihrer Glaubwürdigkeit, wenn sie professionell diagnostisch vorgehen und dem Klienten kompetente Rückmeldung geben können. Und wie Sie wissen, ist die fachliche Glaubwürdigkeit ein guter Prädiktor für positive Coachingeffekte.

Jetzt wissen Sie, wie hilfreich professionelle Diagnostik für die Förderung von positiven Coachingeffekten sowie für die Minderung von Nebenwirkungen ist. Aber wie geht professionelle Diagnostik im Coaching? Ich habe schon mehrmals an dieser Stelle das Buch von Möller und Kotte erwähnt. Mit diesem Buch kann man sich hervorragend in das Thema einarbeiten. Die beiden Autorinnen machen hier auch einen Vorschlag zur systematischen Eingangsdiagnostik im Coaching. Sie haben das Kasseler Coaching Inventar (KCI) entwickelt, welches laut eigener Aussage zumindest ein strukturiertes Minimalvorgehen gewährleistet. Es kann jederzeit für spezifische Fragestellungen erweitert werden. Im KCI werden fünf Abschnitte unterschieden, die ich Ihnen in Infobox 10 vorstelle.

Infobox 10: Die fünf Abschnitte des Kasseler Coaching Inventars (KCI, nach Möller & Kotte, 2014)

1. Coachinghintergrund

Alter: Wie alt sind Sie?
Empfehlung: Wer hat das Coaching empfohlen?
Anlass: Was ist der Anlass für das Coaching? Warum möchten Sie gecoacht werden?
Zeitpunkt: Warum wollen Sie gerade jetzt gecoacht werden?
Vorerfahrung: Welche Vorerfahrungen besitzen Sie mit dem Format Coaching?
Ziele: Wenn das Coaching erfolgreich verläuft: Was hat sich an der Situation geändert? Woran würden andere (Kollegen, Vorgesetzte) merken, dass das Coaching erfolgreich war?
Lösungsversuche: Welche eigenen Lösungsversuche haben bereits stattgefunden?

2. Berufsbiografie und organisationale Einbettung

Professioneller Werdegang: Erzählen Sie mir doch bitte von Ihrem professionellen Werdegang. Welche Ausbildungswege liegen hinter Ihnen?
Berufliche Stationen: Welche beruflichen Stationen und Rollen haben Sie in Ihrer Karriere bekleidet?
Aktuelle Situation: Welche berufliche Funktion haben Sie derzeit inne? Was sind die wichtigsten Aufgaben, die Sie derzeit bearbeiten?
Organisationstyp: In welcher Organisation arbeiten Sie? Was ist der Zweck Ihrer Organisation?
Team- und Organisationsklima: Welche Werte und Normen sind Ihrem Team und Ihrer Organisation wichtig? Welche Werte und Normen unterscheidet Ihre Organisation von anderen?

3. Kurzbiografie

Herkunft: Welche Berufe haben Ihre Eltern (gehabt)?
Lebensereignisse: Welche bedeutsamen Ereignisse haben in Ihrem Leben stattgefunden, die für das Coaching wichtig sind? Welche Krisen gab es?
Aktuelle Lebenssituation: Wer oder was charakterisiert Ihre aktuelle Lebenssituation?
Biophysisches System: Von welchen körperlichen oder psychischen Merkmalen muss ich als Coach wissen, um mit Ihnen arbeiten zu können? Wie würden Sie Ihren Umgang mit Stress charakterisieren?

Motivationsmuster/Stärken und Schwächen: Was ist Ihnen im Leben wichtig? In welchem Bereich sehen Sie Ihre Stärken? An welchen Aufgaben sind Sie bisher gescheitert?
Lebensziele: Was ist für Sie ein gutes Leben?

4. Interaktionsdiagnostik

Die Diagnostik wird in diesem Bereich durch die Beobachtung des Klienten praktiziert. Der Coach stellt sich selbst die Fragen und beantwortet diese.
Erster Eindruck: Wie wirkt der Klient auf mich? Wie selbstbewusst ist er? Wie sehr leidet er unter seinem Problem?
Kontaktgestaltung: Wie behandelt mich der Klient? Wie gestaltet er ansonsten Beziehungen?
Gegenübertragung: Wie erlebe ich mich im Kontakt mit dem Klienten? Welche Assoziationen habe ich, wenn ich an den Klienten denke?
Einstellungen und Erwartungen an das Coaching: Welches Coachingverständnis besitzt der Klient? Was will er mit dem Coaching erreichen?

5. Checkliste Managementaufgaben

Im letzten Schritt wird der Klient gebeten, zu den folgenden Managementaufgaben einzuschätzen, wie schwer oder leicht sie ihm fallen. Die Bewertung wird auf einer fünfstufigen Ratingskala vorgenommen (von 1 = sehr schwer bis 5 = sehr leicht):
Strategisches Denken und Handeln, Ziel- und Aufgabendefinition, Zeit- und Projektmanagement, Budgetierung, Entscheiden, Delegieren, Beurteilen und Kontrollieren, Fördern und Innovation, Kommunikation, Networking, Moderation, Konfliktmanagement, Containment, Mitarbeiterentwicklung, Selbstreflexion, Selbstmanagement, Selbstverantwortung.

Zusammenfassend lässt sich festhalten: Zeit und Mittelknappheit sowie eine unzureichende Diagnostik sind auf der Organisationsseite Variablen, die aus der Sicht von Coaches Nebenwirkungen provozieren können.

9. Abbruch von Coachings durch Klienten

Coaches und Organisationen sind immer wieder mit Coachingabbrüchen konfrontiert. Sie gehören ganz klar zu den unerwünschten Ausgängen eines Coachings, denn sie sind mit negativen Konsequenzen für Klienten, Coaches, Organisationen und sogar für die Coachingforschung assoziiert. Den Abbruch eines Coachings halte ich für ein besonders negatives Ereignis. Deswegen möchte ich dem Thema in diesem Buch Raum geben und unsere Forschung zu den Abbrüchen von Coaching vorstellen (siehe Schermuly, 2018, Studie 9 Tabelle 9). Warum ist es wichtig, sich mit den Abbrüchen von Coaching zu beschäftigen?

Wenn Klienten ein Coaching abbrechen, dann folgt daraus, dass sie auf die positiven Effekte verzichten, die ich Ihnen in Kapitel 7 dargestellt habe. Sie investieren Zeit und verlassen ohne den ROI das Coaching. Aus der Psychotherapieforschung wissen wir z. B., dass Patienten, die ihre Therapie abbrechen, besonders wenig aus der Therapie an Fortschritten mitnehmen. Doch auch auf der Organisationsseite wird der mangelnde ROI zum Problem. Die Organisation hat Geld für ein Coaching bezahlt, bekommt dadurch aber keine höhere Leistung oder keinen zufriedeneren Arbeitnehmer. Wenn Sie, lieber Leser, Coachingdienstleistungen teuer einkaufen, dann wollen Sie nicht, dass das Coaching effektlos abgebrochen wird. Die durch Abbrüche provozierten Kosten für den Coach sind ebenfalls hoch. In der Studie zu Coachingabbrüchen, die ich Ihnen gleich vorstelle, habe ich die Coaches bewerten lassen, wie viele Euro sie durch den letzten Coachingabbruch, den sie erlebten, verloren haben. Im Durchschnitt waren es 1 084,32 Euro (Standardabweichung = 1 152,99 Euro). Die Standardabweichung ist ziemlich hoch. Manche Coaches verloren richtig viel Geld durch einen Abbruch, andere nur wenig. Wahrscheinlich ist die Höhe des Verlusts davon abhängig, wie der Vertrag ausgestaltet war und zu welchem Zeitpunkt der Abbruch stattfand. Aber der monetäre Verlust ist nur ein Teil der negativen Konsequenzen auf der Seite der Coaches. Sie haben als Coach unter Umständen mit einem Reputationsverlust beim Kunden zu kämpfen und es kann auch an Ihrem Selbstwert kratzen, wenn Klienten nicht mehr mit Ihnen zusammenarbeiten möchten.

Durch Coachingabbrüche entstehen sogar für die Coachingforschung Probleme. Viele Studien, die die Wirksamkeit von Coaching bewerten, messen z. B. die Zufriedenheit der Klienten mit dem Coaching nach Abschluss des Coachings. Die Klienten, die besonders unzufrieden waren und das Coaching abgebrochen haben, stehen für diese Evaluation nicht mehr zur Verfügung. Hänschen Meier, der das Coaching so richtig bescheuert fand und nach vier Sitzungen lieber E-Mails geschrieben hat als im Coaching zu erscheinen, fällt aus der Studie raus – und die Forscher freuen sich über die tolle Wirksamkeit von Coaching. Durch Coachingabbrüche kann es demnach zu einer positiven Verzerrung der Ergebnisse zur Wirksamkeit von Coaching kommen (Schermuly, 2018).

Aufgrund dieser vielfältigen negativen Folgen von Abbrüchen empfinde ich es als sehr wichtig, dass man sich mit dieser spezifischen Wirkung von Coaching beschäftigt. Das habe ich in einer Studie getan, die in einer Zeitschrift der Vereinigung der amerikanischen Psychologen (APA) veröffentlicht wurde (Consulting Psychology Journal: Practice and Research). Bevor ich Ihnen aber die Ergebnisse vorstelle, möchte ich Ihnen zunächst erklären, was ich unter Coachingabbrüchen verstehe.

Coachingabbrüche haben negative Konsequenzen für Klienten (verpasste positive Wirkungen), Organisationen (fehlender ROI), Coaches (monetäre Verluste und Verunsicherung) und die Coachingforschung (Verzerrung von Ergebnissen).

9.1 Was sind Coachingabbrüche?

Wenn Klienten mit Coaches zusammenarbeiten, dann werden in der Regel ein psychologischer und ein förmlicher Vertrag geschlossen (siehe z. B. Rauen, 2008). Der psychologische Vertrag meint, dass Klienten und Coaches gemeinsam Ziele festlegen, die sie im Coaching erreichen wollen. Der förmliche Vertrag regelt dagegen neben der Bezahlung die Anzahl an Sitzungen, die die Klienten und Coaches zusammenarbeiten möchten. Beide Verträge müssen berücksichtigt werden, um einen Abbruch klassifizieren zu können. Ich habe Ihnen das mit Tabelle 15 versucht zu verdeutlichen.

Tab. 15: Verschiedene Coachingergebnisse

		vereinbarte Anzahl an Sitzungen	
		erreicht	**nicht erreicht**
Ziele des Coachings	**erreicht**	Erfolg I	Erfolg II (zeiteffizientes Coaching)
	nicht erreicht	Misserfolg	Abbruch

Wenn Sie mit Ihren Klienten alle Ziele in der vereinbarten Zeit erreichen, dann handelt es sich um ein erfolgreiches Coaching (Erfolg I). Schaffen Sie das in weniger Sitzungen als vereinbart und der Klient widmet sich zufrieden seiner Arbeit, statt sich weiter coachen zu lassen, dann war das kein problematischer Abbruch, sondern ein zeiteffizientes Coaching. Der Klient und Sie als Coach sind gemeinsam schneller an das Ziel gekommen als erwartet. Ein Misserfolg liegt vor, wenn alle Sitzungen durchgezogen, aber die Ziele des Klienten nicht erreicht wurden. Ein problematischer Coachingabbruch liegt demnach nur vor, wenn beide Ziele nicht erreicht wurden. Ihr Klient verabschiedet sich vor der vereinbarten Anzahl an Sitzungen und hat die Ziele des Coachings zu diesem Zeitpunkt nicht erreicht.

Ein Coachingabbruch ist die vorzeitige Beendigung eines Coachings durch einen Klienten, bevor die vereinbarten Ziele und die vereinbarte Anzahl an Sitzungen erreicht wurden.

9.2 Wie häufig treten Coachingabbrüche auf?

Ich habe zwei Studien durchgeführt, um unter anderem die Fragestellung nach der sogenannten Prävalenz, das heißt der Auftrittshäufigkeit von Abbrüchen, zu beantworten (siehe Schermuly, 2018). Wie üblich bei einem neuen Forschungsfeld habe ich zunächst qualitativ gearbeitet und danach quantitativ. Die Häufigkeit von Coachingabbrüchen ist sehr wichtig, denn wenn Coachingabbrüche überhaupt nicht auftreten, dann müssen Sie und ich uns darüber keine Gedanken machen und es wird ein kurzes Kapitel. An der ersten Studie nahmen 30 Coaches teil. Von diesen hatten 19 schon einmal einen Abbruch erlebt, der der oben vorgestellten Definition entsprach. Die Coaches, die bereits einen Abbruch erlebt hatten, gaben an, dass durchschnittlich 3,6 Prozent (Standardabweichung = 4,4 Prozent) Coachings in ihrer Karriere abgebrochen wurden. In der zweiten Studie nahmen 115 Coaches teil. Wieder war die Mehrheit davon bereits mit einem Coachingabbruch konfrontiert gewesen. 66 Coaches (57,4 Prozent) hatten schon einmal ein Coaching erlebt, das abgebrochen wurde, 49 war das noch nicht passiert. Die Coaches mit Abbrucherfahrung gaben an, dass 6,1 Prozent (Standardabweichung = 6,9) ihrer Coachings durchschnittlich abgebrochen wurden. Um die Zahlen einzuordnen, hilft ein Vergleich mit Zahlen aus dem psychotherapeutischen Bereich. Waren meine Studien die erste systematische Datensammlung zu Abbrüchen im Coachingbereich, so gibt es bei den Klinikern schon Metaanalysen zu diesem Thema. Swift und Greenberg (2012) stellten z. B. eine Abbruchrate von 19,7 Prozent in Psychotherapien fest. Bei Fernandez et al. (2015) waren es 26,2 Prozent. Die Abbruchraten bei Psychotherapien sind deutlich höher als im Coaching. Bei solchen Abbruchquoten würden viele Coaches pleitegehen. Bei Psychotherapien zahlt aber in der Regel die Krankenkasse. Dennoch scheinen Abbrüche im Coaching durchaus regelmäßig aufzutreten. Die Coaches mit Abbrucherfahrung in der zweiten Studie hatten 416,61 Coachings in ihrer Karriere durchgeführt. Relativiert an der Dauer der Karriere erlebten sie durchschnittlich ungefähr zwei Coachingabbrüche pro Jahr. Deswegen lohnt es sich nachzuforschen, warum diese Coachings abgebrochen wurden.

Coachings werden regelmäßig abgebrochen. Die Abbruchraten liegen aber deutlich unter denen der Psychotherapie.

9.3 Wann werden Coachings abgebrochen?

Durchschnittlich waren für die untersuchten Coachings 14,6 (Standardabweichung = 8,0) Zeitstunden vorgesehen. Abgebrochen wurden sie von den Klienten nach 7,5 Zeitstunden (Standardabweichung = 5,14). Das bedeutet, dass die Coachings nach durchschnittlich der Hälfte der vereinbarten Coachingstunden abgebrochen wurden. Das ist ein interessantes Ergebnis, für das sich unterschiedliche Erklärungen anbieten.

So wissen wir aus der psychologischen Forschung, dass Menschen auf dem Weg zu einem Ziel in der mittleren Phase am wenigsten Motivation besitzen (siehe Bonezzi, Brendl & De Angelis, 2011). Das lässt sich ganz gut anhand eines Marathonlaufs erläutern. Am Anfang und am Ende des Marathons läuft es ganz gut mit der Motivation. Am Anfang tun die Beine noch nicht weh und gegen Ende kann man das Ziel zumindest erahnen. Das setzt Motivation und Energie frei. Bei 20 Kilometern ist die Lust nicht ganz so groß. Da steigt manch Läufer aus und geht ein alkoholfreies Weizenbier trinken. Bei einem Coaching sieht das ähnlich aus. In der Mitte eines Coachings haben Coach und Klient die Kennenlernphase hinter sich. Die Ziele sind vereinbart worden und die Intensität der Themen nimmt zu. In der Mitte des Coachings liegt noch eine längere Coachingspanne vor dem Klienten. Da muss wie bei einem Marathonlauf noch viel Energie investiert werden. Durch den Abbruch des Coachings kann der Klient in der mittleren Phase noch viel Zeit, Kraft und als Selbstzahler auch einiges an Geld sparen.

An den Arbeiten von Touré-Tillery und Fishbach (2012) ist eine andere Erklärung für den Abbruch in der mittleren Phase angelehnt. Die Autoren prüften mit einer Serie von Experimenten, wie sich das ethische Verhalten von Menschen über die Zeit verändert. Sie kamen zu interessanten Erkenntnissen: Die Menschen verhielten sich vor allem in der Mitte der Experimente am wenigsten ethisch. In der Mitte wurde am stärksten geschummelt und am häufigsten gelogen. Die Autoren können als Erklärung nachweisen, dass Menschen ihr Verhalten am Anfang und am Ende einer Serie von Verhaltensweisen am ehesten als typisch für ihren Charakter erleben. Verhaltensweisen in der Mitte erleben Menschen als am wenigsten typisch für ihren »wahren« Charakter – und deswegen mogelten die Menschen dort am häufigsten. Übertragen auf die Ergebnisse zum Abbruch von Coachings bedeutet das, dass Menschen in der Mitte eines Coachings am wenigsten ethische Bedenken haben, den bestehenden Vertrag mit einem Coach zu brechen. Das heißt, die Klienten besitzen an dieser Stelle ein weniger stark ausgeprägtes schlechtes Gewissen, den Coach sitzen zu lassen. Das Über-Ich macht sozusagen Mittagspause.

Klienten brechen vor allem in der Mitte des Coachingprozesses das Coaching ab. In dieser Phase sollten Coaches besonders aufmerksam für das Thema sein.

9.4 Ursachen für Coachingabbrüche

Um die Gründe für Coachingabbrüche zu ermitteln, habe ich die Coaches in der ersten Studie gebeten, Angaben darüber zu machen, welche Ursachen ihrer Meinung nach für den Abbruch verantwortlich waren und welche anderen Ursachen sie sich für einen Coachingabbruch vorstellen könnten. Die daraus resultierende Liste wurde dann den Coaches in der zweiten Studie vorgelegt, die bereits einen Abbruch erlebt hatten. Die 66 Coaches wurden aufgefordert einzuschätzen, inwieweit die Gründe für ihr abgebrochenes Coaching verantwortlich waren. Die Ergebnisse finden Sie in Tabelle 16. Wie Sie in der Tabelle sehen können, ist auf dem ersten Platz eine spezifische Nebenwirkung von Coaching gelandet, die Sie in ähnlicher Weise bereits aus Kapitel 8 kennen. Der Klient wurde mit ernsteren Problemen konfrontiert, mit denen er sich nicht beschäftigen wollte, und hat deswegen das Coaching abgebrochen. Das Coaching erreichte eine Intensität oder streifte einen Themenkomplex, die dem Klienten unangenehm waren. Das nahmen in der Perspektive der Coaches die Klienten zum Anlass, ihr Coaching zu beenden. Auf dem fünften Platz tauchen die Nebenwirkungen von Coaching als allgemeiner Faktor noch einmal auf. Es ist nicht überraschend, dass manche Klienten ein Coaching aufgeben, wenn es zu unerwünschten Wirkungen führt.

Auf dem zweiten Platz landete die Veränderungsmotivation. Diese Variable ist Ihnen bereits aus vorherigen Kapiteln bekannt. Coaching will Entwicklungen und Änderungen in Gang setzen, und wenn Klienten das nicht wollen, dann ist der Abbruch ein probates Mittel, um zu erreichen, dass erst einmal alles so bleibt, wie es ist. Und auch der dritte Platz wird von einer Ursache besetzt, die Sie bereits aus anderen Kapiteln kennen. Wenn die Erwartungen an ein Coaching nicht erfüllt werden, dann scheinen in der Wahrnehmung von Coaches Klienten häufiger ihr Coaching abzubrechen. Mit Blick auf Tabelle 16 lässt sich zusammenfassen, dass viele Variablen, die für positive Effekte und Nebenwirkungen verantwortlich sind, auch Abbrüche produzieren können.

Tab. 16: Wahrgenommene Ursachen für Coachingabbrüche (Schermuly, 2018)
Die Coaches schätzten auf einer Skala von 1 (»stimme überhaupt nicht zu«) bis 7 (»stimme voll und ganz zu«) ein, inwieweit die jeweilige Ursache für den Abbruch verantwortlich war. Es werden in der Tabelle die Mittelwerte berichtet.

Ursache	M	SD
Der Klient/die Klientin wurde im Coaching mit tiefergehenden Problemen konfrontiert, die er/sie nicht bearbeiteten wollte.	4,2	2,4
Der Klient/die Klientin besaß nicht genügend Veränderungsmotivation.	4,2	2,2
Die Erwartungen des Klienten/der Klientin wurden nicht erfüllt.	3,5	2,1
Der Klient/die Klientin besaß zu geringe Selbstmanagementfähigkeiten.	3,2	2,0
Das Coaching produzierte zu viele unerwünschte Effekte für den Klienten/die Klientin.	3,2	2,2
Die Reflexionsfähigkeit des Klienten/der Klientin war für ein Coaching zu gering.	3,0	1,9
Der Klient/die Klientin hatte kein Coachingziel.	2,8	2,1
Das Anliegen konnte nicht in einem Coachingformat bearbeitet werden.	2,7	2,3
Der Klient/die Klientin hatte zu wenig Zeit für das Coaching.	2,6	2,0
Die Beziehungsqualität zwischen uns war zu gering.	2,5	1,9
Der Klient/die Klientin nahm mich nicht als Experten für sein/ihr Anliegen wahr.	2,5	1,9
Die Rahmenbedingungen am Arbeitsplatz haben sich verändert und machten das Coaching überflüssig.	2,4	2,0
Der Klient/die Klientin hatte eine psychische Erkrankung.	2,4	2,1
Der Klient/die Klientin konnte sich nicht mehr mit den Coachingzielen identifizieren.	2,3	1,9
Die Rahmenbedingungen am Arbeitsplatz des Klienten/der Klientin erlaubten keine Veränderungen.	2,0	1,7

Ursache	M	SD
Die Organisation versuchte, das Coaching zu ihren Zwecken zu instrumentalisieren.	1,8	1,8
Ich habe mich als Coach unprofessionell verhalten.	1,8	1,3
Der Klient/die Klientin wurde zum Coaching gezwungen.	1,6	1,4
Dem Klienten/der Klientin wurde das Coaching zu teuer.	1,6	1,3
Der Klient/die Klientin sah die Vertraulichkeit im Coaching als nicht gewährleistet an.	1,4	1,2
Ich habe zu wenig oder zu unpräzise Informationen über den Klienten/Klientin und seine Arbeitssituation gesammelt.	1,4	0,8
Ich kannte die Organisation/Arbeit des Klienten/der Klientin zu wenig.	1,3	0.9
Ich konnte mich nur schlecht in den Klienten/die Klientin hineinversetzen.	1,0	0,67
Der Klient/die Klientin konnte aufgrund einer körperlichen Erkrankung das Coaching nicht fortsetzen.	1,2	1,0
Die Organisation war unzufrieden mit dem Coachingverlauf.	1,2	0,6
Der Klient/die Klientin ist umgezogen.	1,1	0,6

Ich führte noch eine zusätzliche Analyse durch, um den Ursachen auf die Spur zu kommen. Die vier Ursachen, die in der Vorstudie am häufigsten genannt wurden, ließ ich von Coaches mit Abbrucherfahrung und ohne bewerten. Die Coaches mit Abbrucherfahrung bewerteten ihr letztes Coaching, das abgebrochen wurde, und die Coaches ohne Abbrucherfahrung bewerteten das letzte Coaching, das sie durchgeführt hatten. Beide Gruppen beantworteten dieselbe Fragebogenbatterie zur Veränderungsmotivation, Beziehungsqualität, emotionalen Stabilität des Klienten und zum Ausmaß an Nebenwirkungen, die während des Coachings aufgetreten waren. Die Ergebnisse finden Sie in Tabelle 17.

Tab. 17: Vergleich von abgebrochenen und nicht abgebrochenen Coachings (Schermuly, 2018)

	Abbruch (N = 66)	kein Abbruch (N = 49)	Test Statistiken	Cohen's d
Veränderungs-motivation	M = 2,91 (SD = 0,85)	M = 4,21 (SD = 0,73)	$t(113) = -8{,}58^{**}$	1,64
Beziehungs-qualität	M = 3,69 (SD = 0,80)	M = 4,46 (SD = 0,50)	$t(110{,}24) = -6{,}29^{**}$	1,15
Neurotizismus	M = 3,14 (SD = 0,98)	M = 2,59 (SD = 0,90)	$t(113) = 3{,}08^{**}$	0,59
Nebenwirkungen von Coaching	Mdn = 1,50	Mdn = 1,25	$U = 1244{,}50^{*}$ $Z = -2{,}171^{*}$	–

In den abgebrochenen Coachings nahmen die Coaches weniger Veränderungsmotivation und mehr Nebenwirkungen wahr. Auch haben sie die Klienten in Coachings, die nicht regulär beendet wurden, als weniger emotional stabil, das heißt als neurotischer wahrgenommen. Ferner wurde die Beziehungsqualität in den abgebrochenen Coachings von den Coaches als niedriger erlebt. Wieder zeigt sich die Beziehungsqualität als wichtiger Faktor für die Wirkungen eines Coachings. Psychische Probleme und eine niedrige Beziehungsqualität sind ebenso in Tabelle 16 zu finden, auch wenn sie dort nicht die vordersten Plätze belegen.

Für die zukünftige Forschung wäre es wichtig, dass man die Klientenperspektive untersucht und dass es zu keiner retrospektiven, sondern zu einer prospektiven Einschätzung der Variablen kommt. Dafür bräuchte ich also 50 Klienten, die ihr Coaching abbrechen werden. Bei einer Abbruchquote von etwa 3 bis 6 Prozent können Sie sich selbst ausrechnen, wie viele Coachings ich dafür bräuchte. Es sind sehr, sehr viele... Und so kommt mir wieder dieser Song von den Rolling Stones in den Kopf, wenn ich an meinen Traum von perfekter Coachingforschung denke: »You can't always get what you want«. Der Song ist für Coachingforscher wirklich zutreffend.

In Coachings, die abgebrochen wurden, nehmen die Coaches weniger Veränderungsmotivation beim Klienten, eine niedrigere Beziehungsqualität, weniger emotionale Stabilität des Klienten und mehr Nebenwirkungen wahr als in Coachings, die zu Ende geführt wurden.

10. Negative Nebenwirkungen von Coaching für Coaches

Jetzt kommen Sie als Coach direkt in den Fokus! Als ich die Ergebnisse bezüglich der Ursachen von Nebenwirkungen für Klienten sah (siehe Tabelle 14), lies mich ein Ergebnis nicht los: Fast 10 Prozent der Coaches gaben als Grund für die Entwicklung von Nebenwirkungen bei ihren Klienten an, dass sie sich selbst überarbeitet gefühlt haben. Ich bin in meiner Karriere mittlerweile unzähligen Menschen begegnet, die Coaches werden wollten. Viele Menschen verbinden mit dem Beruf als Coach eine sinnhafte Tätigkeit, die viel Autonomie und ein gutes Gehalt bringt. Sie machen eine Coachingausbildung und stürzen sich in ein berufliches Abenteuer. Doch welche Nebenwirkungen hat dieser Beruf? Die überarbeiteten Coaches machten mich neugierig, und so begann ich, mich mit Nebenwirkungen von Coaching zu beschäftigen. Meine Literaturrecherche führte wieder zu der Marktbefragung von Seiger und Künzli (2011), in der das Thema kurz abgefragt wurde. Als Beispiele nannten die befragten Coaches z. B. die folgenden Punkte (Seiger & Künzli, 2011, S. 14):

- »Burnout«
- »Energieverlust bei depressivem Klienten (ihm ging es am Schluss blendend)«
- »eine Nichtumsetzung persönlich zu nehmen«
- »zu starke Identifikation mit der Situation des Coachees«.

Und dann gab es noch die Forschungsarbeiten von Eric de Haan (2008). Er untersuchte kritische Situationen in Coachings und beschreibt z. B., dass Coaches in solchen Situationen mit Ängsten reagieren und sich in der Rolle als Coach immer wieder unwohl fühlen. Coaches erreichen den Ergebnissen von de Haan nach immer wieder Punkte, an denen sie beunruhigt darüber sind, ob der Klient sie wirklich braucht, oder an denen sie sich fragen, ob sie sich selbst trauen können. Manche Coaches leiden an Konzentrationsmängeln und anderen ist die hohe Verantwortung unangenehm, die sie für das Schicksal des Klienten erleben (Schermuly & Bohnhardt, 2014).

Doch es sprechen noch andere Argumente dafür, dass Coachings nicht spurlos an den Coaches vorbeiziehen. So habe ich in den vorherigen Kapiteln bereits erwähnt, dass wir aus der Burnout-Forschung wissen, dass Menschen, die intensiven zwischenmenschlichen Kontakt in ihrem Beruf haben, häufiger unter emotionaler Erschöpfung leiden. Coaching ist Beziehungsarbeit – und die kann mitunter sehr anstrengend sein. In einer Studie mit Psychotherapeuten gaben z. B. 30 Prozent der psychologischen Psychotherapeuten und 50 Prozent der medizinischen Psychotherapeuten an, dass ihr Beruf negative Konsequenzen für ihre Gesundheit habe (Reimer et al., 2005). Und auch andere negative, eher soziale Konsequenzen ihres Berufs erleben die Kollegen, die therapieren. 40 Prozent der Psychotherapeuten wurden schon einmal in ihrer Karriere gestalkt (Krammer et al., 2007).

Erste Belege aus der Coachingforschung sprechen dafür, dass Coaches ebenfalls unter Nebenwirkungen leiden. Für Psychotherapeuten kann diese Hypothese als gesichert angesehen werden.

10.1 Was sind negative Nebenwirkungen von Coaching für Coaches?

Wie immer begann die Forschungsreise mit der Definition dessen, was wir zu erforschen erachteten. Die Definition ist, wie Sie unschwer erkennen können, an die Definition der negativen Nebenwirkungen von Coaching für Klienten angelehnt. Das war auch notwendig, denn es war mein Ziel, die negativen Nebenwirkungen von Coaches und Klienten miteinander zu vergleichen. Wenn wir die beiden Phänomene zu unterschiedlich definiert hätten, dann wäre dieses Ziel nicht zu erreichen gewesen.

Negative Nebenwirkungen von Coaching definiere ich deswegen als alle für den Coach schädlichen und unerwünschten Folgen, die unmittelbar durch das Coaching verursacht werden und parallel dazu oder im Anschluss daran auftreten (siehe Schermuly, 2014). Wieder sind die Merkmale »unerwünscht«, »schädlich« und »unmittelbar« wichtig. Der Coach darf die Nebenwirkung nicht bewusst herbeigeführt haben und muss den Effekt als negativ erleben. Wenn ein Coach die Probleme des Klienten mit nach Hause nimmt und es als spannend empfindet, darüber vor dem Kamin nachzudenken, dann ist das keine negative Nebenwirkung. Auch muss die Nebenwirkung auf das Coaching zurückführbar sein und nicht auf andere Lebensumstände oder Situationen.

10.2 Wie häufig treten negative Nebenwirkungen von Coaching für Coaches auf?

In Tabelle 18 sind die Ergebnisse aus drei verschiedenen Studien dargestellt (Studie 4, 7 und 8 in Tabelle 9). Konsistent über alle drei Studien hinweg nahmen über 90 Prozent der Coaches in ihrem letzten Coaching mindestens eine Nebenwirkung wahr. Die niedrigste durchschnittliche Anzahl waren 5,9 Effekte pro Coaching in der ersten Studie. Als ich die Ergebnisse gesehen habe, musste ich mir erst einmal die Augen reiben und die Resultate mehrmals nachrechnen. Erinnern Sie sich noch an die Zahlen für die Nebenwirkungen für Klienten? Die Zahlen für die Coaches liegen dreimal so hoch wie die für die Klienten. Oh je, damit hatte ich nicht gerechnet! Coaches sind häufig mit Nebenwirkungen konfrontiert. Sie erleben sie sogar deutlich häufiger und intensiver als ihre Klienten. Das kann man an den Zahlen zur Intensität in Tabelle 18 ablesen.

Ich liefere noch ein paar Zahlen nach, die über Tabelle 18 hinausgehen. In der ersten Studie (Schermuly, 2014) habe ich erhoben, wie häufig Coaches in ihrer Karriere mit Nebenwirkungen konfrontiert waren. Auch hier fallen die Zahlen hoch aus. Bezogen auf ihre Karriere waren 99 Prozent der Coaches mindestens einmal mit einer Nebenwirkung konfrontiert. Es gab nur einen Coach, der keine Nebenwirkung erlebt hatte. Durchschnittlich waren den Coaches schon 14,7 verschiedene Nebenwirkungen in ihrer Karriere begegnet. Aber erneut ist auch der Blick auf die Intensität wichtig. Auf der Viererskala landen die Nebenwirkungen durchschnittlich bei einer Intensität zwischen 1,5 und 2,6. Nebenwirkungen für Coaches treten somit häufig auf, und die Intensität ist höher als bei den Klienten. Durchschnittlich sind die Nebenwirkungen jedoch eher mittelstark ausgeprägt. Wie Sie weiter unten erfahren werden, liegt wiederum in der Häufung der Nebenwirkungen ihr eigentliches Gefährdungspotenzial.

Tab. 18: Auftrittshäufigkeit von Nebenwirkungen für Coaches in verschiedenen Studien

	Deutsche Stichprobe (Schermuly, 2014) N = 104	Internationale Stichprobe (Graßmann, Schermuly & Wach, 2018) N = 275	Studentische Stichprobe (Graßmann & Schermuly, 2018) N = 29
Anteil letzter Coachings mit mindestens einer Nebenwirkung	94,2 %	94,9 %	100,0 %
Durchschnittliche Anzahl pro Coaching	5,9 (*SD* = 4,7)	7,0 (*SD* = 4,8)	9,2 (*SD* = 5,1)
Intensität der Effekte	*M* = 1,5 (*SD* = 0,3)	*M* = 2,5 (*SD* = 0.8)	*M* = 2,6 (*SD* = 0,9)

Negative Nebenwirkungen von Coaching treten deutlich häufiger für Coaches als für Klienten auf. Fast jeder befragte Coach war schon mit Nebenwirkungen in seiner Karriere konfrontiert. Die Intensität der Effekte ist mittelstark ausgeprägt.

10.3 Kategorien und Fälle

In Tabelle 19 sind die sieben Kategorien aufgeführt, in denen Nebenwirkungen von Coaching für Coaches auftreten können. Diese Kategorien möchte ich Ihnen nun etwas ausführlicher vorstellen. Übereinstimmungen gibt es mit Nebenwirkungen, denen auch die psychotherapeutischen Kollegen ausgesetzt sind. Mahoney (1999, zitiert nach Schneider, 2013) stellen drei Bereiche fest, in denen Psychotherapeuten vor allem Probleme in ihrem Beruf haben: Arbeitsbedingungen (z. B. Einsamkeit oder finanziell unsichere Situation), Einflüsse des Klienten (z. B. Abhängigkeit oder Distanzlosigkeit) sowie private Umstände (z. B. Erschöpfung und Auszehrung) (Schermuly & Bohnhardt, 2014). Materielle Verluste, soziale Integration und weniger psychisches Wohlbefinden sind Kategorien, die Sie aus Kapitel 8.5 zu den Nebenwirkungen von Klienten kennen. Die Nebenwirkungen in den jeweiligen Kategorien sind aber teilweise unterschiedlich. Lassen Sie mich im Folgenden die einzelnen Kategorien und die Nebenwirkungen erläutern. Damit mir das besser gelingt, nutze ich dafür wieder Material, das wir über die Zeit in Interviewstudien gesammelt haben.

Tab. 19: Kategorien von Nebenwirkungen für Coaches (Schermuly, 2018, S. 421)
(linke Prozentzahl = Auftrittshäufigkeit im letzten Coaching; rechte Prozentzahl = Auftrittshäufigkeit in der Karriere)

1. Psychisches Wohlbefinden	2. Soziale Integration	3. Unangenehme Gefühle gegenüber Klienten	4. Unangenehmes Verhalten gegenüber dem Coach	5. Ergebnisbezogene Enttäuschung	6. Materielle Verluste	7. Sonstige
Persönliche Betroffenheit durch Thema (44,2 % / 78,8%)	Zu wenig Zeit für Familie und sich selbst (14,4 % / 44,2%)	Schuldgefühle (23,1 % / 60,6%)	Sexuelle Avancen (1,9 % / 14,4%)	Enttäuschung, dass Langzeitwirkung nicht beobachtet werden konnte (45,2 % / 77,9%)	Gefühl der Unterbezahlung (36,5 % / 70,2%)	Anstrengung durch kommunikative Anforderungen (35,6 % / 62,5%)
Angst, der Coachrolle nicht gerecht zu werden (40,4 % / 71,2%)	Schwierigkeit mit Öffnung im Privatleben (10,6 % / 23,1%)	Ärger (20,2 % / 73,1%)	Beleidigungen (1 % / 9,6%)	Enttäuschung, dass Probleme des Klienten nicht gelöst werden konnten (36,5 % / 70,2%)	Probleme mit Bezahlung (6,7 % / 26%)	Belastende Regulierung des Nähe-Distanz-Verhältnisses (17,3 % / 43,3%)
Unsicherheit (38,5 % / 80,8%)	Einsamkeit (7,7 % / 21,2%)	Langeweile (12,5 % / 59,6%)	Stalking (1 % / 2,9%)	Enttäuschung über nicht effektives Coaching (23,1 % / 68,3%)		
Emotionale Erschöpfung (26,9 % / 74%)		Sexuelle Attraktion (6,7 % / 19,2%)	Bedrohung (1 % / 1,9%)			

1. Psychisches Wohlbefinden	2. Soziale Integration	3. Unangenehme Gefühle gegenüber Klienten	4. Unangenehmes Verhalten gegenüber dem Coach	5. Ergebnisbezogene Enttäuschung	6. Materielle Verluste	7. Sonstige
Druck aufgrund zu hoher Erwartungen (29,8 % / 68,3%)		Verliebtsein (3,8 % / 6,7%)				
Angst, etwas Falsches zu tun (28,8 % / 71,2%)						
Stress (20,2 % / 61,5%)						
Zu hohe Verantwortung (19,2 % / 55,8%)						
Belastung durch außergewöhnliches Thema (15,4 % / 48,1%)						
Nicht abschalten können (15,4 % / 44,2%)						
Überforderung (10,4 % / 64,4%)						

10.3.1 *Psychisches Wohlbefinden*

Die meisten Effekte in Tabelle 19 finden Sie in der Kategorie »Psychisches Wohlbefinden«. Coaching kann negative Auswirkungen auf die mentale und emotionale Verfassung von Coaches haben. Sehr häufig tritt die persönliche Betroffenheit durch ein Thema auf. Ein Coach berichtete uns: »...wenn ich nicht mehr objektiv mit dem Klienten umgehen kann. Also keine oder eine fehlende Distanz zum Klienten habe. Das kann aus einer persönlichen Betroffenheit heraus resultieren, aber auch wenn der Klient Themen anspricht und die Themen die gleichen sind, mit denen ich gerade zu kämpfen habe« (Bohnhardt, 2013, S. 98).

Ein anderer Coach beschreibt, wie ihn die persönliche Betroffenheit daran hindert, die Coachrolle auszufüllen, und wie stressauslösend das wirkt: »... wenn ein Klient ein Thema anspricht, was mein Thema ist, dann kann ich meine Rolle als Coach nicht mehr erfüllen. Das kann dann aber auch Überforderung sein und schnell in Stress umschlagen« (Bohnhardt, 2013, S. 89).

Coaches haben »eigene Themen«, die sie besonders beeindrucken. Ein Coach ist möglicherweise selbst schon einmal in seiner Berufsbiografie von einer Führungskraft gemobbt oder gekündigt worden. Das Thema fällt wie Samen auf einen beackerten Boden und geht auf. Es trifft auf einen Resonanzboden. Und dieser Samen kann auch im Dunkeln wachsen und sogar blühen. Vielleicht ist dem Coach nicht bewusst, wie sehr ihn der alte Chef noch schmerzt oder wie tief ihn die Kündigung vor 20 Jahren immer noch kränkt. Vielleicht wird ihm erst durch das Thema des Klienten bewusst, dass er sich wegen solch eines Chefs in die Selbstständigkeit begeben hat. Das Thema erzeugt Widerhall. Das Thema des Klienten wird zum eigenen Thema und fordert den Coach heraus. Der Coach muss seine eigenen Emotionen und Kognitionen bearbeiten und gleichzeitig die des Klienten. Und diese beiden Perspektiven muss er dann auch noch trennen. Übertragungs- und Gegenübertragungsprozesse (siehe Infobox 13) betreten die Bühne und erschweren das Coachen. Das ist anstrengend, und der Coach muss seine Gedanken und Gefühle bewältigen, um sich selbst nicht zu gefährden, wie ein anderer Coach zu berichten weiß: »Jeder Mensch, auch Coaches, hat in irgendeinem Feld blinde Flecken, und wenn der Klient genau das Thema anspricht, wird es schwieriger. Diese beschäftigen einen dann durchaus länger und man muss versuchen damit umzugehen, um den weiteren Prozess und sich selbst nicht zu gefährden« (Bohnhardt, 2013, S. 35).

Jeder Mensch hat blinde Flecken – auch ein Coach –, führt der Kollege aus. Wenn Sie als Coach arbeiten: Welche Themen berühren Sie besonders? Welche Themen beschäftigen Sie länger und intensiver als andere? Nehmen Sie sich doch einen Moment Zeit und lassen Sie die letzten Coachings Revue passieren. Ich habe Ihnen ein wenig Platz im Buch für Ihre Ergebnisse gelassen:

Themen, die mich im Coaching besonders beeindrucken:

Aber auch Angst und Unsicherheit scheinen manche Coaches zu begleiten (siehe Tabelle 19). Schon Kilburg berichtete 2002 (S. 288) von einem Treffen mit erfahrenen Coaches, »... during which one of them confessed quite honestly that he always felt a certain sense of terror and fear of failure when he walked into client organizations. ... In very short order, every one confessed to the same feelings.«

Manche Coaches hatten z. B. Angst vor ihren Klienten, die wichtige Persönlichkeiten und Positionsinhaber in ihren Organisationen waren. Diese Klienten haben nicht nur Macht über ihre Mitarbeiter, sondern auch indirekt über ihre Coaches. Viele Coaches sind auf die Zusammenarbeit mit großen Unternehmen angewiesen. Sie sind Teil von Coachingpools und werden dadurch regelmäßig gebucht. Eine E-Mail des Bereichsleiters kann reichen und der Coach fliegt aus dem Pool. Das kann die berufliche Existenz gefährden, und so ist die Angst und Unsicherheit mancher Coaches nachvollziehbar.

Manche Coaches fühlen sich aber auch unsicher in ihrer Rolle als Coach. Sie haben Angst, dieser Rolle nicht gerecht zu werden. In der qualitativen Studie wurde dieser Effekt vor allem für sehr junge Kollegen benannt.

»Das Nähe- und Distanz-Verhältnis immer regulieren zu müssen, ist anstrengend...«, erzählt uns ein anderer Coach und kommt dann zu einer weiteren Nebenwirkung, die ebenfalls in Tabelle 19 zu finden ist: »Aber auch die Konfrontation mit außergewöhnlichen Krisen, Bedrohungen, Mobbing, seien diese in der beruflichen oder privaten Situation« (Bohnhardt, 2013, S. 30).

Einen besonders drastischen Fall schildert de Haan (2008). Er berichtet von einem Coaching mit einem Bankdirektor, der einen Kollegen, mit dem er befreundet ist, verdächtigt, sich persönlich bereichert zu haben. In einer Coachingsitzung erreicht den Bankdirektor die Nachricht, dass der Freund sich in seinem Büro erschossen hat. Der Bankdirektor bricht zusammen, und der Coach tut sein Bestes in der Situation, um ihn zu stützen und zu stabilisieren. Gleichzeitig kämpft er mit seinen eigenen Gefühlen. Im psychotherapeutischen Kontext nennt man so etwas sekundäre Traumatisierung. Die Nebenwirkung »nicht abschalten zu können« ist mit diesem Effekt stark assoziiert. Die Schicksale mancher Klienten nehmen Coaches mit nach Hause. Und dort lebt und blüht manches Thema bis zur nächsten Sitzung weiter.

Das psychische Wohlbefinden eines Coachs kann durch ein Coaching negativ beeinflusst werden. Coaches fühlen sich persönlich betroffen von einem Coachingthema, haben Angst, der Coachrolle nicht gerecht zu werden, oder fühlen sich emotional erschöpft von einem Coaching.

10.3.2 Soziale Integration

Die Überschrift dieser Kategorie ist identisch zu der bei den Nebenwirkungen für Klienten. Die Nebenwirkungen, die in diese Kategorie fallen, unterscheiden sich aber. So geraten Coaches in der Regel nicht in Konflikte mit Führungskräften. Aber es gibt Probleme, die in das private soziale System des Coachs reichen können: »Also der Haupteffekt bei mir ist, da ich den ganzen Tag aktiv zuhöre und rede, habe ich dann keine Lust mehr gleich nach Feierabend mit Freunden oder Familie zu reden. Ich brauche meine Zeit, um wieder offen zu sein und mich dann auch bewusst auf meine Familie und Freunde konzentrieren zu können. Natürlich gibt es auch Fälle, die über die reine Arbeitszeit hinausgehen, mit negativen Effekten verbunden, da man dann schwer zur Ruhe kommt« (Bohnhardt, 2013, S. 31).

Kommunikation ist das Hauptwerkzeug eines Coachs. Auch Handwerker können nicht direkt zu Hause weiter mit ihrem Akkubohrer arbeiten. Der braucht ein bisschen Zeit, um wieder aufgeladen zu werden. Und auch Körper und Geist des Handwerkers müssen erst einmal ruhen, bevor das nächste private Projekt angegangen werden kann. Der Beruf des Coachs ist darüber hinaus mit hoher örtlicher Flexibilität verbunden. Noch immer kommen bei den meisten Coaches die Klienten nicht zum Coach, sondern die Coaches in die Unternehmen. Viele Coaches sind am Ende eines Tages »kommunikationsmüde«, und wie der Kollege treffend beschreibt, dauert es eine Zeit, um wieder offen zu sein. Dafür benötigt ein Coach Verständnis von seiner Familie und seinen Freunden. Und manche Coaches erleben ein Paradox, das in helfenden Professionen häufiger auftritt: »Coaching ist ein sehr einsames Geschäft. Es ist ja häufig ein eins zu eins Gespräch und daher ist man mit seinen Gedanken allein« (Bohnhardt, 2013, S. 29).

Coaches sind in der Regel selten alleine, wenn sie arbeiten, und dennoch fühlen sie sich einsam. Einsamkeit geht mit einem Gefühl des Getrenntseins einher.

Der Coach nimmt seine Coachrolle ein und wird in dieser angesprochen. Und die schafft eine Trennlinie zwischen der Coach- und der Klientenrolle und ist eine wichtige Voraussetzung, damit Coaching funktionieren kann: Das Coaching ist für die Bedürfnisse des Klienten da und nicht für die des Coachs. In der Psychologie unterscheiden wir zwischen der emotionalen und der sozialen Einsamkeit. Der Coach ist durch seinen Tag hinweg nicht sozial einsam, sondern emotional. Coaches haben in der Regel keine Teammitglieder, die sie zufällig in der Teeküche treffen und mit denen sie über Fußball plaudern oder über einen Kollegen lästern können. Sie können froh sein, wenn sie in der Teeküche des Kunden eine Tasse Kaffee bekommen. Sie haben niemanden, der ihnen mal schnell bei einem Problem zur Seite stehen kann, wenn sie keine regelmäßige Supervision in Anspruch nehmen. Coaching ist ein einsames Geschäft. Umso wichtiger sind Supervision und Intervision. Ich greife das Thema noch einmal bei den Ursachen für die Nebenwirkungen aufseiten der Coaches auf.

Coaches haben gelegentlich Schwierigkeiten, sich im privaten Bereich zu öffnen, und sind kommunikationsmüde. Auch fühlen sie sich emotional einsam, weil sie häufig keine Kollegen haben, mit denen sie sich austauschen können.

10.3.3 Unangenehme Gefühle gegenüber Klienten

Coaches sind keine Roboter, und selbst Frau Berninger-Schäfer, die Expertin für Onlinecoaching ist, erwartet nicht, dass Coaches der Robotik zum Opfer fallen (siehe Interview in Kapitel 7.1.4). Coaches sind Menschen aus Fleisch und Blut, die durch das Tor einer Organisation schreiten und spätestens in diesem Augenblick für sich und andere zum Coach werden. Doch diese Rollenübernahme führt nicht dazu, dass Coaches vor dem Tor ihre Gefühle abgeben. Sie fühlen, spüren und empfinden sich und ihre Klienten, und manche Gefühle scheinen ihnen unangenehm zu sein.

Gefühle sind intrapsychische Stellungnahmen zu den Inhalten des persönlichen Erlebens. Wahrnehmungen, Gedanken und Vorstellungen werden von einem Gefühl bewertet, das häufig von physiologischen Reaktionen begleitet wird (Häcker & Stapf, 2004). Gefühle sind dadurch eine wichtige Informationsquelle, aus der Menschen erfahren können, wie sie zu einer Sache oder zu einem anderen Menschen stehen. Und heute weiß man aus der psychologischen Forschung, dass Gefühle nicht unbedingt das Denken und die Vernunft stören, wie dies alte Römer (z. B. Seneca) und manche Philosophen der Aufklärung postuliert haben. Gefühle können durchaus vernünftig sein und das Denken unterstützen. Dafür bedarf es aber eines professionellen Umgangs mit Gefühlen, und den erhält man, wenn man weiß, was da in einem passiert und schlummert.

Ich versuche nun ein wenig Ordnung in das Durcheinander der menschlichen Gefühlswelt zu bringen. Häufig werden Emotionen auf Dimensionen bewertet und dann kategorisiert. Das sparsamste Modell sind zwei Dimensionen:

- Valenz mit den Polen Lust vs. Unlust
- Aktivierung mit den Polen Erregung vs. Ruhe

Die Valenzdimension gibt an, wie unterschiedlich angenehm eine Emotion erlebt wird. Bei der Aktivierung geht es weniger um die Intensität als um den Grad an Erregung, der mit der Emotion einhergeht (Schmidt-Atzert, 2000). Weil es so sparsam ist, kann man das Modell theoretisch angreifen, aber Sie wollen ja keine Emotionspsychologen werden, sondern besser verstehen, welche Gefühle in Ihnen während eines Coachings aktiviert werden. Deswegen bleibe ich bei den nun folgenden Erläuterungen bei der Einfachheit.

Valenz und Aktivierung sind grundlegende Dimensionen, die einen affektiven Kreis aufspannen (siehe Abbildung 8). Depressive Gefühle wären z. B. im Bereich niedriger Valenz und niedriger Aktivierung anzusiedeln. Angst dagegen ist ein Gefühl, das in den erregten Bereich mit starker Unlust einzuordnen ist. Ich habe in den Kreis die unangenehmen Emotionen aus Tabelle 19 eingetragen, die Coaches gegenüber ihren Klienten häufiger zu entwickeln scheinen.

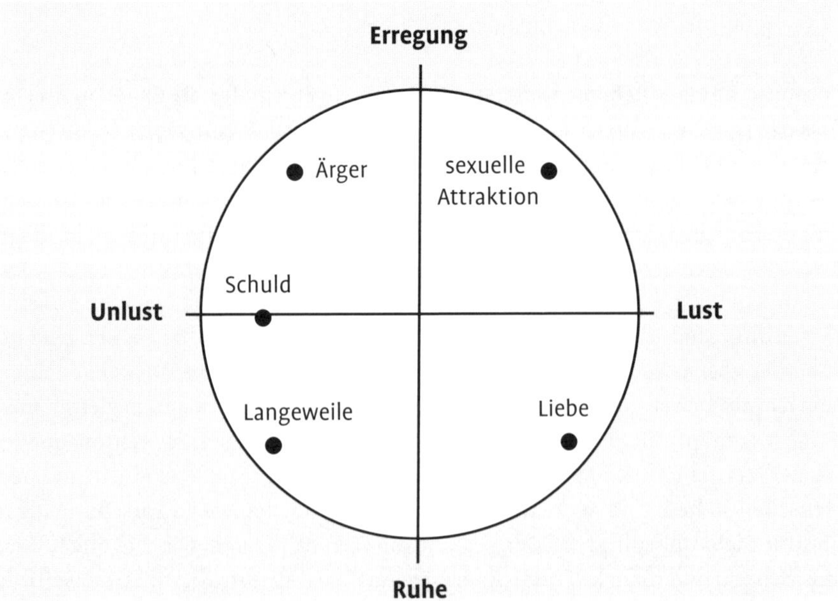

Abb. 8: Der affektive Kreis mit den (unangenehmen) Emotionen, die Coaches gegenüber ihren Klienten erfahren können

Coaches empfinden z. B. Langeweile gegenüber ihren Klienten. Langeweile ist ein unangenehmer Zustand der intellektuellen Deprivation und gehört deswegen in den Sektor der ruhigen Unlust. Andere fühlen sich sexuell angezogen von einem Klienten. Diese Emotion gehört in den Sektor der erregten Lust. Was will ich Ihnen mit dem Bild zeigen? Ich will Ihnen zeigen, dass die als unangenehm wahrgenommenen Emotionen, die Coaches während eines Coachings erleben können, in allen Sektoren des Kreises zu finden sind. Aber warum werden diese Emotionen von den Klienten überhaupt als unangenehm erlebt? In der Coachingsitzung gelangweilt zu sein oder Ärger, Schuld, sexuelle Attraktion und Liebe gegenüber den Klienten zu empfinden, sind Emotionen, die nicht zur Coachrolle passen und deswegen von den Coaches als unangenehm erlebt werden.

Gefühle gehen aber nicht weg, nur weil sie nicht in ein Rollenskript passen. Ein Fünftel der Coaches hat im letzten Coaching zumindest etwas Ärger gegenüber den Klienten gespürt. Mehr als 10 Prozent erlebten Langeweile und zumindest 7 Prozent fühlten sich zu ihren Klienten sexuell hingezogen. Fast 20 Prozent der Coaches hatten Letzteres schon einmal in ihrer Karriere erlebt. Fast drei Viertel der Coaches kannten Ärger gegenüber Klienten aus ihrer bisherigen Karriere. Das bedeutet, dass diese unangenehmen Gefühle relativ normal sind, auch wenn sie nicht zur Rolle eines Coachs gehören.

Es kann passieren, dass man einmal ärgerlich auf einen Klienten ist. Manche Coaches ärgern sich über die Werte eines Klienten, andere darüber, dass der Klient so wenig Fortschritte macht. Sie sind ungehalten, dass der Klient nicht vorankommt. Es kommt vor, dass Coaches einen Klienten begehren. Und es ist normal, dass man auch einmal gelangweilt von einem Klienten ist. Bei manchen Klienten passiert einem Coach das auch ziemlich regelmäßig. Unnormal ist das Ignorieren solcher Gefühle. Immer wieder sind mir in meinen Interviewstudien Coaches begegnet, die beschreiben, dass ihr Coachingverständnis ihnen verbietet, Gefühle zu haben, und sie dementsprechend keine Gefühle im Prozess hätten. Ein Coach berichtete uns z. B. Folgendes, als wir ihn nach seinen Gefühlen fragten, die eine ziemlich heftige Nebenwirkung des Klienten bei ihm ausgelöst haben könnte: »... also als Coach habe ich da keine Gefühle, das ist ja ähm also vollkommen gegen das, was ich als Coaching-Position so gelernt habe« (Schermuly & Graßmann, 2016, S. 45).

Das wäre schön, wenn es ein (Coaching-)Verständnis schaffen könnte, Gefühle verschwinden zu lassen. Nein, so klappt das leider nicht. Wenn das Verständnis die Gefühle an der Haustür verbietet, dann kommen die durch das offene Kellerfenster rein. Und dann wird die Sache heikel. Denn irgendwann spüren die Klienten die Affekte der Coaches, auch wenn die Coaches sich diese nicht selbst zugestehen. Dies geschieht vor allem über non- und paraverbale Signale, die schwerer zu kontrollieren sind.

Wilhelm Backhausen und Jean-Paul Thommen schreiben zu Gefühlen im Coaching mit Blick auf die systemisch-konstruktivistischen Kollegen (2003, S. 140): »Die systemisch-konstruktivistische Grundlegung in ihrem metatheoretischen Charakter und von daher in ihrer sehr rational und distanziert erscheinenden Betrachtungsweise verführt bisweilen zu dem Missverständnis, der Coachingprozess selbst sei als ein rationaler und emotionsloser Prozess zu betrachten und durchzuführen.«

Die Autoren sehen an dieser Stelle zwei Irrtümer am Werke: »Zunächst wird dabei übersehen, dass die Beteiligten an einem Coachingprozess Menschen sind, für die grundsätzlich das Erleben von Beziehung mit Gefühlen verbunden ist, also auch die Beziehung zwischen Coach und Coachee« (Backhausen & Thommen, 2003, S. 140). Coaching ist nach Backhausen und Thommen kein Handeln in einer emotionalen Quarantäne. Als zweiten Irrtum sehen sie das Problem, dass das Handeln im Nachhinein durchaus rational und theoretisch begründet erscheint, der Coachingprozess aber völlig anders abläuft.

Meine Kolleginnen Elaine Cox und Tatiana Bachkirova von der Oxford Brookes University untersuchten im Jahr 2007 in einer qualitativen Studie den Umgang von Coaches mit schwierigen emotionalen Situationen in Coachings. Die Kolleginnen identifizierten drei verschiedene Bewältigungsstrategien, wenn Coaches eigene unangenehme Emotionen im Coaching erlebten. Einige Coaches reflektierten über ihre Emotionen oder trugen diese in die Supervision. Das hilft bei der Klärung der Affekte und bei der Identifizierung von Übertragungs- und Gegenübertragungsprozessen. Wenn der Coach z. B. ärgerlich darüber ist, dass der Klient zu wenig Fortschritte macht, so kann eine Supervision dabei helfen zu erkennen, wie schwer es dem Coach in der Vergangenheit selbst gefallen ist, Erkenntnisse, die kognitiv verstanden wurden, in neues Verhalten zu übersetzen. Diese Perspektive kann den Ärger über den langsamen Klienten dämpfen und zu mehr Demut gegenüber Veränderungsprozessen führen. Andere thematisieren nach Cox und Bachkirova die Emotionen direkt mit den Klienten und nutzen sie aktiv für den Coachingprozess (»Ich habe das Gefühl, wir machen in den letzten Wochen keine Fortschritte mehr...«). Andere beendeten das Coaching, vor allem wenn die negativen Gefühle zu intensiv wurden (Schermuly & Graßmann, 2016). Ich glaube, jede Strategie, die von den Coaches angewendet wurde, kann in einer spezifischen Situation ihre Berechtigung haben. Ich bin aber überzeugt, dass das plumpe Ablehnen von Gefühlen aus theoretischen Gründen der Komplexität der Herausforderung in einem Coaching nicht gerecht wird. Und so schlussfolgern Lai und Mc-Dowall (2014, S. 127): »Thus, managing these emotions and transferring them into positive insights for coachees to change is a crucial factor for an effective coaching relationship.«

Wenn Sie Lust haben, dann lassen Sie sich von mir doch einmal zur Reflexion über Ihre Gefühle anregen. Fühlen Sie dem letzten Coachingprozess, den Sie absolviert haben, noch einmal nach. In Abbildung 9 finden Sie einen leeren affektiven Circumplex. Nehmen Sie zwei unterschiedlich farbige Stifte in die Hand und tragen Sie darin die angenehmen und die unangenehmen Gefühle ein, die Sie während des Coachings erlebt haben. Gehen Sie danach der Frage nach, wie Sie mit den Gefühlen umgegangen sind. Wenn Sie das geschafft haben, stellen Sie sich die Frage, wie Sie mit den Gefühlen hätten umgehen sollen.

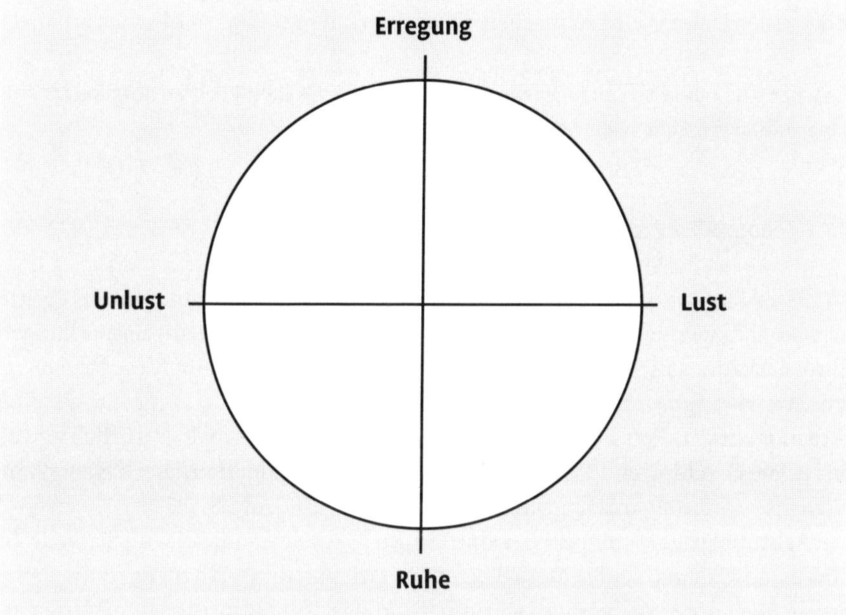

Abb. 9: Wie habe ich mich gegenüber meinem letzten Klienten gefühlt?

Coaches entwickeln während des Coachens immer wieder unangenehme Gefühle gegenüber ihren Klienten. Dazu gehören Langeweile, Ärger, Schuld, aber auch sexuelle Attraktion und Gefühle des Verliebtseins.

10.3.4 *Unangenehmes Verhalten gegenüber dem Coach*

Die dritte Kategorie war schon spannend, aber die vierte gibt auch einiges her: »Unangenehmes Verhalten gegenüber dem Coach«. Was machen denn die Klienten Schlimmes mit den Coaches? Übergriffe? Beleidigungen? Mord und Todschlag? Ärzte sind in diesem Bereich ziemlich gefährdet. Ehrlich gesagt, scheint vonseiten der Klienten im Coaching nicht wirklich viel zu passieren. Deswegen fällt das Kapitel etwas knapper aus. Wie Sie an den Zahlen in Tabelle 19 ablesen können, ist diese Kategorie kaum im letzten Coaching der befragten Coaches aufgetreten. Sexuelle Avancen kennen 14,4 Prozent der Coaches in ihrer Karriere, und fast 10 Prozent wurden schon einmal von einem Klienten beleidigt, aber die Auftrittsraten sind im Vergleich zu den übrigen Nebenwirkungen doch ziemlich gering. Sehr gering sind auch die Stalkingquoten. Ich hatte Ihnen ja weiter oben bereits berichtet, dass 40 Prozent der Psychotherapeuten schon einmal gestalkt wurden. Bei den Coaches haben lediglich 2,9 Prozent diese Erfahrung gemacht. Es scheint doch einen Unterschied zu machen, wenn man mit »gesunden« Klienten arbeitet.

Coaches sind nur selten unangenehmen Verhaltensweisen ihrer Klienten ausgesetzt. Stalking kommt z. B. sehr selten vor.

10.3.5 Ergebnisbezogene Enttäuschung

In dieser Kategorie fallen die Häufigkeiten wieder sehr hoch aus. Fast die Hälfte der Coaches war im letzten Coaching enttäuscht, dass sie die Langzeitwirkungen ihrer Coachings nicht beobachten konnte. Ein Coach beschreibt diese Nebenwirkungen wie folgt: »Ich persönlich finde es teilweise belastend, dass der Coach seine Arbeit nicht wirklich sieht, also die Langzeitwirkung der Arbeit. Natürlich gibt es bei jedem Coaching ein Abschlussgespräch und eine Evaluation, aber das zeigt mir nicht die unmittelbare Langzeitwirkung« (Bohnhardt, 2013, S. 128).

Achtung, jetzt kommt wieder eine Theorie! Sie kennen mich ja mittlerweile. In ihrem Job-Characteristics-Modell betonen Hackman und Oldham (1975) die Ganzheitlichkeit der Aufgaben als wichtigen Wirkfaktor für Motivation und Zufriedenheit im Arbeitsleben. Im Englischen nutzen sie den Begriff der »task identity« und definieren diese als »degree to which the job requires completion of a ›whole‹ and identifiable piece of work – that is, doing a job from beginning to end with a visible outcome« (Hackman & Oldham, 1975, S. 161). Es geht also darum, dass die Tätigkeit die Herstellung eines ganzen identifizierbaren Produkts oder einer Dienstleistung zulässt. Und das wird erreicht, wenn der Tätige vom Anfang bis zum Ende ein Ergebnis seines Handelns erleben kann. Coaches erleben diese Ganzheitlichkeit häufig nicht. Sie begleiten einen Menschen über mehrere Sitzungen und Monate. Häufig sehen sie aber nicht, wozu ihr Bemühen beigetragen hat. Eine Klientin wird für die nächste Hierarchiestufe mit einem Coaching vorbereitet. Der Coach arbeitet mit ihr, doch er erlebt nicht, welche Wirkungen aus seiner Tätigkeit resultieren. Hat sie sich gegenüber den Kollegen durchsetzen können? Haben die Mitarbeiter sie akzeptiert? Solche Antworten bleibt der Beruf des Coachs den Coaches häufig schuldig. Und so fühlt sich die Tätigkeit unbeendet, halb und manchmal hohl an. Daher machen Follow-up-Sitzungen Sinn. Sie helfen Coaches, ihre Arbeit als ganzheitlich zu erleben, aber sie helfen den Klienten auch beim Transfer. Die ersten Monate in der neuen Stelle können reflektiert und Transferprobleme erläutert werden. Follow-up-Sitzungen ermöglichen eine echte Win-Win-Situation für alle am Coaching beteiligten Seiten. Ich empfehle Ihnen, liebe Coaches, aber auch liebe Personalentwickler, mit Follow-up-Sitzungen zu arbeiten.

Die beiden anderen Enttäuschungen in dieser Kategorie sind miteinander verwoben. Nicht selten sind Coaches enttäuscht, dass die Probleme des Klienten nicht gelöst werden konnten, oder sie sind unglücklich über ein nicht effektives Coaching. Dies kann wiederum die Angst auslösen, dass man in der Organisation nicht wieder gebucht wird, und das eigene Kompetenzerleben beeinträchtigen. Umso wichtiger ist es, dass Coaches ihre Dienstleistungen zuverlässig und valide vom Klienten evaluieren lassen. Häufig ist das Bauchgefühl über ein scheinbar nicht effektives Coaching unzutreffend. Und vielleicht ist es auch wichtig für manche Coaches, über ihre Coachinghaltung zu reflektieren. Der Coach ist nicht verantwortlich dafür, dass die Probleme des Klienten gelöst werden. Das liegt schon im Aufgabenbereich des Klienten. Und mancher Klient möchte seine Probleme behalten und darf das auch. Das muss man als Coach aushalten.

Coaches sind vor allem enttäuscht darüber, dass sie die Langzeitwirkungen ihrer Arbeit nicht beobachten können. Dagegen helfen z. B. Follow-up-Sitzungen einige Wochen nach der Beendigung des Coachings.

10.3.6 Materielle Verluste

Kommen wir zu guter Letzt zum Thema Geld. Viele Coaches, die ich kenne, lieben ihren Beruf und sind sehr intrinsisch motiviert. Für sie ist der Beruf die Erfüllung eines Traums. Dennoch müssen Coaches mit ihrem Job auch ein vernünftiges Einkommen erzielen können. Jörg Middendorf führt jährlich eine Marktbefragung durch und ermittelt unter anderem auch die Coachhonorare. Für 2016 liegt der durchschnittliche Satz bei 168 Euro pro Stunde; zwei Jahr zuvor waren es zwei Euro weniger. Davon sollte man doch leben können, oder?

Nun ja, den Coachingmarkt kennen Sie selbst. Die Coachingausbildungen schmeißen jedes Jahr viele neue Coaches auf dem Markt, und die verschärfen den Konkurrenzdruck erheblich. Schaut man sich die Daten von Middendorf genauer an, dann sieht man die große Bandbreite. Nicht wenige Coaches müssen mit Stundensätzen, die unter 100 Euro liegen, zurechtkommen. Die überwiegende Mehrheit der Coaches kann nur ein Drittel ihrer Einnahmen über Coachings generieren (siehe z. B. Schermuly et al., 2014). Man muss an dieser Stelle realistisch sein: Viele Coaches sind nur nebenberuflich als Coach tätig, auch wenn das nicht unbedingt freiwillig ist. Und dann kaufen viele Unternehmen nicht nur kürzere Trainings, sondern auch kürzere Coachings ein. Das passiert nicht unbedingt aus Spargründen, sondern um die Führungskräfte nicht zu lange aus dem Berufsalltag zu holen. Und so verwundert es nicht, dass, wie Sie in Tabelle 19 erkennen können, über ein Drittel der Befragten sich im letzten Coaching unterbezahlt gefühlt haben.

Die zweite Nebenwirkung tritt deutlich weniger häufig auf, doch ist das Auftreten umso gravierender. Klienten bezahlen das Coaching nicht, weil sie glauben, es sei zu wenig wirkungsvoll gewesen: »Das sind gelegentlich betriebswirtschaftliche Probleme. Damit meine ich, wenn der Klient seine Leistungen nicht bezahlt. In diesem Bereich hat man leider keine Chance, sein Geld zu bekommen, da der Klient angibt, dass das Coaching nicht erfolgreich war und er deshalb nicht zahlt. Leider kann man das nicht geltend machen. Man fühlt sich hilflos« (Bohnhardt, 2013, S. 32).

Das ist eine harte Nummer, und ich kann das Gefühl von Hilflosigkeit gut nachempfinden. Ich hoffe, dass Sie, lieber Coach, eine gute Rechtsschutzversicherung haben und nach der Lektüre dieses Buchs über die Wirksamkeit von Coachings nie wieder solche Situationen erleben müssen.

Coaches fühlen sich regelmäßig unterbezahlt in ihren Coachings. Seltener erhalten sie Leistungen, die ihnen zustehen, von Klienten nicht bezahlt.

10.4 Konsequenzen von negativen Nebenwirkungen von Coaching für Coaches

Nun möchte ich Sie über die Folgen informieren, die Nebenwirkungen für Coaches produzieren. Nebenwirkungen von Coaching für Coaches hinterlassen Spuren, wie wir in zwei Studien nachweisen konnten. In der ersten Studie (Schermuly, 2014) wurden parallel zu den Nebenwirkungen das Stresserleben, die emotionale Erschöpfung und das psychologische Empowerment erhoben. Die Ergebnisse finden Sie in Tabelle 20.

Tab. 20: Zusammenhänge zwischen Nebenwirkungen und psychologischem Empowerment, emotionaler Erschöpfung und Stress (Schermuly, 2014)

	1	2	3	4	5
Anzahl Nebenwirkungen letztes Coaching (1)	–	0,63**	−0,50**	0,57**	0,42**
Anzahl Nebenwirkungen in der Karriere (2)		–	−0,46**	0,35**	0,40**
Psychologisches Empowerment (3)			–	−0,35**	−0,43**
Emotionale Erschöpfung (4)				–	0,43**
Wahrgenommener Stress (5)					–

In der Tabelle sind Korrelationskoeffizienten abgebildet, und die sind nicht klein. Der größte Zusammenhang besteht natürlich zwischen der Anzahl an Nebenwirkungen im letzten Coaching und der Anzahl an Nebenwirkungen in der Karriere (Feld 1-2: 0,63**). Danach folgt aber schon mit 0,57 der Zusammenhang mit dem Erleben von emotionaler Erschöpfung (Feld 1-4). Je mehr Nebenwirkungen die Coaches im letzten Coaching erlebten, desto größer war ihre emotionale Erschöpfung. Danach folgt der Größe nach der Zusammenhang mit dem psychologischen Empowerment. Je mehr Nebenwirkungen Coaches im letzten Coaching erlebten, desto weniger Empowerment spürten sie in ihrem Beruf. Das Konstrukt des psychologischen Empowerments habe ich Ihnen weiter oben bereits vorgestellt. Es besteht aus der Wahrnehmung von Kompetenz, Bedeutsamkeit, Selbstbestimmung und Einfluss im Beruf. Ich habe mir die Daten etwas genauer angeschaut und festgestellt, dass vor allem das Gefühl von Kompetenz und Einfluss unter den Nebenwirkungen leidet. Wenn Nebenwirkungen für Coaches auftreten, dann fühlen sie sich vor allem inkompetent und einflusslos, das bedeutet ohnmächtig. Ein weiterer Zusammenhang besteht mit dem Stresserleben. Je mehr Nebenwirkungen die Coaches wahrgenommen hatten, desto gestresster waren sie. Nun könnten mehr Nebenwirkungen zu mehr Stress führen. Es gibt aber auch Argumente, die dafür sprechen, dass mehr Stress dazu führt, dass mehr Nebenwirkungen erlebt werden.

Deswegen haben wir in einer Folgestudie längsschnittliche Daten zusammen mit der ICF erhoben (Graßmann, Schermuly & Wach, 2018). An der Studie nahmen vor allem Coaches aus den USA und Großbritannien teil. Wir erhoben die Nebenwirkungen zu Zeitpunkt 1, und acht Wochen später wurden das Stresserleben und die Schlafstörungen der Coaches erhoben. Über acht Wochen hinweg konnte die Anzahl der Nebenwirkungen im letzten Coaching das Stresserleben und die

Schlafstörungen der Coaches vorhersagen. Der Zusammenhang mit dem Stress (0.49; $p < .01$) war höher als der mit den Schlafstörungen (.23; $p < .05$). Nebenwirkungen von Coaching für Coaches sind demnach mit vielfältigen unerwünschten Konsequenzen assoziiert und sollten daher verhindert werden.

Nebenwirkungen für Coaches stehen in einem Zusammenhang mit mehr emotionaler Erschöpfung, weniger psychologischem Empowerment, mehr Stress und mehr Schlafstörungen der betroffenen Coaches.

10.5 Ursachen für negative Nebenwirkungen für Coaches

Sie kennen mittlerweile den Aufbau des Buchs. Nachdem Sie sich mit den jeweiligen Effekten bekannt gemacht haben, geht es nun darum, den Ursachen nachzugehen. Was führt dazu, dass Coaches so häufig Nebenwirkungen von Coaching für sich selbst erleben? In der qualitativen Studie, die Sie bereits kennen (Schermuly & Bohnhardt, 2014), fragten wir die teilnehmenden Coaches, welche Ursachen sie sich für die von ihnen benannten Nebenwirkungen vorstellen können. Die Ergebnisse finden Sie in Tabelle 21. Die quantitativen Ergebnisse haben wir in einem Modell zusammengeführt (siehe Infobox 11). Viele Ursachen kennen Sie bereits von den Ursachen für Nebenwirkungen für Klienten, obwohl es sich um voneinander unabhängige Stichproben handelt. Das sind sogenannte »Doppelverursacher«. Doppelverursacher sind Variablen, die sowohl Nebenwirkungen von Coaching für Klienten als auch für Coaches produzieren können und denen deswegen besondere Aufmerksamkeit geschenkt werden sollte. Mit der Prävention solcher Doppelverursacher schlägt man sozusagen zwei Fliegen mit einer Klappe.

Erlauben Sie mir einen kurzen theoretischen Abstecher, um die Ergebnisse in der Tabelle besser einordnen zu können. Sie kennen mich. Ich muss das einfach tun. Es ist fast wie ein Zwang. Gerade wenn die quantitative Absicherung fehlt, helfen Theorien, die Wirklichkeit genauer zu interpretieren.

Infobox 11: Ein quantitatives Modell zur Entstehung von Nebenwirkungen von Coaching für Coaches

Auf die Studie, die wir zusammen mit der International Coach Federation durchgeführt haben, bin ich schon weiter oben eingegangen. Die Studie haben Carolin Graßmann, Dominika Wach und ich durchgeführt. 275 Coaches, die vor allem aus den USA, Großbritannien und Australien stammten, nahmen daran teil. Die Coaches wurden zu zwei Messzeitpunkten befragt. Wir postulierten ein theoretisches Modell, erhoben die Variablen, die Sie in Abbildung 10 dargestellt sehen, und rechneten ein Strukturgleichungsmodell. Ein Strukturgleichungsmodell ist ein durchaus kompliziertes statistisches Verfahren, das sich aber lohnt, weil man exakter die Beziehung von mehreren Variablen gleichzeitig bewerten kann.

Im Zentrum des Modells stehen das Kompetenzerleben der Coaches und die Anzahl an Nebenwirkungen von Coaching für Coaches. Das Kompetenzerleben wurde z. B. mit Items wie »Ich beherrsche die Fertigkeiten, die für meinen Beruf als Coach notwendig sind« erhoben. Zwischen beiden Variablen besteht ein negativer Zusammenhang: Je kompetenter sich die internationalen Coaches fühlten, desto weniger Nebenwirkungen nahmen sie in ihrem letzten Coaching wahr. Das Kompetenzerleben scheint somit ein Puffer gegen Nebenwirkungen von Coaching für Coaches zu sein. Das Kompetenzerleben wurde wiederum beeinflusst von der wahrgenommenen Zielerreichung und den Nebenwirkungen der Klienten. Je weniger stark die Coaches die Zielerreichung im Coaching wahrgenommen haben, desto weniger kompetent fühlten sie sich im Beruf. Wenn das Coaching dem Klienten wenig gebracht hatte, dann fühlten sich die Coaches inkompetenter. Für die Nebenwirkungen war ein negativer Effekt festzustellen: Je mehr Nebenwirkungen von Coaching für Klienten wahrgenommen wurden, desto weniger kompetent fühlten sich die Coaches.

Die Beziehungsqualität hat, wie Sie in Abbildung 10 erkennen können, einen direkten Effekt auf die Anzahl der Nebenwirkungen. Je schlechter sie ausgeprägt war, desto mehr Nebenwirkungen traten auf. Die Nebenwirkungen waren wiederum mit mehr Stresserleben und mehr Schlafstörungen verbunden.

Abgeleitet aus dem Modell lassen sich Nebenwirkungen von Coaching für Coaches aus drei Bereichen verhindern. Direkt ist das über eine höhere Beziehungsqualität möglich. Indirekt sind zwei Wege über das Kompetenzerleben realistisch. Je besser die Zielerreichung im Coaching gelingt und je weniger Nebenwirkungen bei Klienten entstehen, desto kompetenter fühlen sich die Coaches und umso weniger Nebenwirkungen entstehen. Wie positive Effekte die Zielerreichung stimulieren und Nebenwirkungen von Coaching für Klienten verhindert werden können, haben Sie in den vorherigen Kapiteln gelernt.

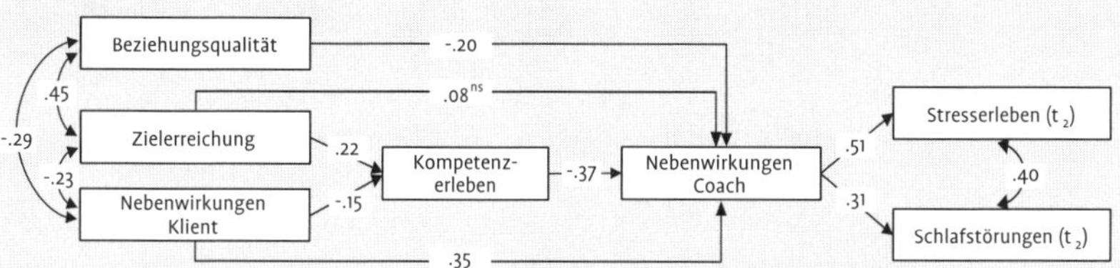

Abb. 10: Ein Modell zur Vorhersage von Nebenwirkungen für Coaches (angelehnt an Graßmann, 2018)

Wenn es um Herausforderungen in der Arbeitswelt und deren Auswirkungen auf das psychische Wohlbefinden geht, dann wird häufig das Job-Demands-Resources-Modell (Demerouti, Bakker, Nachreiner & Schaufeli, 2001) als Interpretationsgrundlage genutzt. Das Modell teilt Arbeitsfaktoren in Anforderungen (»Demands«) und Ressourcen ein. Treffen viele Anforderungen auf wenige Ressourcen, so hat das negative Konsequenzen für den Tätigen. Man lebt recht entspannt mit den Anforderungen, solange sie nicht zu umfassend werden und man genug im Werkzeugkoffer hat, um sie zu bewältigen. Nebenwirkungen von Coaching für Coaches treten demnach eher in solchen Situationen auf, in denen hohe Anforderungen an die Coaches gestellt werden und diese wenige Ressourcen zur Verfügung haben.

Tab. 21: Ursachen von Nebenwirkungen für Coaches (Schermuly & Bohnhardt, 2014, S. 69)

Kategorie	Ursachen	Beispiele aus den Interviews
Coach	○ Übertragung/ Neutralitätsverlust	○ »wenn man mit sich selbst nicht im Reinen ist, passiert es schnell, dass man nicht mehr neutral bleibt«
	○ Selbstmanagement und fehlende Supervision	○ »wenn ich zu wenige Pausen mache«
	○ Abgrenzung von Coaching und Psychotherapie	○ »wenn Coaching als falsche Maßnahme eingesetzt wird, z. B. wenn der Klient eine Therapie benötigt, sich aber aus Scham an einen Coach wendet«
	○ mangelnde Kompetenzen	○ »der Coach kann seine Fähigkeiten überschätzen oder bestimmte Inhalte nicht bewältigen«
	○ Instrumentalisierung des Coachs	○ »wenn der Coach sich zu sehr von der Organisation benutzten lässt«
	○ fehlende Erfahrung/ Anerkennungswunsch	○ »Anerkennungswunsch als Coach, dass man auch Probleme lösen kann«
	○ Persönlichkeit des Coachs	○ »Ein wichtiger Aspekt ist, wie empathisch ein Coach ist«

Kategorie	Ursachen	Beispiele aus den Interviews
Klient	○ falsche Erwartungen an den Coachingprozess/ Motivationsmangel	○ »Der Klient blockiert und verliert seine Motivation«
	○ fehlendes Problembewusstsein	○ »Klient kann schwierig sein, indem er kein Problembewusstsein hat oder nicht daran arbeiten will«
	○ fehlende Autonomie des Klienten	○ »Der Klient ist für sich selbst verantwortlich, autonom in dem, was er tut. Ich kann nicht für den Klienten handeln«
	○ Abhängigkeit des Klienten	○ »Der Klient darf mich nicht als einzige Bezugsperson verstehen«
Organisation	○ falsche Vorstellung von Coaching	○ »der Arbeitgeber hat falsche Vorstellungen von einem Coaching«
	○ Behinderung des Coachingprozesses/ mangelnde Transfergewährleistung	○ »die Organisation sorgt nicht nachhaltig dafür, dass der Klient das umsetzen kann, was er im Coaching gelernt hat«
	○ angeordnetes Coaching	○ »wenn die Organisation das Coaching an dem Klienten ›vollzieht‹«
	○ Auftragsklärung/ vertragliche Bedingungen	○ »Unternehmen schaffen häufig keine klaren Rahmenbedingungen für den Coachingprozess, und die Abläufe sind dann sehr unorganisiert«

Schaut man sich die von den Coaches in der qualitativen Studie genannten Ursachen in Tabelle 21 an, so finden sich dort viele Variablen, die besondere Anforderungen für den Coachingprozess darstellen. Wenn ein Klient z. B. zu wenig Motivation für ein Coaching besitzt oder eine Organisation eine falsche Vorstellung von Coaching hat, dann sind das besondere Anforderungen, die an den Coach und das Coaching gestellt werden. Gleichzeitig finden sich unter den Variablen Ressourcen wie z. B. Supervision oder Kompetenzen, die helfen können, die Anforderungen zu bewältigen und damit Nebenwirkungen abzumildern. Sind diese nicht vorhanden, dann können fehlende Ressourcen das Aufblühen von Nebenwirkungen verstärken. Lassen Sie mich nun bei den genannten Variablen ins Detail gehen. Damit die Variablen und Prozesse für Sie anschaulicher werden, lasse ich wieder Coaches zu Wort kommen, die an unseren Studien teilgenommen haben. Noch einmal vielen Dank an die Teilnehmenden!

Coaches sind immer wieder besonderen Anforderungen ausgesetzt, die zu Nebenwirkungen führen können, wenn die Coaches nicht die notwendigen Ressourcen besitzen, um diese zu bewältigen.

10.5.1 Coachvariablen

Wie bei den Nebenwirkungen für Klienten starte ich mit den Coachvariablen. Wie und was tragen Coaches zur Entstehung von Nebenwirkungen bei? Wir treffen bei den Coachvariablen im Sinne des Job-Demands-Resources-Modell auf verschiedene Ressourcen, die helfen können, die Anforderungen im Coachingberuf abzumildern. Sind diese nicht vorhanden, kommt es eher zu Nebenwirkungen von Coaching für Coaches.

Aufseiten der Coaches wurde fehlende Supervision als wichtiger Faktor mehrmals genannt. Ein Coach berichtete uns: »Ohne regelmäßige Supervision und Selbstreflektion ist die Tätigkeit als Coach auch nicht zu bewältigen, für sich nicht und für den Klienten« (Bohnhardt, 2013, S. 36). Supervision kann stressreduzierend wirken, das Selbstvertrauen stärken und damit das psychische Wohlbefinden der Coaches steigern. In der quantitativen Folgestudie konnte ein negativer Zusammenhang von $\rho = -.16$ ($p < .10$) zwischen Supervision und der Anzahl an Nebenwirkungen nachgewiesen werden (Schermuly, 2014). Je mehr Supervision der Coach für das letzte abgeschlossene Coaching erhalten hatte, desto weniger Nebenwirkungen traten auf. Der Effekt ist aber als klein zu bewerten. Ein kleiner Effekt, der aus theoretischer Sicht größer sein könnte, bedarf immer ein wenig mehr Aufmerksamkeit und einer zusätzlichen Studie. Also haben wir uns noch etwas genauer mit dem Thema »Supervision und Nebenwirkungen« beschäftigt. Scheinbar profitiert nicht jeder Coach im gleichen Umfang von einer Supervision. Genaueres erfahren Sie in Infobox 12, in der ich Ihnen eine neue Studie zu dem Thema vorstelle.

Infobox 12: Supervision und Nebenwirkungen bei jungen Coaches

Ich möchte Ihnen in dieser Infobox die Erkenntnisse einer Studie vorstellen (Graßmann & Schermuly, 2018), bei der wir experimentell vorgegangen sind. Da Führungskräfte und niedergelassene Coaches in der Regel nicht an Experimenten zum Auftreten von Nebenwirkungen teilnehmen, haben wir mit einer studentischen Stichprobe gearbeitet. Wir bildeten in einem Semester Masterstudierende des Studiengangs Wirtschaftspsychologie mit Schwerpunkt Personal zu Karrierecoaches aus. Die Masterstudierenden hatten dann die Aufgabe, am Ende ihrer Ausbildung Bachelorstudierende bei ihren Karrierefragen mit einem Coaching zu unterstützen. Am häufigsten wurde in den Coachings die Frage bearbeitet, ob der Student nach dem Bachelorabschluss arbeiten oder einen Master machen möchte. Das Coaching war im Durchschnitt drei Sitzungen lang. Es wurde ein experimentelles, randomisiertes Kontrollgruppendesign mit 29 Coach-Klient-Dyaden möglich. Die Hälfte der Coaches bekam während ihrer Coachings Supervision in einer Kleingruppe. Die andere Hälfte erhielt auch die Chance, ihren Fall supervidiert zu bekommen, aber die Supervision fand erst nach dem Coaching statt. Beide Gruppen hatten jederzeit die Möglichkeit, sich bei Problemen an einen erfahrenen Coach zu wenden. Sowohl die Coaches als auch die Klienten wurden zu den Nebenwirkungen von Coaching befragt. Die Studie wurde in der Zeitschrift »Coaching: An International Journal of Theory, Research and Practice« veröffentlicht und kann ein paar interessante Ergebnisse aufweisen.

Es konnte zum Beispiel repliziert werden (siehe Graßmann, Schermuly & Wach, 2018), dass Nebenwirkungen für Klienten und Coaches miteinander in Zusammenhang stehen, allerdings nur, wenn die Nebenwirkungen für Klienten von den Coaches beurteilt wurden. Nur wenn die Coaches die Nebenwirkungen der Klienten einschätzten, gab es einen Zusammenhang mit den eigenen Nebenwirkungen, und dieser war mit $r = .50$ ($p < .05$) ziemlich stark. Wenn die Coaches glaubten, dass ihre Klienten mit Nebenwirkungen zu kämpfen hatten, wirkte sich das auf die persönlichen Nebenwirkungen der Coaches aus. Dieser Zusammenhang war aber nicht nachweisbar für die tatsächlich existenten Nebenwirkungen, die die Klienten berichteten. Der Glaube an etwaige Nebenwirkungen der Klienten war stärker als deren tatsächliche Existenz.

Der Zusammenhang zwischen den wahrgenommenen Nebenwirkungen für Klienten und Coaches wurde darüber hinaus durch den Neurotizismus der Coaches beeinflusst. Was heißt das konkret? Wir hatten mit einem Fragebogen den Neurotizismus, das heißt die emotionale Labilität der Coaches getestet. Wahrgenommene Nebenwirkungen für Klienten wirkten sich besonders bei Coaches mit hohem Neurotizismus auf die Nebenwirkungen für Coaches aus. Bei Coaches, die begleitende Supervision erhalten haben, war dieser Zusammenhang abgeschwächt. Die Ergebnisse sind in Abbildung 11 ersichtlich.

In der Abbildung sind die Ergebnisse nur für die Gruppe dargestellt, die keine Supervision parallel zum Coaching erhalten hatte. Wenn die Nebenwirkungen der Klienten als gering wahrgenommen wurden, dann fiel auch die Anzahl der Nebenwirkungen für die Coaches eher gering aus. Nach oben schnellt die Anzahl der Nebenwirkungen vor allem dann, wenn die Coaches eine hohe emotionale Labilität besaßen, keine Supervision erhielten und glaubten, dass ihre Klienten viele Nebenwirkungen durch ihr Coaching entwickelt hatten. Im Durchschnitt erlebte diese Gruppe um die 16 Nebenwirkungen während des Coachings. Zusammenfassend lässt sich aus der Studie schließen, dass vor allem eher unerfahrene Coaches von Supervision profitieren, die glauben, dass Nebenwirkungen in ihrem Coaching ein Thema sind, und die eine stärkere emotionale Labilität besitzen.

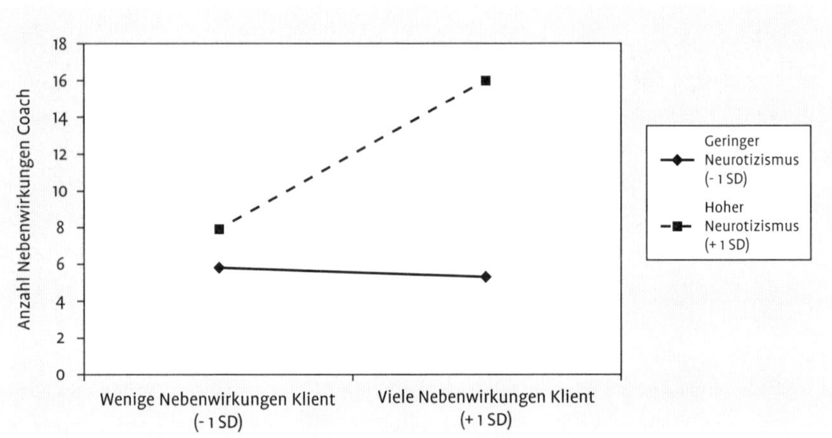

Abb. 11: Wechselwirkung zwischen Nebenwirkungen von Klienten und Coaches

Kommen wir zur nächsten Ressource aus Tabelle 21. Sie kennen die Variable auch schon als Ursache für Nebenwirkungen für Klienten: die Kompetenzen des Coachs. Auf welche Kompetenzen es ankommt, hatte ich Ihnen bereits weiter oben vorgestellt. Ein Coach berichtete z. B.: »Der Coach kann seine Fähigkeiten überschätzen oder bestimmte Inhalte nicht bewältigen« (Bohnhardt, 2013, S. 38).

Für welches Coachingthema bin ich und fühle ich mich als Coach kompetent? Für welche Klienten bin ich wirksam? Bei welchen Klienten fällt es mir schwer, wirksam zu sein? Welche Branchen profitieren von meiner Arbeit? In welchen Organisationen oder Organisationsformen (z. B. Start-up vs. Konzern) sollten besser Kollegen übernehmen? Das sind wichtige Fragen, die auch im Sinne der Prävention von Nebenwirkungen eine ehrliche Antwort von Ihnen als Coach verdienen. Und auch eine Handlung! Unzureichende Expertise schadet nicht nur dem Klienten, sondern auch Ihnen als Coach.

Ein anderer Coach gibt den Hinweis, dass man sich als Coach am Anfang der Karriere nicht zu viel zumuten darf: »Fehlende Erfahrung sehe ich ganz grundsätzlich als Problem für den Coach selbst. Denn nur wenn man sich selbst kennt und einschätzen kann, kann man diesen Beruf professionell ausführen. Natürlich fängt jeder mal an. Man sollte aber immer darauf achten, sich am Anfang nicht zu viel zuzumuten und von Aufträgen mit großen Firmen absehen« (Bohnhardt, 2013, S. 39).

Der Anfang einer Karriere ist ein sensibler Punkt in nahezu allen Professionen. Und die Metakompetenz, zu erkennen, für was man kompetent ist und für was (noch) nicht, bildet sich erst mit der Zeit heraus. Das ist übrigens bei Professoren dasselbe. Manche Coaches sind hier schneller und manche langsamer. Die

Nachzügler bezahlen mit Nebenwirkungen Lehrgeld. Coaching will und muss gelernt werden. Mangelnde Kompetenzen können die Selbstwirksamkeitserfahrung der Coaches und damit das psychische Wohlbefinden in der Arbeit einschränken. Vielleicht lässt sich das alles in einer einfachen Wahrheit zusammenfassen: Inkompetenz tut weh; nicht nur dem Klienten, sondern auch dem Coach selbst.

Auch erwähnen die Coaches auf der Coachseite häufiger die mangelnde Abgrenzung zwischen Coaching und Psychotherapie als eine Quelle von Nebenwirkungen (siehe Tabelle 21). Vor allem scheint diese Ursache für Coaches relevant zu sein, die eine psychotherapeutische Zusatzqualifikation besitzen: »Man muss beide Sachen trennen, was mir gerade zu Beginn meiner Tätigkeit als Coach, da ich sonst therapeutisch gearbeitet habe, schwergefallen ist« (Bohnhardt, 2013, S. 37).

Manche Psychotherapeuten wechseln die Seiten, was bei einem Stundensatz von 83 Euro für einen Kassenpatienten durchaus nachvollziehbar ist. Einige Kollegen coachen für einen Tag in der Woche, andere wechseln ganz die Seite. Ein Coach bringt die Problematik auf den Punkt: »Wenn man Fälle bearbeiten möchte, die eigentlich ein Therapeut bearbeiten muss. Ich denke, da müssen gerade die Coaches aufpassen, die eine Doppelqualifikation aufweisen können, da sie im täglichen Geschäft beide Arbeitsfelder bedienen« (Bohnhardt, 2013, S. 37).

Eigentlich würde ich eine psychotherapeutische Zusatzausbildung als Ressource bezeichnen. Die Kolleginnen und Kollegen haben eine drei- (Vollzeit) bis fünfjährige (Teilzeit) Zusatzausbildung genossen, in der auch eine gehörige Portion Selbstreflexion und ein intensives Training von kommunikativen und psychodiagnostischen Kompetenzen stecken. Wie kann denn eine psychotherapeutische Zusatzbildung zu mehr anstatt zu weniger Nebenwirkungen führen?

Wenn ein Coaching in eine Psychotherapie abdriftet, dann hat der Coach dafür keinen Auftrag mehr. Der psychotherapeutische Coach fährt zwar irgendwie mit einem Führerschein, aber Coach und Klient sitzen im falschen Auto. Es kommt zu Rollenkonflikten. Der Coach kann nicht mehr Coach sein und auch (noch) nicht Psychotherapeut. Der Klient kann nicht mehr Klient sein und will vielleicht (noch) nicht Patient werden. Und die Organisation kann das, was da passiert, nicht mehr mit bestem Wissen und Gewissen bezahlen. Das wäre dann schon eher die Aufgabe der Krankenkasse. Es kommt zu Rollenunklarheiten und Rollenkonflikten auf beiden Seiten. Wir wissen aus der Forschung, dass Rollenunklarheiten und Rollenkonflikte erhebliche intrapsychische, aber auch zwischenmenschliche Konflikte auslösen können. Wer bin ich gerade? Klient oder Patient? Zu wem spreche ich jetzt? Coach oder Therapeut? Die Beziehung zu einem selbst und zum Klienten wird kompliziert. Das Resultat ist Stress. Effekte wie »Unsicherheit« oder »Angst, etwas Falsches zu tun« können durch das Abdriften in eine Psychotherapie ausgelöst werden. Und wieder muss ich an Macbeth denken: »Fair is foul and foul is fair«. Eine psychotherapeutische Zusatzausbildung kann unter Umständen den Coach selbst gefährden. Jetzt kommt aber noch ein fettes »Aber«: Wenn man die Welten trennt und als Coach nicht therapiert, dann sehe ich eine therapeutische Zusatzausbildung weiterhin als Ressource.

Kommen wir zum nächsten Punkt, der von den Coaches als mögliche Ursache ins Spiel gebracht wurde. Coaches sehen Übertragungen und einen Neutralitätsverlust als Quelle für Nebenwirkungen: »Na ja, wenn man mit sich selbst nicht im Reinen ist, passiert es schnell, dass man nicht mehr neutral bleibt und sich auf eine Seite schlägt. Dann ist zum einen der Coachingprozess gefährdet und die professionelle Tätigkeit als Coach« (Bohnhardt, 2013, S. 35).

Die Begriffe Neutralität und Übertragung stammen aus der tiefen- bzw. psychoanalytischen Literatur. Ich habe sie schon einmal weiter oben erwähnt. Für alle, die sich in diesem Bereich nicht so gut auskennen, habe ich Infobox 13 geschrieben.

Infobox 13: Neutralität und Übertragung

Neutralität

Nach Reimer (2002, S. 40) meint Neutralität »die Unvoreingenommenheit des Therapeuten gegenüber seinem Patienten, die wertungsfreie, nicht moralisierende Annahme des dargebotenen Materials und den Verzicht auf die Verfolgung eigener Ziele bzw. Wertvorstellungen gegenüber dem Patienten.« Viele Ausbildungsinstitute übertragen diesen Anspruch auf die Arbeit als Coach, doch selbst die Tiefenpsychologen sehen diese Forderung allenfalls als ein Ideal an (Reimer, 2002). Coaches kommen nicht als leere Blätter in das Unternehmen. Sie haben eigene Werte und Erfahrungen, die einen Resonanzboden für den Kontakt mit dem Klienten bilden: »Abstinenz und Neutralität sind schöne Worte. Wo aber Menschen miteinander zu tun haben, sind diese Begriffe nicht ›lupenrein‹ anwendbar« (Reimer, 2002, S. 40).

Übertragung und Gegenübertragung

Übertragung bedeutet, dass ein Klient seine Erlebensinhalte, das heißt Gefühle und Gedanken, in Beziehung zum Coach oder Therapeuten setzt und sie auf diesen überträgt. Die Gefühle und Gedanken werden in den Coach oder Therapeuten projiziert und es kann zu einer Identifikation kommen (Häcker & Stapf, 2004). Die Gedanken und Gefühle, die auf der Seite des Coachs gegenüber dem Klienten entstehen (siehe Kapitel 10.3.3), bezeichnet man als Gegenübertragung. Ein Klient sieht den Coach z. B. als väterlichen Erretter aus den Fängen der bösen Führungskraft. Der Coach fühlt sich möglicherweise schuldig, weil er zu wenig für die »Rettung« des Klienten getan hat.

Letztlich nennen die Coaches in der Kategorie »Coachursachen« noch die Instrumentalisierung (Coach lässt sich von der Organisation benutzen), die Persönlichkeit des Coachs (vor allem fehlende Empathie) und einen hohen Anerkennungswunsch: »Von einigen Kollegen kenne ich, die noch sehr ›jung‹ im Geschäft sind, dass sie um Anerkennung als Coach ringen und dann diese Effekte auftreten« (Bohnhardt, 2013, S. 35).

Vor allem ergebnisbezogene Enttäuschungen können aus dem Wunsch resultieren, möglichst alles »richtig« zu machen und möglichst viel Anerkennung dadurch zu bekommen. Doch, und da wiederhole ich mich gerne noch einmal, ist in einem Coaching nicht der Coach für die Lösung der Probleme des Klienten verantwortlich. Coaches sind die Hebammen, die den Prozess begleiten und dafür sorgen, dass optimale Lösungen für die Probleme geboren werden. Sie stützen und unterstützen auch für einen Moment. Die Problemlösung muss aber schon der Klient alleine gebären. Ein Coach fasst das in eigenen Worten zusammen: »Wenn der Klient das Bewusstsein hat, dass ich als Coach seine Probleme lösen kann bzw. der Klient denkt, dass ich für ihn seine Probleme löse. Dann erschwert der Klient den Prozess für sich selbst. Ich in meiner Rolle als Coach bin jedoch nicht dazu da, ihm explizit zu sagen, was er zu tun hat. Natürlich kann man vereinzelt Ratschläge geben, wenn der Klient das möchte, aber das Bewusstsein für das Problem muss er selbst haben« (Bohnhardt, 2013, S. 34).

10.5.2 *Klientenvariablen*

Die Variablen, die Sie in Tabelle 19 unter den Klientenvariablen finden, würde ich im Sinne des Job-Demands-Resources-Modell bei den Anforderungen einordnen. Auch hier treffen Sie auf ein paar alte Bekannte. Coaches sehen z. B. falsche Erwartungen an den Coachingprozess, Motivationsmängel oder fehlendes Problembewusstsein der Klienten als Gründe für die Entstehung von Nebenwirkungen aufseiten der Coaches. Zu den falschen Erwartungen berichtete ein Coach: »Falsche Vorstellungen des Klienten zum Beispiel. Zudem gibt es viele kostenlose Angebote im Coachingbereich und die Klienten, die mit solchen Angeboten Erfahrungen haben, haben eine mangelnde Wertschätzung gegenüber den Coaches, die es wirklich professionell betreiben« (Bohnhardt, 2013, S. 32).

Die Auftragsklärung mit Klienten, die eine unzureichende Vorstellung von einem Coachingprozess haben, ist anstrengend. Die Klienten treten unter Umständen mit Forderungen an die Coaches heran, die diese nicht umsetzen können. Und nicht jeder Coach hat das Selbstbewusstsein und die finanzielle Flexibilität, Aufträge abzulehnen. Dies kann Coaches unter Druck setzen, aber auch auf beiden Seiten zu Enttäuschungen führen.

In einigen Unternehmen gibt es sogenannte Coaching-Facilitator. Das sind Coachinglotsen, die eine Coachingausbildung absolviert haben und Felderfahrung im Unternehmen besitzen. Sie setzen sich mit einem potenziellen Klienten zusammen und sichten den Coachingbedarf. Sie analysieren, ob es sich um ein Anliegen handelt, das in einem Coaching bearbeitet werden kann, und klären die Klienten über das Instrument auf. Solch ein Coaching-Facilitator kann viele der erwähnten Probleme mildern.

Immer wieder berichteten die Coaches in der Studie über Motivationsprobleme oder fehlendes Problembewusstsein der Klienten, was zur Entstehung von Nebenwirkungen beigetragen haben soll: »Aber auch das Gefühl, wenn man merkt, dass der Klient nicht will. Inwieweit lässt er [der Klient] es zu, dass er erkennt, dass er ein Problem hat. Da manche Klienten auch ihre Opferrolle genießen und sich in dieser eher sicher fühlen als über Probleme zu reden« (Bohnhardt, 2013, S. 101).

Klienten, die wenig Problemeinsicht und Coachingmotivation besitzen, erschweren die Arbeit der Coaches und fordern sie in ihren Kompetenzen heraus. Der Coachingprozess wird anstrengender. Und auch hier sind ergebnisorientierte Enttäuschungen programmiert. Ein Klient, der keine Lust hat, wird wenige Ziele erreichen. Wenn dann das Coaching in einer Organisation mit einem pädagogisch-erzieherischen Coachingverständnis stattfindet (siehe Kapitel 7.4.2), können Coaches mächtig unter Druck geraten.

Unselbstständige Klienten und solche, die einen zu starken Fokus auf den Coach haben, werden ebenfalls als Ursachen benannt: »Der Klient darf mich nicht als einzige Bezugsperson verstehen. In einem solchen Fall muss ich als Coach sofort intervenieren oder den Coachingprozess abbrechen. Sollte man das als Coach nicht können oder erkennen, dann sind negative Effekt wie Manipulation denkbar« (Bohnhardt, 2013, S. 32).

Coaching funktioniert nur auf Augenhöhe. Und diese Augenhöhe kann nicht nur gefährdet werden, wenn der Coach sich zu groß, sondern auch wenn der Klient sich zu klein macht. Adäquate Selbstregulationsfähigkeiten und Selbstständigkeit gehören zu den Grundvoraussetzungen, die Klienten für ein erfolgreiches Coaching mitbringen müssen.

10.5.3 *Organisationsvariablen*

Auch bei den Organisationsvariablen begegnen Ihnen einige alte Bekannte. Organisationen sind wie Klienten nicht davor geschützt, falsche Vorstellungen zu haben, was ein Coaching ist und was ein Coaching erreichen kann. Es berichtete uns ein Coach: »Wenn die Organisation gar nicht weiß, wozu ein Coaching eigentlich da ist. Das fängt mit Art und Weise der Aufträge an. Mitarbeiter sollen degradiert werden und/oder aus der Organisation ›rausgecoacht‹ werden, wo man sich dann fragt, wo die Menschlichkeit geblieben ist. Also diese Unwissenheit, was Coaching ist und wozu es dient. Oder auch wenn man merkt, dass die Mitarbeiter und/oder Führungskräfte an die Unternehmenskultur angepasst werden sollen. Dann kommt man auch häufig mit sich in einen Konflikt und muss da auch sehr aufpassen, dass man sich nicht verliert« (Bohnhardt, 2013, S. 32).

In dem Beispiel kommt vor allem die Unwissenheit, aber auch die Haltung der Organisation zu ihren Mitarbeitern zum Tragen. Es ist an Absurdität kaum zu übertreffen, dass Mitarbeiter durch ein Coaching aus dem Unternehmen gecoacht werden; also dass es das Ziel des Coachings sein könnte, dass der Klient versteht, sich besser einmal nach einem anderen Arbeitgeber umzuschauen. Die aufgeworfene Frage nach der Menschlichkeit sollte sich da der Coach schon bei der Auftragsklärung mit der Personalabteilung oder den Führungskräften stellen.

Manchmal passt aber auch das Organisationsverständnis nicht zum Coachingverständnis des Coachs. Das passiert und ist nicht schlimm. Den Coaches sollte das aber bewusst sein. Ich habe Ihnen in Kapitel 7.4.2 die von Bachmann ermittelten vier Coachingverständnisse vorgestellt. Wenn z. B. der Coach ein mehr auf Empowerment bzw. Selbstorganisation setzendes Coachingverständnis besitzt, die Organisation aber mehr an Expertenberatung und Optimierung interessiert ist, dann kann das zu Konflikten und Stress führen. Wenn dann der Klient auch noch nach Heilung bzw. Therapie sucht, dann ist die eine oder andere Nebenwirkung für den Coach wahrscheinlich. Deswegen ist es wichtig, dass Sie sich als Coach bewusst sind, welches Coachingverständnis Sie besitzen, und dieses sich und anderen auch transparent machen.

Auch die Rahmenbedingungen des Coachings (z. B. die Prozess- und Vertragsgestaltung) und die Transferumgebung der Organisation können sich negativ auswirken. Gerade die ergebnisbezogene Enttäuschung der Coaches kann stimuliert werden, wenn die Klienten gute Fortschritte im Coaching machen, aber die Organisation oder ein Organisationsvertreter verhindern, dass das Erreichte in die Praxis umgesetzt und langfristig verankert wird. In dieser Kategorie taucht noch einmal die Freiwilligkeit auf. Ein Coach schreibt, dass die Organisation manchmal Coachings am Klienten »vollzieht«. Dadurch wird ein sehr labiles Fundament für den Coachingprozess gebildet, das auch den Coach belasten kann.

Falsche Vorstellungen von Coaching, mangelnde Transfergewährleistung, ungünstige Rahmenbedingungen und ein erzwungenes Coaching haben in der Perspektive von Coaches das Potenzial, Nebenwirkungen für Coaches zu produzieren.

11. Limitationen meiner Forschung zu Nebenwirkungen von Coaching

Ich habe Ihnen auf den letzten Seiten viel Material aus meiner eigenen Forschung vorgestellt. Zu jeder guten Forschung gehört auch die Diskussion der Limitationen. An dieser Stelle möchte ich Ihnen vorstellen, welche spezifischen Mängel meine bisherigen Forschungsarbeiten zum Thema Nebenwirkungen haben. Viele Themen sind deckungsgleich mit den Problemen, die ich Ihnen in Kapitel 2.4 vorgestellt habe. Manche Aspekte beziehen sich direkt auf die Nebenwirkungsforschung.

Worüber ich mir immer wieder Gedanken mache, ist die Stichprobenziehung. Ich bin kein Wissenschaftler, der verdeckte Studien durchführt. Wenn ich eine Studie durchführe, deren Hauptthema die Erforschung von Nebenwirkungen ist, dann kündige ich das den Teilnehmenden an. Und da stelle ich mir schon die Frage, wer an unseren Studien teilnimmt. Wer nimmt sich Zeit, um an Studien teilzunehmen, die sich mit den unerwünschten Konsequenzen des eigenen beruflichen Handelns beschäftigen? Wer leitet einen Fragebogen an seine Klienten weiter, in dem auch unerwünschte Effekte abgefragt werden? Ich habe das Gefühl, dass das eher die professionelleren Kollegen sind, die auch über ein gewisses Maß an Selbstreflexionsbereitschaft verfügen. Da schreibt mir z. B. Frau L. auf unsere Einladung zur Teilnahme an einer Studie zu Nebenwirkungen von Coaching für Coaches: »Weshalb sollte ich daran interessiert sein, mich da einzubringen? Und wie kommen Sie darauf, dass ich das auch noch für Sie kostenlos tun sollte? Ich gebe Coachings und bewirke damit gute Ergebnisse. Die Arbeit wird als positiv und hilfreich von meinen Klienten empfunden – und auch mir geht es gut damit. Das ist professionelle Arbeit.«

Solche Rückmeldungen sind selten, aber das Thema Nebenwirkungen löst bei manchen Coaches starke Abwehrmechanismen aus. Frau L. ist offenbar davon überzeugt, dass es unprofessionelle Arbeit sei, wenn Nebenwirkungen von Coaching bei ihr und bei ihren Klienten auftreten. Sie scheint weiterhin davon überzeugt zu sein, dass in ihren Coachings durchweg positive Wirkungen erzielt werden. Coaches wie Frau L. und ihr biografischer Hintergrund, den ich aus Anonymitätsgründen hier nicht vorstellen werde, sind fester Bestandteil der deutschen Coachingszene. Es wäre wichtig, dass sie und ihre Klienten an unseren Studien teilnehmen, um ein repräsentatives Bild über das Thema Nebenwirkungen zu erhalten. Aber das ist nicht der Fall. Zwar schaffen wir es, bei unseren quantitativen Studien in der Regel im dreistelligen Bereich Teilnehmer zu rekrutieren, aber für eine repräsentative Stichprobe ist das nicht genug. Deswegen ist die Repräsentativität die erste Limitation meiner Arbeit.

Die zweite Limitation betrifft die Kausalität unserer Arbeit. Wir haben verschiedene Studienformate eingesetzt, um Nebenwirkungen zu erforschen: Qualitative Studien, Längsschnittstudien, Querschnittsstudien, eine Metaanalyse und ein Experiment. Echte Kausalaussagen lassen aber nur Experimente zu, und die sind schwierig durchzuführen. Wenn wir zweifelsfrei wissen wollten, ob die Veränderungsmotivation eines Klienten kausal zu Nebenwirkungen führt, dann wäre folgender Versuchsaufbau notwendig: Wir bräuchten etwa 20 Führungskräfte, denen wir eine niedrige Veränderungsmotivation induzieren würden. Wir würden ihnen z. B. immer wieder verdeckt einreden, dass Veränderungen in ihrer Berufssituation keinen Sinn machen (das nennt man priming). In der anderen Gruppe mit ebenfalls 20 Führungskräften würden wir das Gegenteil anstreben. Mit psychologischen Techniken würden wir ihre Veränderungsmotivation positiv beeinflussen. Nach fünf Sitzungen würden wir untersuchen, ob die Führungskräfte mit niedriger Veränderungsmotivation während und nach dem Coaching z. B. mehr Konflikte, weniger Lebenszufriedenheit, mehr unbearbeitete Probleme und mehr psychische Probleme haben als die Gruppe mit hoher Veränderungsmotivation. Neben den allgemeinen Problemen, die mit Experimenten im Coachingbereich einhergehen (siehe Kapitel 2.4), ergeben sich zwei Fragen: Welche Organisation oder welche Führungskraft würde an solch einem Experiment teilnehmen? Welche Ethikkommission würde ein solches Experiment genehmigen? Sie kennen die Antworten auf beide Fragen: keine! Deswegen ist es eine Schwäche meiner Forschungsarbeit, dass es zwar Belege, aber keine zweifelsfreien Erkenntnisse zur Kausalität von Nebenwirkungen gibt. Und das wird auch auf absehbare Zeit so bleiben.

Das nächste Problem betrifft die Generalisierbarkeit der Ergebnisse. Wir hatten Glück, dass uns die ICF bei einer Studie unterstützt hat (Graßmann, Schermuly & Wach, 2018) und wir vor allem amerikanische, britische und australische Coaches zu Nebenwirkungen befragen konnten. Alle anderen Stichproben stammen aber aus dem deutschsprachigen Raum. Die Ergebnisse beziehen sich auf diesen Markt, und vor allem der deutsche Markt ist speziell. Internationale Kollegen, die ich auf Konferenzen treffe, sind immer wieder überrascht davon, wenn ich ihnen schildere, wie heterogen der deutsche Coachingmarkt z. B. hinsichtlich der Ausbildungen der Coaches aussieht. Die dritte Limitation betrifft somit die Generalisierbarkeit der Ergebnisse über verschiedene Kulturen hinweg.

Letztlich haben wir zwar Prozessvariablen untersucht, aber nicht wirklich in einer prozesshaften Art und Weise. Wir haben z. B. Coaches und Klienten die Beziehungsqualität einschätzen lassen und untersucht, wie diese mit Nebenwirkungen assoziiert ist. Aber wir haben uns nicht konkret angeschaut, was in der Beziehung zwischen Coaches und Klienten geschieht und für Nebenwirkungen verantwortlich sein könnte. In der zukünftigen Forschung sollten auch konkrete Coachingprozesse beobachtet werden. Wir brauchen Coaches und Klienten, die uns ihre Interaktionsprozesse beobachten und analysieren lassen. Das leitet dazu über, wie es mit dem Thema Nebenwirkungen in der Praxis und Forschung weitergehen sollte.

Die bisherige Nebenwirkungsforschung hat Probleme bei der Selektivität der Stichproben, der Kausalität der Zusammenhänge und der Erforschung von Prozessvariablen.

12. Fazit und ein Blick in die Zukunft

Hurra! Sie haben es geschafft. Wir sind durch. Es fehlen noch ein Fazit und ein Blick in die Zukunft. Das sind in der Regel die schwersten Seiten in einem Buch. Deswegen habe ich mir zum Thema »Zukunft des Coachings« in Form eines Interviews Unterstützung geholt. Rainer Arlt und Christian Geissler, Geschäftsführer des Münchner Personalentwicklungsunternehmens COMMAX, sprechen über die Zukunft des Coachings.

Bevor ich mit meinem Fazit anfange, was sind für Sie die wichtigsten Befunde aus diesem Buch? Was haben Sie gelernt? Blättern Sie doch noch einmal das Buch durch und reflektieren Sie darüber, was Sie davon in Ihrem Kopf bewahren möchten. Welche Erkenntnisse sollen Ihr Handeln zukünftig beeinflussen? Was wollen Sie künftig anders machen? Ich habe Ihnen dafür etwas Platz gelassen. Das hilft auch prima beim Transfer der Erkenntnisse:

Was haben Sie durch das Buch gelernt und was möchten Sie bewahren?

Was möchten Sie in Ihrem Beruf in Zukunft anders machen?

Ich hoffe, Sie haben Antworten gefunden. Nun komme ich zu den Punkten, die ich als wichtig und bewahrenswert erachte. Die wichtigste Erkenntnis ist für mich: Coaching ist ein wirksames Personalentwicklungsinstrument. Es kann sich mit Trainings und anderen Formaten auf Augenhöhe messen und überflügelt diese sogar bei manchen Wirkungen wie z. B. der langfristigen Leistungsverbesserung der Klienten. Mittlerweile gibt es mehrere Metaanalysen, die zeigen, dass Coaching mittelstarke Effekte auf Variablen wie Selbstregulation, Leistung, Arbeitszufriedenheit, psychische Gesundheit und vieles mehr haben kann. Menschen, die an einem Coaching teilgenommen haben, verändern sich positiv über die Zeit und profitieren gegenüber Menschen, die nicht gecoacht wurden. Die Wirksamkeit von Coaching ist eine wissenschaftlich fundierte Tatsache.

Darauf können die Gründungsväter und -mütter der Coachingszene, wie z. B. Uwe Böning, Wolfgang Looss, Gunther Schmidt, Astrid Schreyögg oder Walter Schwertl sowie alle, die ihnen in der Praxis gefolgt sind, stolz sein. Klienten profitieren von professionellen Coachings und haben einen hohen ROI. Diese Botschaft sollten Sie als Coach selbstbewusst bei Ihren Klienten und Auftraggebern vertreten. Wenn Ihr Kunde das etwas genauer erklärt haben möchte, dann haben Sie mit diesem Buch ein Nachschlagewerk, das Ihnen dabei behilflich sein wird. Wenn Sie Einkäufer von Personalentwicklungsmaßnahmen sind, dann können Sie sich darauf verlassen, dass professionelle Coaches hilfreiche Wirkungen für Ihr Unternehmen produzieren. Das erste Ziel dieses Buchs war es, das Selbstbewusstsein der Coachingszene zu stärken. Ich hoffe, ich habe dieses Ziel erreicht.

Weiterhin wollte ich Sie durch das Buch bei Ihrer Wirksamkeit als Coach unterstützen. Professionelle Coaches sind über wissenschaftlich belegte Wirkfaktoren informiert und wollen sie während ihrer Coachings gewährleisten. Viele dieser Wirkfaktoren haben Sie in diesem Buch kennengelernt. Ich wiederhole an dieser Stelle nur noch eine Auswahl. Wirksame Coaches haben ausreichendes Fachwissen und Feldkompetenz, Methodenkompetenz und soziale Kompetenz. Sie führen am Anfang des Coachingprozesses eine fundierte Diagnostik durch und sammeln alle Informationen, die sie über den Klienten und sein soziales System wissen müssen. Wirksame Coaches sind in der Lage, produktive und vertrauensvolle Beziehungen zu ihren Klienten aufzubauen und langfristig zu erhalten. Klienten können sich dadurch auf ein Coaching besser einlassen und sich selbst, ihre Gedanken, Gefühle und Handlungen aus neuen Perspektiven betrachten. Wirksame Coaches sind darüber hinaus Meister des Coachingprozesses. Nach Greif zeigen sie Wertschätzung und praktizieren emotionale Unterstützung. Sie aktivieren Affekte und begleiten Klienten bei der Problemanalyse. Coaching ist deswegen auch immer wieder Emotionsarbeit, weshalb eine ausreichende emotionale Intelligenz eine wichtige Voraussetzung für diesen Beruf ist. Wirksame Coaches initiieren eine ergebnisorientierte Selbstreflexion und helfen bei der Zielklärung. Die Ressourcen der Klienten werden aktiviert und eine Umsetzungsunterstützung findet statt (Greif, 2014). Bei all den postulierten Wirkfaktoren darf man aber eine Grundhaltung im Coaching nicht aus dem Blick verlieren: Coaching ist und bleibt Hilfe zur Selbsthilfe. Coaching findet auf Augenhöhe statt.

Wirksame und professionelle Coaches haben für mich aber nicht nur die gewünschten Wirkungen ihres Schaffens im Blick, sondern auch die Nebenwirkungen. Ich wollte nicht nur Ihr Selbstbewusstsein, sondern auch Ihre Selbstreflexion bei diesem Thema stärken. Das in der Einleitung vorgestellte Zitat zu den unerwünschten Wirkungen[1] von Richard Kilburg gehört der Vergangenheit an. Wir wissen mittlerweile sehr viel über Nebenwirkungen von Coaching. Mit diesem Wissen können Coaches ihre Klienten aufklären und solche Effekte besser wahrnehmen. Wenn ich weiß, was entstehen kann, dann kann ich das, von dem ich weiß, dass es möglich ist, auch besser erkennen. Das kann, wenn nötig, dazu beitragen, Nebenwirkungen zu verhindern, zu bewältigen oder im Coachingprozess aktiv zu nutzen. Das hilft den Klienten, aber auch den Coaches selbst.

Wie Sie erfahren haben, treten Nebenwirkungen für Coaches und Klienten regelmäßig in Coachings auf. Sie sind ein normaler Bestandteil der Interaktion, wenn Coaches und Klienten zusammenarbeiten. Das gilt auch für erfolgreiche Coachings, denn Nebenwirkungen dürfen nicht mit Misserfolg gleichgesetzt werden. Durchschnittlich zwei Nebenwirkungen pro Coaching treten für Klienten auf. Coaches scheinen deutlich mehr Nebenwirkungen ausgesetzt zu sein, bei ihnen treten sie dreimal so häufig auf. Nicht ignorieren darf man aber die Ergebnisse, dass die Nebenwirkungen für Coaches wie für Klienten eher eine niedrigere bis mittlere Intensität besitzen. Auch treten schwerwiegende Nebenwirkungen nur äußerst selten auf. Das ist ein gutes Ergebnis für die Coachingprofession. Doch ist auch Vorsicht angebracht. Denn von besonderer Bedeutung scheint die Anhäufung der Effekte zu sein. Treten sehr viele Nebenwirkungen gleichzeitig auf, dann kommt es zu Folgeproblemen. Auf der Seite der Coaches sind das z. B. emotionale Erschöpfung, erhöhter Stress oder Schlafprobleme.

Verschiedene Wirkfaktoren konnten auch für Nebenwirkungen identifiziert werden, die ich Ihnen vorgestellt habe. Besondere Aufmerksamkeit verdienen die Doppel- oder Dreifachverursacher. Ein gutes Beispiel ist die Veränderungsmotivation. Eine niedrige Veränderungsmotivation der Klienten ist erstens nicht nur mit weniger positiven Effekten assoziiert. Sie wird auch zweitens von den Coaches als Ursache für Nebenwirkungen für Klienten sowie drittens für solche aufseiten der Coaches wahrgenommen. Eine Erhöhung der Veränderungsmotivation kann somit drei Wirkungen gleichzeitig beeinflussen: Sie kann positive Wirkungen

1 Kilburg (2002, S. 288): »Despite the importance of knowing how to manage these issues, there is virtually nothing available in the literature to help executive coaches face these problems.«

fördern sowie negative Nebenwirkungen auf der Seite der Klienten und Coaches abmildern. Andere Doppel- oder Dreifachverursacher sind z. B. das Abgleiten in eine Psychotherapie oder die Beziehungsqualität zwischen Coach und Klient. Die Doppel- und Dreifachverursacher sollten von Coaches besonders berücksichtigt werden, und der Umgang mit ihnen sollte in der Ausbildung fester Bestandteil des Curriculums sein.

Jetzt möchte ich mich noch der Zukunft unseres Themas zuwenden. Das Zeitalter der Industriearbeit verblasst in Mitteleuropa. Massenkonsumgütererzeugung und Grundstoffindustrie finden weniger bei uns statt, sondern sind in andere Teile der Welt verlagert worden (Komlosy, 2014). Gleichzeitig nimmt das Ausmaß an Wissensarbeit dramatisch zu (Boes, 2005). Und diese wird immer komplexer. Das Fachwissen der Welt wächst exponentiell und verdoppelt sich alle zehn bis 15 Jahre (Tabah, 1999). Wie alt sind Sie? 40? 50? Wann haben Sie Ihr Studium oder Ihre Ausbildung absolviert? Wahrscheinlich hat sich seitdem das Wissen in Ihrem Fachgebiet mindestens verdoppelt. Sie laufen mit veraltetem Fachwissen durch die Arbeitswelt. Doch nicht nur Ihr Wissen veraltet immer schneller. Um neue Produkte zu erzeugen oder Dienstleistungen anbieten zu können, muss Wissen in Organisationen immer schneller erworben, korrekt weitergegeben, verknüpft und neu produziert werden (Scholl, Schermuly & Klocke, 2012). Schauen Sie sich an, wie viel Wissen in den Geräten steckt, die sich in Ihrem Rucksack oder in Ihrer Handtasche verstecken. Das Ergebnis ist eine Welt, in der das unternehmerische, aber auch das private Handeln sehr komplex geworden ist. Die Digitalisierung mit Mobile Devices, Cloud Computing, Big Data, sozialen Netzwerken und künstlicher Intelligenz führt zusätzlich zu einem dynamischen, technologischen Wandel. Die Digitalisierung wirkt wie ein Brandbeschleuniger auf die Komplexität des Arbeits- und Privatlebens. Und die Globalisierung und der demografische Wandel geben dem menschlichen Bedürfnis nach Sicherheit und Kontrollierbarkeit den Rest. VUKA (Volatilität, Unsicherheit, Komplexität und Ambiguität) hat sich als Akronym für die Konsequenzen der beschriebenen Trends in der Praxis etabliert. Führungskräfte und viele Mitarbeiter fahren in ihrer täglichen Arbeit nur noch auf Sicht.

Coaching ist für mich das ideale, weil flexible und individuelle Personalentwicklungsinstrument, um Menschen in der VUKA-Welt zu unterstützen. Deswegen gehe ich von einem hohen Wachstumspotenzial für die Coachingbranche aus. Soziologen sprechen schon länger von einer »Beratungsgesellschaft« (Giddens, 1991; Schützeichel & Brüsemeister, 2004) und von der Therapeutisierung unserer Gesellschaft (Cameron, 2000; Fairclough, 1992; Furedi, 2004). Ich sehe das aber positiv. Damit Menschen in der VUKA-Welt gute Entscheidungen in einem dynamischen Arbeitsumfeld treffen können und psychisches Wohlbefinden erleben können, ist Coaching eine lohnenswerte und wirksame Maßnahme.

Deshalb ist es für die Zukunft des Coachings wichtig, dass Coaching das, was es verspricht, auch hält – und zwar ein wirksames Personalentwicklungsinstrument zu sein. Aus diesem Grund ist es wichtig, dass sich Coaches mit den verschiedenen Wirkungen und Wirkfaktoren beschäftigen und in diesen Themen ausgebildet werden. Da wirbt eine von der IHK anerkannte Coachingausbildung mit dem Slogan »Keine Theorie – sondern gelebte Erfahrung«. Entsprechend sind die zwölf Module vollständig wissenschaftsfrei zusammengestellt und inhaltlich gestaltet. Es werden rote Persönlichkeitstypen gelehrt und auch grüne. Es gibt drei Module NLP, ein Führungskräftetraining, ein Modul konfliktfreie Kommunikation sowie ein Modul Zeitmanagement. Coaches können nach den 24 Präsenztagen Zeit managen und gewaltfrei kommunizieren. Das reicht, um nach 60 Minuten Coaching pünktlich die Sitzung zu beenden und den Klienten nicht zu beleidigen. Aber reicht das, um ein wirksamer Coach in der VUKA-Welt zu sein? Heidi Möller hat in ihrer Forschung zu Coachingausbildungen herausgefunden, dass der überwiegende Teil der Coachingausbildung ohne wissenschaftliche Fundierung ist. Christopher Rauen war der erste, der umfangreich dargestellt und erforscht hat, was Qualität in Coachingausbildungen ausmacht (Rauen, 2017).

Ich glaube, hier gibt es etwas zu tun. Wissenschaftlich fundierte Wirkungen und Wirkfaktoren gehören in ein modernes Coachingcurriculum. Das ist eine Zukunftsaufgabe! Und ich bin der festen Überzeugung, dass solche Ausbildungen langfristig am Markt erfolgreich sind und höhere Erträge produzieren. Wirksamkeit zahlt sich aus; auch für die Coachingausbildungen. Und neben dem Thema »Wirksamkeit von Coaching« sollten weitere Themen nicht fehlen.

Coaches sollten sich mit der Zukunft der Arbeit auskennen. Sie sollten nachvollziehen können, wie sich die VUKA-Welt auf die Praxis ihrer Klienten auswirkt. Coaches sollten wissen, wie sich die Rolle von Führungskräften in flache Hierarchien und Organisationen, die agil sein möchten, verändert. Sie sollten verstehen, wie die Komplexität und die dynamische Veränderung des Arbeitsumfelds die Entscheidungspraktiken, aber auch die Gesundheit ihrer Klienten herausfordert. Sie sollten Führungskräften helfen, Unsicherheit und Mehrdeutigkeit auszuhalten, damit diese weiterhin handlungsfähig bleiben. Coaches sollten darauf vorbereitet werden, auch selbst in vielen Coachings in den Sog dieser Änderungen auf Kundenseite hineingezogen zu werden. Klienten, die in der VUKA-Welt arbeiten, können nicht vier Wochen auf den nächsten Termin mit ihrem Coach warten, wenn von einem Tag auf den anderen die Abteilung organisatorisch oder personell nicht wiederzuerkennen ist oder ein neuer Mitbewerber am Markt die eigene Arbeit bedeutsam verändert. Der Coach wird zum kontinuierlichen Begleiter der Klienten in herausfordernden Phasen und nicht alle vier Wochen zum punktuellen Gesprächspartner. Wie Sie in dem Interview mit Christian Geissler und Rainer Arlt lesen können, darf ein Coaching nicht thematisch und organisatorisch starr sein. Das wird den Coaches zukünftig viel Flexibilität abfordern. Und dafür wird es auch notwendig sein, dass sich viele Coaches noch stärker dem Thema Digitalisierung öffnen.

Bachmann und Fietze (2018) haben einen beachtenswerten Artikel über die Digitalisierung der Coachingbranche verfasst. Sie gehen davon aus, dass alles, was digitalisiert werden kann, auch digitalisiert wird. Sie sehen vor allem fünf Bereiche, die besonders stark von der Digitalisierung betroffen sein werden:

1. Coachingmarkt: Vermittlung und Bewertung von Coachingdienstleistungen auf Plattformen wie xing-coaches.de oder bettercoach.de.
2. Coachingprozess: Digitale Unterstützung des Prozesses und der Klientenverwaltung durch Dokumentenorganisation, Sitzungsdokumentation, diagnostische Tools wie Fragebögen, Evaluation und Rechnungsstellung (siehe z. B. coachingcloud.com oder coachaccountable.com).
3. Kommunikation: Digitalisierung der Kommunikation zwischen Coach und Klient durch Online-Chats oder Internetvideos.
4. Tools: Digitale Anwendungen wie cai-world.com liefern nicht nur eine sichere Bild- und Tonübertragung, sondern auch Coachingtools wie z. B. Soziogramme, Bildergalerien zur Stimmungsdiagnostik, Aufstellungen, Aufgabenlisten oder den Ressourcenbaum.
5. Der Coach selbst: künstliche Intelligenzen, die als virtuelle Berater auftreten; zunächst mit einfachen Themen und im Rahmen von Selbstcoachingformaten. Langfristig werden auch komplexere Prozesse durch künstliche Intelligenzen gesteuert werden können (Bachmann & Fietze, 2018).

Viele Innovationen in den fünf Bereichen werden in den nächsten Jahren nach und nach zur Wirksamkeit von Coachings beitragen. Dafür müssen sie sich aber auch einer wissenschaftlichen Evaluation stellen. Langfristig gehen Bachmann und Fietze (2018) davon aus, das immer mehr »die Mitte stirbt« (S. 291). Sie meinen damit, dass der Markt von zwei Extremformen von Coachings bestimmt sein wird: auf der einen Seite günstige Coachings mit Unterstützung von digitalen Produkten wie künstlichen Intelligenzen und mehr oder weniger austauschbaren menschlichen Coaches, die bei oberflächlicheren Problemen zum Einsatz kommen. Auf der andere Seite teure und hochwertige, mit allen Sinnen erfahrbare Coachings mit einem voll und ganz menschlichen Coach, die langsam und tief wirken. Ob es dazu kommt, hängt auch davon ab, welche Ergebnisse die Nebenwirkungsforschung zu digitalen Coachingformaten und künstlichen Intelligenzen bringt. Denn bisher gibt es noch keine Studie, die sich mit Nebenwirkungen von digital geprägten Coachings auseinandergesetzt hat.

Infobox 14: Wie sieht die Zukunft des Coachings aus?

Rainer Arlt hat nach einer kaufmännischen Ausbildung bei der BASF in Ludwigshafen Betriebswirtschaft, Volkswirtschaft und Soziologie studiert und ist Diplom-Kaufmann. Er ist Geschäftsführender Gesellschafter der Commax Consulting GmbH & Co. KG in Grünwald und Dozent am Lehrstuhl für Wirtschaftspsychologie der SRH Berlin. Seine Tätigkeitsschwerpunkte liegen im Bereich »New Work Leadership & Coaching« und »Organisational Transformation«. Herr Arlt coacht seit knapp 20 Jahren überwiegend Führungskräfte von Vertriebsorganisationen.

Christian Geissler ist Gründer, Geschäftsführer und Gesellschafter der Münchner Unternehmensberatung Commax Consulting mit Sitz in Grünwald. Nach dem Studium der Forstwissenschaften in München absolvierte er an der Bayerischen Akademie der Werbung ein Studium der Kommunikationswissenschaften. Die Schwerpunkte des Diplom-Kommunikationswirtes liegen im Bereich »New Work Leadership & Coaching« und »Organisational Transformation«. Christian Geissler coacht seit Langem obere Führungskräfte und Vorstände. Seit 2018 ist er Dozent am Lehrstuhl für Wirtschaftspsychologie der SRH Berlin.

Carsten Schermuly: Verschiedene Trends, wie ein extremer Wissenszuwachs, der demografische Wandel, die Globalisierung und natürlich die Digitalisierung, wirken sich derzeit auf die Zusammenarbeit in Unternehmen aus. Wie verändert sich Ihrer Meinung nach zukünftig das Lernen in Organisationen?

Christian Geissler: Also die größte Veränderung, die wir derzeit wahrnehmen, ist das Integrieren von Online-Trainings, speziell im Bereich der Trainingsvorbereitung. Das Vermitteln von Informationen und Fakten geschieht vorab, sodass dann in der Präsenz mit Teilnehmern tatsächlich das Verhalten, Verhaltensänderungen, Ausprobieren, also mehr das tatsächliche psychologische Labor zur Wirkung kommt. Im Nachgang wird die Wissensvermittlung weiterbetrieben über zusätzliche Nuggets oder Module, die online angehängt werden, um so nachhaltig in die Verhaltensänderung eintreten zu können.

Schermuly: Bedeutet das, dass das dreitägige Führungskräftetraining im Brandenburger Landhotel tot ist?

Rainer Arlt: Ich glaube nicht, dass es grundsätzlich tot ist. Ich glaube, es wird sich verändern und es wird sich reduzieren und vielleicht nur noch ein Tag sein, aber der Tag wird viel intensiver nutzbar sein, weil die notwendige Wissensvermittlung oder Informationsvermittlung im Vorfeld schon online stattgefunden hat.

Ich glaube zudem, dass das zukünftige Lernen in Organisationen eine viel stärkere Flexibilität erfordert. Eine Flexibilität in Bezug auf Raum und Zeit. Das heißt, dass learning-on-demand ein großes Thema werden wird und dass ich nicht mehr warten kann, bis wieder der nächste Kurs angeboten wird, sondern ich dann, wenn ich das Wissen brauche, auf dieses notwendige Wissen auch zugreifen können muss.

Schermuly: Was bedeutet das für Coachings? Wo hat da Coaching seinen Platz in dieser Welt?

Arlt: Also ich glaube, gerade vor dem Hintergrund der zunehmenden Flexibilisierung und Individualisierung wird die Coachingbranche massiv davon betroffen sein, indem sie Coachingangebote macht, die nicht mehr starr und standardisiert sind, sondern sehr stark auf die jeweilige individuelle Bedürfnislage eingehen – und zwar Bedürfnislage in Bezug auf Themen, Zeit und Raum. Ich arbeite vielleicht in einem agilen Projekt und brauche hier und heute eine Unterstützung, dann kann ich nicht warten, bis mein nächster Termin mit dem Coach in zwei oder drei Wochen stattfindet, sondern ich muss die Möglichkeit haben, sehr schnell die für meine Fragestellung notwendige Unterstützung zu bekommen.

Schermuly: Heißt das, wir werden in Zukunft mehr oder weniger Coachings haben?

Geissler: In meinen Augen werden wir deutlich mehr haben. Also wenn wir alleine den Ansatz betrachten, dass durch die Pre-Work-Auslagerung der Informationsvermittlung die Trainingsgruppe nicht mehr als Trainingsgruppe anzusehen ist, sondern als eine Summe von Individuen, die sich ans Ausprobieren macht, bedeutet das ja auch, dass jedes Individuum eine andere Fortsetzung der Begleitung braucht. Manche werden es sehr schnell können und umgesetzt haben. Andere entdecken für sich, dass sie individuell ganz neue Fenster aufgemacht haben, für die sie noch keine Dauerantworten haben, und das wird mit Sicherheit ein Thema für die Coachingbranche werden.

Schermuly: Wenn das so eintritt, was für Kompetenzen brauchen dann Coaches in Zukunft, um das auch leisten zu können?

Arlt: Ich glaube, eine sehr, sehr hohe geistige Flexibilität. In einem klassischen Kontext hat der Coach vielleicht ein oder zwei Coachees am Tag und entsprechend ein oder zwei Themen. Ich glaube, dass es in Zukunft notwendig sein wird, sich schneller auf die jeweilige Situation einzustellen und schneller ein entsprechendes Coachingangebot unterbreiten zu können – und das erfordert in meinen Augen eine höhere geistige Flexibilität, als es vielleicht in der Vergangenheit notwendig war.

Geissler: Also ich bin zu 100 Prozent Rainers Meinung, dass die Geschwindigkeit im Coaching zunehmen wird – und das erlebe ich jetzt auch schon. Unsere Kunden und die Coachees erwarten von uns einen noch höheren Businesskontext. Ich bin mir sicher, dass wir hier weniger über therapeutisches Coaching oder tiefenpsychologisches Coaching sprechen, sondern über eine Begleitung beim Beleuchten von Themen aus der täglichen Arbeit. Hohe Geschwindigkeit, hoher Praxisbezug und auch intensives Verstehen des beruflichen Umfeldes des Coachees wird hier notwendig werden.

Schermuly: Diese Flexibilität, die Sie gerade ansprechen, ist die erlernbar?

Geissler: In meine Augen ja. Zum Beispiel durch eine solide und fundierte Coaching-Ausbildung über viel Praxisbezug und solide Supervisionen. Das haben wir ja jetzt im Idealfall auch alles schon. Was in meinen Augen zusätzlich erlernt werden sollte oder wo ich momentan bei Coaching-Kollegen hin und wieder Defizite sehe, ist noch aktiver am Tagesgeschehen der Wirtschaftsunternehmen, aber auch der Politik teilzunehmen. Das heißt, verschiedenste Nachrichtensendungen zu sehen, verschiedenste Online-Zeitungen zu lesen, um selber ein plurales Meinungsbild zu entwickeln, und im Zweifelsfall noch die Fachpublikationen der Branche zu lesen, in der ich coache.

Schermuly: Ich habe kürzlich in Olten auf einem Podium mit David Clutterbuck gesessen, der sehr ausführlich beschrieben hat, dass auch künstliche Intelligenzen in naher Zukunft im Bereich Coaching Einzug halten werden. Auf was müssen wir uns da einstellen?

Geissler: Ich meine, Siri und Alexa und »Hey Google« geben in vielen Haushalten allmorgendlich schon die Steilvorlage: »Siri, wie wird das Wetter, was soll ich anziehen?« Also das sind die ersten Ausläufer, die wir haben. Möglicherweise wird über meinen Stimmenverlauf und vielleicht dann auch über die Videoanalyse meines Gesichts eine gezielte Frage stellbar sein, und ein Siri oder Alexa gibt mir erste Antworten, die mich vielleicht oberflächlich glücklich machen. Und wenn wir überlegen, wie schnell die digitale Entwicklung vorangeht, ist es in meinen Augen schon denkbar, dass wir in fünf Jahren verschiedene Business-Kontext-Fragen stellen und digitale Antworten bekommen können. Ob die dann zielführend sind, das sollten wir in fünf Jahren diskutieren.

Schermuly: In der Diagnostik, um Informationen systematisch zu sammeln, scheinen künstliche Intelligenzen im Coaching bald einsetzbar zu sein; oder vielleicht auch bei etwas einfacheren beziehungsweise oberflächlicheren Themen. Wie sehen Sie das, Herr Arlt?

Arlt: Also ich sehe das ähnlich. Ich denke, dass im ersten Schritt wahrscheinlich das Thema Auftragsklärung, Anamnese durch künstliche Intelligenzen ersetzt oder unterstützt werden könnte. Ich habe gelernt, dass allein die Tatsache, dass ich mir etwas heute nicht vorstellen kann, noch lange nicht heißt, dass es morgen nicht möglich sein könnte. Deswegen glaube ich auch, dass künstliche Intelligenzen in diesem Bereich ihren Zutritt bekommen werden. Aber auch hier wird wieder der Markt entscheiden, wie viele digitale Unterstützung im Coaching gewünscht und von den Menschen auch akzeptiert wird. Denn nicht alles, was technisch möglich ist, ist auch das, was der Mensch wirklich möchte.

Schermuly: Vielen Dank für diese spannenden Einsichten in die Zukunft des Coachings.

Und damit sind wir nach diesem Ausflug wieder beim Thema »Nebenwirkungen von Coaching«. Für die Praxis erwarte und wünsche ich mir weiterhin, dass sich der Umgang mit dem Thema Nebenwirkungen professionalisiert und entspannt. Durch diese Professionalisierung gewinnt die Coachingbranche. Wie in anderen helfenden Berufen ist die Beschäftigung mit Nebenwirkungen ein nächster Schritt zu einer anerkannten und professionellen Disziplin. Ich wünsche mir für die Zukunft, dass immer mehr Coachingausbildungen das Thema »Nebenwirkungen von Coaching für Coaches und Klienten« in ihre Curricula aufnehmen. Auch sollte das Thema ein fester Bestandteil von Supervisionen werden. Die Fürsorge für die Klienten und die Selbstfürsorge für Coaches haben es verdient. Mit Entspannung meine ich, dass die Anzahl von Coaches, die wie Frau L. (siehe S. 208) wütend, ängstlich und narzisstisch gekränkt auf das Thema Nebenwirkungen reagieren, abnehmen wird. Nebenwirkungen gehören zu Coachings wie sie zu Psychotherapien und Mentorings gehören. Daher geht es nicht darum, ohne Nebenwirkungen zu leben, sondern mit ihnen.

Ich möchte noch einmal den Coach von S. 145 f. zu Wort kommen lassen. Einen Teil des Zitats kennen Sie schon: »Veränderungen sind ja eigentlich nie frei von irgendwelchen, sagen wir mal, ungemütlichen Dingen, und also meine Lebenserfahrung hat mir eigentlich also beigebracht, dass wenn sich etwas verändert, die Reaktionen sich auch verändern. Also so gesehen ist das ja ganz natürlich. Ich bin da dann, ähm, also ganz und gar nicht erstaunt, wenn so eine Sache passiert. Also da ist Ihre Nebenwirkung, wie Sie es nennen, schon ein sehr passendes Wort. Alles hat eben Nebenwirkungen. Ich glaube, das ist ja also eben auch genau der Irrglaube. Also dass eben alle denken, dass Coaching keine Folgen hat, also auch ja keine unerwünschten Folgen haben kann ... Also alles im Leben hat ja auch Wirkungen in beide Richtungen ... Also ich bespreche eigentlich mit meinen Coachees schon ganz am Anfang, dass Coaching eben kein Allheilmittel ist. Das ist mir da schon sehr wichtig. Das spiegelt dann ja auch mein Verständnis des Ganzen wider. Daher wissen meine Klienten das dann auch, naja, zumindest theoretisch, dass so was passieren kann. In diesem Fall war sie [die Klientin], denke ich, eben auch deshalb nicht sehr erstaunt oder erschrocken oder so etwas, sondern hat es sehr neutral aufgenommen. Also natürlich war das für sie anstrengend und auch eine neue Situation und daher also schon auch aufreibend und Kraft raubend, aber sie hat eben die Ergebnisoffenheit des Prozesses sehr verinnerlicht« (Pogge, 2015, S. 233).

Der Coach akzeptiert, dass Coaching Nebenwirkungen haben kann – und die Klientin kann das dann auch. Es herrscht eine Ergebnisoffenheit. Der Coach signalisiert der Klientin Normalität, und die Klientin kann dadurch die Nebenwirkung normal annehmen. Der Coach ist das Referenzmaß für die Bewertung der Nebenwirkungen und prägt die Wahrnehmung und Bewertung der Klientin. Er ist der Prozessverantwortliche, und seine Signale sind entscheidend. Sicher war es auch hilfreich, dass der Coach die Klientin im Vorfeld entsprechend aufgeklärt hat.

Also, gehen Sie das Thema mit Ruhe und klarem Kopf an, denn in der Ruhe liegt bekanntlich die Kraft. Und bitte versuchen Sie eine etwaige Kränkung beim Thema zu überwinden. Nebenwirkungen sind keine Krankheit. Weder Sie noch Ihre Klienten bekommen davon Pickel.

Kommen wir zur Zukunft der Forschung und hier vor allem zur Zukunft der Nebenwirkungsforschung, die ich in Abbildung 12 dargestellt habe. Psychologen lieben es einfach, Kästchen und Pfeile zu einem Schaubild zusammenzufassen. Das Modell ist ein sogenanntes moderiertes Mediationsmodell. Inputvariablen beeinflussen Prozessvariablen, die sich auf Nebenwirkungen auswirken. Gerade die Prozessvariablen werden immer wichtiger werden, wie Heidi Möller zu berichten weiß: »Wir brauchen nicht mehr so viel Wirksamkeitsforschung, wir brauchen in Zukunft Prozessforschung. Die Wirksamkeit ist bewiesen. Das Interessante ist jetzt, was eigentlich wirklich passiert, sprich, welche Methoden bei welchen Fragestellungen sinnvoll sind, bei welcher Persönlichkeitsstruktur man welche Intervention braucht« (Möller, Beinicke & Bipp, 2018, S. 185). Zu einigen Pfaden in dem Modell liegen auch schon Ergebnisse vor. Wir wissen z. B., dass die Beziehungsqualität sich auf die Entwicklung von Nebenwirkungen auswirken kann. Was wir aber noch nicht wissen, ist, wie die Nebenwirkungen auf den Prozess zurückwirken (siehe Pfad »feedback loop«). Wie beeinflusst das Auftreten von Nebenwirkungen den Coachingprozess? Weiter oben haben Sie z. B. einen Fall kennengelernt, in dem die Klientin den Coach für das Auftreten der Nebenwirkungen verantwortlich macht und die Nebenwirkungen die Zusammenarbeit belasten. Diese Wechselwirkungen zwischen dem Auftreten von Nebenwirkungen und dem Coachingprozess sollten zukünftig verstärkt untersucht werden. Auch ist es wichtig, noch detaillierter zu untersuchen, wie sich Nebenwirkungen über die Zeit entwickeln (Pfad von t1 zu t2). Zwar scheint es so zu sein, dass viele Nebenwirkungen eher einen kurzfristigen Charakter besitzen. Aber was ist mit den Nebenwirkungen, für die das nicht gilt? Was geschieht mit tiefergehenden Problemen, die durch das Coaching ausgelöst werden, aber im Coaching nicht mehr bewältigt werden können? Werden die Effekte langfristig gelöst? Verschlimmern sich die Probleme? Kehrt sich der negative Effekt in einen positiven um? Hier brauchen wir noch mehr Studien, die mehrere weit auseinanderliegende Messzeitpunkte haben. Auch ist es wichtig, noch stärker sogenannte Moderatoren zu untersuchen. Das ist ein Begriff aus der Statistik, der nichts mit den Menschen mit den bunten Stiften zu tun hat. Moderatoren sind Variablen, die den Zusammenhang von zwei Variablen abschwächen oder verstärken können. So wissen wir z. B., dass Supervision einen Einfluss darauf hat, ob Nebenwirkungen für Klienten zu Nebenwirkungen für Coaches führen. Wir wissen über andere Moderatoren wenig. So ist es ungeklärt, welche Variablen dazu führen, dass Nebenwirkungen über die Zeit negativ bleiben oder sich in ihrer Intensität abschwächen. Es gibt also auch in der Forschung noch viel zu tun.

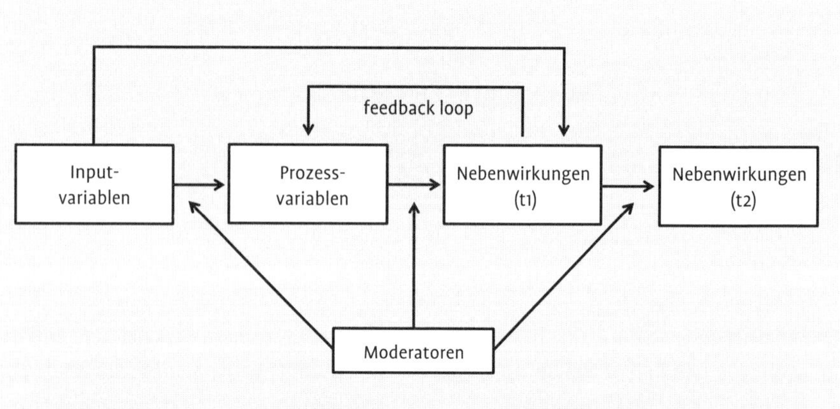

Abb. 12: Ein Rahmenmodell zur zukünftigen Erforschung von Nebenwirkungen

Um diese Ziele zu erreichen, in der Praxis wie in der Wissenschaft, sind gemeinsame Anstrengungen beider Seiten notwendig. Coaching ist in der Praxis entstanden, und viele Coaches müssen sich erst daran gewöhnen, zum Gegenstand einer wissenschaftlichen Beobachtung zu werden. Von dieser wissenschaftlichen Beobachtung profitieren aber die Professionalisierung des Coachings und der Coachingmarkt. Deswegen erhoffe und erwarte ich mir einen noch kooperativeren Umgang von Coachingwissenschaft und Coachingpraxis.

Kommen wir zum Schluss. Ich rufe Ihnen, der nun wahrscheinlich bereits auf dem Weg in das nächste Coachingabenteuer ist, ein Zitat des dänischen Philosophen Søren Aabye Kierkegaard (1813–1855) hinterher. Es passt recht gut zu Ihrer Arbeit als Coach: »Nur vom Verwandelten können Verwandlungen ausgehen.« Ich hoffe, dass mein Buch ein paar Ihrer Gedanken verwandelt hat oder neue hat entstehen lassen, die Sie für Ihre Arbeit als Coach, die so viel mit Verwandlung zu tun hat, gebrauchen können.

Literatur

Alliger, G. M., Tannenbaum, S. I., Bennett Jr., W., Traver, H., & Shotland, A. (1997). A meta-analysis of the relations among training criteria. *Personnel Psychology, 50*(2), 341–358.

Asendorpf, J. B. (2009). *Persönlichkeitspsychologie – für Bachelor.* Heidelberg: Springer Medizin Verlag.

Bachkirova, T., Stevens, P., & Willis, P. (2005). Coaching supervision. Oxford: Oxford Brookes, Coaching and Mentoring Society.

Bachmann, T. (2016). Implizite Theorien über Lernen und Veränderungen durch Coaching in Organisationen – Eine empirische Untersuchung. *Organisationsberatung, Supervision, Coaching, 23*, 231–253.

Bachmann, T. (2017). Verkürztes Verständnis: Interview mit ManagerSeminare. *ManagerSeminare*, 231, 4–8.

Bachmann, T. & Fietze, B. (2018). Die Digitalisierung von Coaching – Gedanken aus der Perspektive teilnehmender Beobachtung. *Organisationberatung, Supervision, Coaching, 25*, 281–292.

Backhausen, W. & Thommen, J. P. (2003). *Coaching – Durch systemisches Denken zu innovativer Personalentwicklung. Wiesbaden: Gabler.*

Barrick, M. R., Mount, M. K., & Judge, T. A. (2001). Personality and performance at the beginning of the new millennium: What do we know and where do we go next? *International Journal of Selection and assessment*, 9(1–2), 9–30.

Berninger-Schäfer, E. (2018). *Online-Coaching.* Heidelberg: Springer.

Blake, R., & Mouton, J. (1964). *The managerial grid: The key to leadership excellence.* Houston: Gulf Publishing.

Bluckert, P. (2005). Critical factors in executive coaching – the coaching relationship. *Industrial and Commercial Training, 37*(7), 336–340.

Boes, A. (2005). *Informatisierung, Wissen und der Wandel der Arbeitswelt.* Verfügbar unter www.ssoar.info/ssoar/bitstream/handle/document/16499/ssoar-2005-boes-informatisierung.pdf?sequence=1[09.11.2015].

Bohnhardt, F. (2013). *Negative Effekte von Coaching für den Coach.* Unveröffentlichte Bachelorarbeit, SRH Hochschule Berlin.

Bonezzi, A., Brendl, M., & De Angelis, M. (2011). Stuck in the middle: The psychophysics of goal pursuit. *Psychological Science, 22*, 607–612.

Bordin, E. S. (1979). The generalizability of the psychoanalytic concept of the working alliance. *Psychotherapy: Theory, Research, and Practice, 16*, 252–260.

Brauer, Y. (2006). *Zielvereinbarungen beim Coaching: eine empirische Untersuchung aus Kundensicht.* Saarbrücken: VDM, Verlag Müller.

Brehm, J. W. (1966). *A theory of psychological reactance.* Oxford, England: Academic Press.

Cameron, D. (2000). *Good to talk.* London: Sage.

Chapman, M. (2005). Emotional intelligence and coaching: An exploratory study. In M. Cavanagh, A. M. Grant, & T. Kemp (Eds.), *Evidence based coaching: Theory, research and practice from the behavioral sciences* (Vol. 1, S. 183–192). Bowen Hills: Australian Academic Press.

Cohen, J. (1988). *Statistical power analysis for the behavioral sciences.* Hillsdale, NJ: Erlbaum.

Costa, P. T. J., & McCrae, R. R. (1988). From catalog to classification: Murray's needs and the five-factor model. *Journal of Personality and Social Psychology, 55*, 258–265.

Cox, E., & Bachkirova, T. (2007). Coaching with emotion: How coaches deal with difficult emotional situations. *International Coaching Psychology Review*, 2(2), 178–189.

De Haan, E. (2008). I doubt therefore I coach: Critical moments in coaching practice. *Consulting Psychology Journal: Practice and Research*, 60(1), 91–105.

De Haan, E., Grant, A. M., Burger, Y., & Eriksson, P. O. (2016). A large-scale study of executive and workplace coaching: The relative contributions of relationship, personality match, and self-efficacy. *Consulting Psychology Journal: Practice and Research, 68*(3), 189–207.

De Haan, E., Duckworth, A., Birch, D., & Jones, C. (2013). Executive coaching outcome research: the contribution of common factors such as relationship, personality match, and self-efficacy. *Consulting Psychology Journal: Practice and Research, 65*(1), 40–57.

Dehner, U. (2005). Leitfaden für das erste Coaching-Gespräch. In C. Rauen (Ed.), *Handbuch Coaching* (S. 353–368). Göttingen: Hogrefe.

De Meuse, K. P., Dai, G., & Lee, R. J. (2009). Evaluating the effectiveness of executive coaching: beyond ROI? *Coaching: An International Journal of Theory, Research and Practice*, 2(2), 117–134.

Demerouti, E., Bakker, A. B., Nachreiner, F., & Schaufeli, W. B. (2001). The job demands-resources model of burnout. *Journal of Applied Psychology, 86*(3), 499–512.

Dormann, C., & Zapf, D. (2001). Job satisfaction: A meta–analysis of stabilities. *Journal of Organizational Behavior*, 22(5), 483–504.

Dulebohn, J. H., Bommer, W. H., Liden, R. C., Brouer, R. L., & Ferris, G. R. (2012). A meta-analysis of antecedents and consequences of Leader-Member Exchange: Integrating the past with an ye toward the future. *Journal of Management, 38*(6), 1715–1759.

Ely, K., Boyce, L. A., Nelson, J. K., Zaccaro, S. J., Hernez-Broome, G., & Whyman, W. (2010). Evaluating leadership coaching: A review and integrated framework. *Leadership Quarterly*, 21(4), 585–599.

Fairclough, N. (1992). *Discourse and social change*. Cambridge: Polity Press.

Fernandez, E., Salem, D., Swift, J. K., & Ramtahal, N. (2015). Meta-analysis of dropout from cognitive behavioral therapy: Magnitude, timing, and moderators. *Journal of Consulting and Clinical Psychology, 83*(6), 1108–1122.

Furedi, F. (2004). *Therapy culture: Cultivating vulnerability in an uncertain age*. London: Routledge.

Giddens, A. (1991). *Modernity and self-Identity: Self and society in the late modern age*. Cambridge: Polity Press.

Grant, A. M. (2007). A languishing-flourishing model of goal striving and mental health for coaching populations. *International Coaching Psychology Review*, 2, 250–264.

Grant, A. M. (2013). The efficacy of coaching. In J. Passmore, D. B. Peterson, & T. Freire (Eds.), *The Wiley-Blackwell Handbook of the Psychology of Coaching and Mentoring* (S. 15–39). Hoboken: Wiley-Blackwell.

Grant, A. M. (2014). Autonomy support, relationship satisfaction and goal focus in the coach–coachee relationship: which best predicts coaching success? *Coaching: An International Journal of Theory, Research and Practice*, 7(1), 18–38.

Grant, A. M., Green, L. S., & Rynsaardt, J. (2007). *A randomized controlled study of 360 degree feedback based workplace coaching with high school teachers*. Paper presented at the Third Australian Evidence-Based Coaching Conference. University of Sydney, Australia.

Grawe, K. (2004). *Neuropsychotherapie*. Göttingen: Hogrefe.

Graßmann, C. (2018). *Negative effects for coaching clients and coaches and implications for their prevention*. Dissertation, Universität Kassel.

Graßmann, C., & Schermuly, C. C. (2018). The role of neuroticism and supervision in the relationship between negative effects for clients and novice coaches. *Coaching: An International Journal of Theory, Research and Practice*, 11, 74–88.

Graßmann, C., & Schermuly, C. C. (2016). Side effects of business coaching and their predictors from the coachees' perspective. *Journal of Personnel Psychology*, 15, 152–163.

Graßmann, C., Schermuly, C. C., & Wach, D. (2018). Potential antecedents and consequences of negative effects for coaches. *Coaching: An International Journal of Theory, Research and Practice*.

Graßmann, C., Schölmerich, F., & Schermuly, C. C. (in press). *The relationship between working alliance and client outcomes in coaching: A meta-analysis. Human Relations*.

Gregory, J. B., & Levy, P. E. (2011). It's not me, it's you: A multilevel examination of variables that impact employee coaching relationships. *Consulting Psychology Journal: Practice and Research*, 63(2), 67–88.

Greif, S. (2015). Allgemeine Wirkfaktoren im Coachingprozess – Verhaltensbeobachtungen mit einem Ratingverfahren. In G. H. & W. R (Eds.), *Bewertung von Coachingprozessen* (S. 51–80). Wiesbaden: Springer Fachmedien.

Greif, S. (2014). Wie wirksam ist Coaching? Ein umfassendes Evaluationsmodell für Praxis und Forschung. In R. Wegener, D. M. Loebbert, & P. A. Fritze (Eds.), *Coaching-Praxisfelder. Forschung und Praxis im Dialog* (S. 159–178). Wiesbaden: Springer Fachmedien.

Greif, S. (2014). Coaching und Wissenschaft – Geschichte einer schwierigen Beziehung. *Organisationsberatung, Supervision, Coaching*, *21*(3), 295–311.

Greif, S. (2013). Conducting Organizational based evaluations of coaching and mentoring programs. In J. Passmore, D. B. Peterson, & T. Freire (Eds.), *The Wiley-Blackwell Handbook of the Psychology of Coaching and Mentoring* (S. 445–470). Oxford: Wiley Blackwell.

Greif, S. (2008). *Coaching und ergebnisorientierte Selbstrefexion*. Göttingen: Hogrefe.

Häcker, H. O., & Stapf, K.-H. (2004). *Dorsch – Psychologisches Wörterbuch*. Bern: Hans Huber.

Hackman, J. R., & Oldham, G. R. (1975). Development of the Job Diagnostic Survey. *Journal of Applied Psychology*, *60*(2), 159–170.

Harakas, P. (2013). Resistance, motivational interviewing, and executive coaching. *Consulting Psychology Journal: Practice and Research*, *65*, 108–127.

Helferich, C. (2012). *Geschichte der Philopsophie*. Stuttgart: J. B. Metzler.

Holton III, E. F. (1996). The flawed four-level evaluation model. *Human Resource Development Quarterly*, *7*(1), 5–21.

Horvath, A. O., Del Re, A. C., Flückinger, C., & Symonds, D. (2011). Alliance in individual psychotherapy. *Psychotherapy*, *48*, 9–16.

Horvath, A. O., & Greenberg, L. S. (1989). Development and validation of the Working Alliance Inventory. *Journal of counseling psychology*, *36*(2), 223–233.

Ianiro, P. M., Schermuly, C. C., & Kauffeld, S. (2013). Why interpersonal dominance and affiliation matter: An interaction analysis of the coach-client relationship. *Coaching: An International Journal of Theory, Research and Practice*, *6*(1), 25–46.

Jansen, A., Mäthner, E., & Bachmann, T. (2004). *Erfolgreiches Coaching: Wirkungsforschung im Coaching*. Kröning: Asanger.

Jepson, Z. (2016). An investigation and analysis of the continuous professional development and coaching supervision needs of newly qualified and experienced coaches: A small-scale practitioner-based study. *Coaching: An International Journal of Theory, Research and Practice*, *9*, 129–142.

Jones, R. J., Woods, S. A., & Guillaume, Y. R. F. (2015). The effectiveness of workplace coaching: a meta-analysis of learning and performance outcomes from coaching. *Journal of Occupational and Organizational Psychology*, *89*(2), 249–277.

Joseph, D. L., & Glerum, D. R. (2018). Emotional intelligence and its relevance for coaching. In *Handbuch Schlüsselkonzepte im Coaching* (S. 135–142). Heidelberg: Springer.

Judge, T. A., Bono, J. E., Ilies, R., & Gerhardt, M. W. (2002). Personality and leadership: a qualitative and quantitative review. *Journal of Applied Psychology, 87*(4), 765–780.

JuraForum.de. (2017). *Behandlungsfehler.* Verfügbar unter: www.juraforum.de/lexikon/behandlungsfehler [6.03.2018]

Kilburg, R. R. (2002). Failure and negative outcomes: The taboo topic in executive coaching. In C. Fitzgerald & J. G. Berger (Eds.), *Executive coaching: Practices and perspectives* (S. 283–301). Mountain View, CA: Davies-Black Publishing.

Kirkpatrick, D. L. (1994). *Evaluating training programs: the four levels.* San Francisco: Berrett-Koehler.

Klein, C., DiazGranados, D., Salas, E., Le, H., Burke, C. S., Lyons, R., & Goodwin, G. F. (2009). Does team building work?. *Small Group Research*, 40(2), 181–222.

Klonek, F. E., & Kauffeld, S. (2012). »Muss , kann ... oder will ich was verändern ?« Welche Chancen bietet die Motivierende Gesprächsführung in Organisationen. *Wirtschaftspsychologie*, 14(4), 58–71.

Klonek, F. E., Wunderlich, E., Spurk, D., & Kauffeld, S. (2016). Career counseling meets motivational interviewing: A sequential analysis of dynamic counselor-client interactions. *Journal of Vocational Behavior*, 94, 28–38.

Komlosy, A. (2014). *Arbeit. Eine globalhistorische Perspektive.* Wien: Promedia Verlag.

König, E. & Volmer, G. (2002). *Systemisches Coaching. Handbuch für Führungskräfte, Berater und Trainer.* Weinheim: Beltz.

Kopatz, A. C. (2013). *Kosten-Nutzen-Analyse von Coachingmaßnahmen: Tools, Prozess und Wertschöpfung.* Aachen: Shaker.

Kotte, S., Hinn, D., Oellerich, K., & Möller, H. (2016). Der Stand der Coachingforschung: Kernergebnisse der vorliegenden Metaanalysen. *Organisationsberatung, Supervision, Coaching*, 23(1), 5–23.

Kotte, S., Oellerich, K., Schubert, D. & Möller, H. (2015). Das ambivalente Verhältnis von Coachingforschung und -praxis: Dezentes Ignorieren, kritisches Beäugen oder kooperatives Miteinander? In A. Schreyögg & Ch. Schmidt-Lellek (Hrsg.), *Die Professionalisierung von Coaching. Ein Lesebuch für den professionellen Coach* (S. 23–45). Wiesbaden: VS Verlag für Sozialwissenschaften.

Kraiger, K., Ford, J. K., & Salas, E. D. (1993). Application of cognitive, skill-based, and affective theories of learning outcomes to new methods of training evaluation. *Journal of Applied Psychology*, 78, 311–328.

Krammer, A., Stepan, A., Baranyi, A., Kapfhammer, H.-P., & Rothenhäusler, H.-B. (2007). Auswirkung von Stalking auf Psychiater, Psychotherapeuten und Psychologen. *Der Nervenarzt*, 78(7), 809–817.

Künzli, H., Zirkler, M., Siegrist, R., & Schreyögg, A. (2013). Weitere Entwicklung des Coachings. In E. Lippmann (Ed.), *Coaching. Angewandte Psychologie für die Beratungspraxis* (S. 369–425). Heidelberg: Springer-Verlag.

Künzli, H., & Rietiker, J. (2009). Return on investment im Führungskräfte-Coaching. *Unveröff. Bericht aus dem Departement P, Zürcher Hochschule für Angewandte Wissenschaften.*

Lai, Y.-L., & McDowall, A. (2014). A systematic review of coaching psychology: Focusing on the attributes of effective coaching psychologists. *International Coaching Psychology Review, 9*(2), 118–134.

Locke, E. A., & Latham, G. P. (1990). *A theory of goal setting & task performance.* Englewood Cliffs: Prentice-Hall, Inc.

Looss, W., & Rauen, C. (2005). Einzel-Coaching – Das Konzept einer komplexen Beratungsbeziehung. In C. Rauen (Ed.), *Handbuch Coaching* (S. 155–182). Göttingen: Hogrefe.

MacKie, D. (2007). Evaluating the effectiveness of executive coaching: Where are we now and where do we need to be? *Australian Psychologist, 42*(4), 310–318.

Martin, D. J., Garske, J. P., & Davis, M. K. (2000). Relation of the therapeutic alliance with outcome and other variables: A metaanalytic review. *Journal of Consulting and Clinical Psychology, 68*(3), 438–450.

Maslach, C., & Leiter, M. P. (2008). Early predictors of job burnout and engagement. *Journal of Applied Psychology, 93*, 498–512.

Mäthner, E., Jansen, A., & Bachmann, T. (2005). Wirksamkeit und Wirkfaktoren von Coaching. In C. Rauen (Ed.), *Handbuch Coaching* (pp. 55–75). Göttingen: Hogrefe.

Mayer, J. D., Salovey, P., & Caruso, D. R. (2002). *Mayer-Salovey-Caruso Emotional Intelligence Test (MSCEIT): User's manual.* Toronto, Canada: Multi-Health Systems.

McGovern, J., Lindemann, M., Vergara, M., Murphy, S., Barker, L., & Warrenfeltz, R. (2001). Maximising the impact of executive coaching: Behavioral change, organizational outcomes, and return on investment. *The Manchester Review, 6*, 1–9.

McKenna, D. D., & Davis, S. L. (2009). Hidden in plain sight: The active ingredients of executive coaching. *Industrial and Organizational Psychology, 2*, 244–260.

Middendorf, J. (2017). *Ergebnisse der 15. Coaching-Umfrage Deutschland.* https://coachingumfrage.wordpress.com/

Miller, W. R., & Rollnick, S. (2012). *Motivational interviewing: Helping people change.* New York: Guilford press.

Mischo, C. (2003). Wie valide sind Selbsteinschätzungen der Empathie? *Gruppendynamik und Organisationsberatung, 34*(1), 187–202.

Möller, H., Beinicke, A. & Bipp, T. (2018). Wie wirksam ist Coaching. In A. Beinicke und Tanja Bipp, (Hrsg.), *Strategische Personalentwicklung* (S. 165–188). Berlin: Springer.

Möller, H. & Kotte, S. (2014). *Diagnostik im Coaching. Grundlagen, Analyseebenen, Praxisbeispiele.* Heidelberg: Springer.

Nachtwei, J., & Heller, J. (2018). Business-Coach: eine Frage der Persönlichkeit? Persönlichkeitsstruktur von Coaches. *Coaching-Magazin*, 1, 50–54.

Nevicka, B., Ten Velden, F. S., De Hoogh, A. H., & Van Vianen, A. E. (2011). Reality at odds with perceptions: Narcissistic leaders and group performance. *Psychological Science*, 22(10), 1259–1264.

Parker-Wilkins, V. (2006). Business impact of executive coaching: demonstrating monetary value. *Industrial and Commercial Training*, 38(3), 122–127.

Passmore, J. (2007). Addressing deficit performance through coaching – using motivational interviewing for performance improvement at work. *International Coaching Psychology Review*, 2(3), 265–275.

Peterson, D. B. (1993). Measuring Change : A Psychometric Approach to Evaluating Individual Coaching Outcomes. In *Annual Conference of the Society for Industrial and Organizational Psychology*. San Francisco, California.

Pogge, T. (2015). *Negative Effekte von Coaching für den Klienten.* Unveröffentlichte Masterarbeit, SRH Hochschule Berlin.

Pruitt, D. G., & Rubin, J. Z. (1986). *Social conflict: Escalation, stalemate, and settlement.* New York: Random House.

Radatz, S. (2000). *Beratung ohne Ratschlag. Systemisches Coaching für Führungskräfte und BeraterInnen.* Wien: Verlag Systemisches Management.

Rammstedt, B., & John, O. P. (2005). Kurzversion des Big Five Inventory (BFI-K): Entwicklung und Validierung eines ökonomischen Inventars zur Erfassung der fünf Faktoren der Persönlichkeit. *Diagnostica*, 51(4), 195–206.

Rauen, C. (2017). *Qualität von Coaching-Weiterbildungen – Konstruktion und Güteprüfung eines Messmodells.* Dissertaion, Universität Osnabrück.

Rauen, C. (2008). *Coaching.* Göttingen: Hogrefe.

Reimer, C. (2002). Tiefenpsychologisch orientierte Psychotherapie. In C. Reimer, J. Eckert, M. Hautzinger, & E. Wilke (Eds.), *Psychotherapie: Ein Lehrbuch für Ärzte und Psychologen* (S. 10–118). Heidelberg: Springer.

Reimer, C., Jurkat, H. B., Vetter, A., & Raskin, K. (2005). Lebensqualität von ärztlichen und psychologischen Psychotherapeuten. Eine Vergleichsuntersuchung. *Psychotherapeut*, 50(2), 107–114.

Rogers, C. (1951). *Client Centred Therapy.* Boston: Houghton Mifflin.

Rossett, A., Marino, G. (2005). If Coaching is Good , then E-Coaching is …, *TD*, 59(11), 46–53.

Rouiller, J. Z. & Goldstein, I. L. (1993). The relationship between organizational transfer climate and positive transfer of training. *Human Resource Development Quarterly*, 4, 377–390.

Runde, B., Bastians, F., & Weiss, U. (2005). Coaching- und Supervisionsmaßnahmen des Sozialwissenschaftlichen Dienstes der Polizei NRW – erste Evaluationsergebnisse. *Polizei & Wissenschaft*, (3), 40–53.
Schermuly, C. C. (2018). Client dropout from business coaching. *Consulting Psychology Journal: Practice and Research, 70*(3), 250–267.
Schermuly, C. C. (2018). Nebenwirkungen von Coaching für Klienten und Coaches. In H. M. & W. S. S. Greif (Ed.), *Handbuch Schlüsselkonzepte im Coaching* (S. 415–424). Berlin: Springer.
Schermuly, C. C. (2016). Nebenwirkungen von Coaching für Klienten – Definition, Häufigkeiten, Kategorien und Ursachen. In C. Triebel, J. Heller, B. Hauser, & A. Koch (Hrsg.), *Qualität im Coaching* (S. 205–214). Berlin: Springer.
Schermuly, C. C. (2014). Negative effects of coaching for coaches: An explorative study. *International Coaching Psychology Review*, 9(2), 167–182.
Schermuly, C. C., & Bohnhardt, F. A. (2014). Und wer coacht die Coaches? *Organisationsberatung, Supervision, Coaching*, 21(1), 55–69.
Schermuly, C. C., Büsch, V., & Graßmann, C. (2017). Psychological empowerment, psychological and physical strain and the desired retirement age. *Personnel Review*, 46(5), 950–969.
Schermuly, C. C., & Graßmann, C. (2016). Die Analyse von Nebenwirkungen von Coaching für Klienten aus einer qualitativen Perspektive. *Coaching Theorie & Praxis*, 2(1), 33–47.
Schermuly, C. C., & Meyer, B. (2016). Good relationships at work: The effects of Leader-Member Exchange and Team-Member Exchange on psychological empowerment, emotional exhaustion, and depression. *Journal of Organizational Behavior*, 37(5), 673–691.
Schermuly, C. C., Schermuly-Haupt, M. L., Schölmerich, F., & Rauterberg, H. (2014). Zu Risiken und Nebenwirkungen lesen Sie ... Negative Effekte von Coaching. *Zeitschrift Fur Arbeits- und Organisationspsychologie*, 58(1), 17–33.
Schermuly, C. C., & Scholl, W. (2011). *Instrument zur Kodierung von Diskussionen (IKD)*. Göttingen: Hogrefe.
Schermuly, C. C., Schröder, T., Nachtwei, J., Kauffeld, S., & Gläs, K. (2012). Die Zukunft der Personalentwicklung: Eine Delphi-Studie. *Zeitschrift Für Arbeits- und Organisationspsychologie*, 56(3), 111–122.
Schmidt-Atzert, L. (2000). Struktur der Emotionen. In J. H. Otto, H. A. Euler, & H. Mandl (Eds.), *Emotionspsychologie* (S. 30–44). Weinheim: Beltz.
Schneider, W. (2013). Nebenwirkungen von Psychotherapie beim Psychotherapeuten. In M. Linden & B. Strauß (Eds.), *Risiken und Nebenwirkungen von Psychotherapie* (S. 137–154). Berlin: MWV.
Scholl, W. (2004). *Innovation und Information: Wie in Unternehmen neues Wissen produziert wird*. Göttingen: Hogrefe.

Scholl, W., Schermuly, C. C., & Klocke, U. (2012). Wissensgewinnung durch Führung – die Vermeidung von Informationspathologien durch Kompetenzen für Mitarbeiter (Empowerment). In S. Grote (Hrsg.), *Die Zukunft der Führung* (S. 391–414). Berlin: Springer.

Schreyögg, A., & Rauen, C. (2002). Missbrauch – nun auch im Coaching? *Organisationsberatung – Supervision – Coaching*, *3*, 287–294.

Schützeichel, R., & Brüsemeister, T. (2004). *Die beratene Gesellschaft – Zur gesellschaftlichen Bedeutung von Beratung*. Wiesbaden: VS Verlag für Sozialwissenschaften.

Seibert, S. E., Wang, G., & Courtright, S. H. (2011). Antecedents and consequences of psychological and team empowerment in organizations: a meta-analytic review. *Journal of Applied Psychology*, *96*(5), 981–1003.

Seiger, C. & Künzli, H. (2011). Der Schweizerische Coachingmarkt aus der Sicht von Coaches. Zürcher Hochschule für Angewandte Wissenschaften. Verfügbar unter http://pd.zhaw.ch/hop/544183222.pdf. [10. 07. 2013]

Seligman, M. E. P. (1975). *Helplessness*. San Francisco: Freedman.

Sherman, S., & Freas, A. (2004). The wild west of executive coaching. *Harvard Business Review*, *82*(11). 82–90.

Smither, J. W., London, M., Flautt, R., Vargas, Y., & Kucine, I. (2003). Can working with an executive coach improve multisource feedback ratings over time? A quasi-experimental field study. *Personnel Psychology*, *56*, 23–44.

Solga, M. (2011). Förderung von Lerntransfer. In J. Ryschka, M. Solga & A. Mattenklott (Hrsg.), *Praxishandbuch Personalentwicklung: Instrumente, Konzepte, Beispiele* (S. 339–368). Wiesbaden: Springer-Verlag.

Sonesh, S. C., Coultas, C. W., Lacerenza, C. N., Marlow, S. L., Benishek, L. E., & Salas, E. (2015). The power of coaching: a meta-analytic investigation. *Coaching: An International Journal of Theory, Research and Practice*, *8*(2), 73–95.

Spence, G. B. (2007). GAS powered coaching: Goal Attainment Scaling and its use in coaching research and practice. *International Coaching Psychology Review, 2*(2), 155–167.

Spence, G. B., Cavanagh, M. J., & Grant, A. M. (2008). The integration of mindfulness training and health coaching: An exploratory study. *Coaching: An International Journal of Theory, Research and Practice*, 1, 145–163.

Spreitzer, G. M. (1995). Psychological Empowerment in the Workplace: Dimensions, Measurement, and Validation. *The Academy of Management Journal*, *38*(5), 1442–1465.

Stewart, L., Palmer, S., Wilkin, H., & Kerrin, M. (2008). The Influence Of Character: Does Personality Impact Coaching Success? *International Journal of Evidence Based Coaching and Mentoring*, *6*(1), 32–42.

Stewart, L. J. (2006). *Towards a model of coaching transfer: An exploration of the effects of coaching inputs on transfer.* Unpublished master's thesis, City University, London, United Kingdom.

Swift, J. K., & Greenberg, R. P. (2012). Premature discontinuation in adult psychotherapy: A meta-analysis. *Journal of Consulting and Clinical Psychology, 80*(4), 547–559.

Tabah, A. N. (1999). Literature dynamics: Studies on growth, diffusion, and epidemics. *Annual Review of Information Science and Technology, 34*, 249–286.

Tamir, L. M., & Finfer, L. A. (2016). Executive coaching: The age factor. *Consulting Psychology Journal: Practice and Research, 68*(4), 313–325.

Taylor, P. J., Russ-Eft, D. F., & Chan, D. W. (2005). A meta-analytic review of behavior modeling training. *Journal of Applied Psychology, 90*(4), 692–709.

Tenzer, E. (2014). Coaching: Wie Sie Risiken vermeiden. *Psychologie Heute, 11*, 32–36.

Theeboom, T., Beersma, B., & van Vianen, A. E. M. (2013). Does coaching work? A meta-analysis on the effects of coaching on individual level outcomes in an organizational context. *The Journal of Positive Psychology, 9*(1), 1–18.

Tonhäuser, C. (2018). Prozessbezogene Determinanten der Wirkung von Einzelcoaching. Ein systematischer Überblick über den internationalen Forschungsstand. In R. Wegener, S. Deplazes, M. Hänseler, H. Künzli, S. Neumann, A. Ryter, & W. Widulle (Hrsg.), *Wirkung im Coaching* (S. 85–95). Göttingen: Vandenhoeck & Ruprecht.

Touré-Tillery, M., & Fishbach, A. (2012). The end justifies the means, but only in the middle. *Journal of Experimental Psychology: General, 141*, 570–583.

Van Buren, M. & Erskine, W. (2002). *ASTD State of the industry report.* Washington, DC: ASTD.

Vogelauer, W. (2001). *Methoden-ABC im Coaching: praktisches Handwerkszeug für den erfolgreichen Coach.* Neuwied: Luchterhand.

Wegener, R., Deplazes, S., Hänseler, M., Künzli, H., Neumann, S., Ryter, A. & Widulle, W. (2018). *Wirkung im Coaching.* Göttingen: Vandenhoeck & Ruprecht.

Werner, F., & Webers, T. (2016). Erkennen Coaches einen Psychotherapiebedarf ihrer Klienten? *Coaching-Magazin*, (1), 50–54.

Whitmore, J. (2002). *Coaching for performance.* Boston: Nicholas Brealey Publishing.

Will, T., Gessnitzer, S. & Kauffeld, S. (2016). You think you are an empathic coach? Maybe you should think again. The difference between perceptions of empathy vs. empathic behaviour after a person-centred coaching training. *Coaching: An International Journal of Theory, Research and Practice, 9*(1), 53–68.

Wiswede, G. (1993). Struktur einer Wissenschaftsdisziplin. Objektbereich, Anwendungsbezug und Verwertungsinteresse der Arbeits- und Organisationspsychologie. In W. Bungard & T. Herrmann (Eds.), *Arbeits- und Organisationspsychologie im Spannungsfeld zwischen Grundlagenorientierung und Anwendung* (S. 91–101). Bern: Huber.

Wortmann, C. B., & Brehm, J. W. (1975). Responses to uncontrollable outcomes: An integration of reactance theory and the learned helplessness model. In L. Berkowitz (Ed.), *Advances in experimental social psychology* (Vol. 8, pp. 277–336). New York: Academic Press.

Abbildungsverzeichnis

Tabellenverzeichnis

Verzeichnis der Infoboxen

Axel Koch
Die Transferstärke-Methode
Mehr Lerntransfer in Trainings und Coachings
BELTZ